生産の技術

中尾 政之・畑村 洋太郎

共　著

東　京
株式会社
養賢堂発行

巻　頭　言

　本書は，東京大学 工学部 機械系3学科で行ってきた生産・加工についての講義を集大成したものである．そこでは，ものを作るために必要となる加工の基礎知識と生産に関わる人の働きを取り扱ってきた．

　本書の内容は，まず第1章で技術の創造がどのように行われるのかを概観し，次に第2章でものが作られる工程の基本的な流れをつかみ，さらに基本となる工程の内容を見る．次に第3章で，通常の機械から半導体までをまとめて素材を作る工程を学ぶ．次いで第4章では，もの作りのための加工の基本は形状を創成することであることを学び，そのための基本的な内容を見る．第5章では形状を与えたものに必要となる性質を付与する工程を取り扱う．そして最後の第6章では，生産活動に必要な人の組織と資金に対する考え方を取り扱う．

　このような内容の生産・加工の本は，今までどこにもなかったものである．しかし21世紀に入り，20世紀後半までの考え方ややり方が壁に当たり，どちらへ進めばいいのかを見失い，呻吟しているわが国の現状を見るとき，本書のような考え方で教育を実践することの重要性を痛感し，敢えてこの時期に上梓しようとしたものである．

　本書を用いて行う東京大学 工学部 機械系3学科の授業を取り巻く環境については，中尾の"まえがき"に詳しい．ここでは，まず本書の内容の由来について触れよう．

　東京大学 機械系の授業のうち，生産・加工に関するものは，古くは切削・研削・鋳造・塑性加工など，加工法ごとについて，どんな方法があり，その原理はどうなっているのかを教えていた．学生は，つまらないが仕方がないから聞くという態度だった．興味のないことをむりやり教え込まれると感じていたに違いない．今から10余年前，筆者の中尾が教育の陣容に加わってからは，どうすれば学生が興味を持ち，しかも広い技術分野で活動するのに必要となる生産や加工の知識を吸収させられるかについて議論を続けた．その結果が，作るも

のを立案・実行する設計者を中心とし，設計に必要になる加工の知識を設計者の欲しくなる形で提供することであった．そして，その議論の結果を授業に反映し，教える内容を変えていった．授業の名称は本書と同じく「生産の技術」であった．筆者（畑村）は，2001年3月に定年退官するまで，この授業を担当したが，それ以降は筆者の中尾が担当している．内容は年ごとに進化し，本年現在，本書に見る内容になっている．

次に本書の執筆の由来に触れよう．筆者（畑村）は約15年前から，その時々の内容をまとめて教科書として出版すべく努力を続けてきた．図を描き，文をひねり，この位でいいかと思って見直すと内容が古臭くなっている．全面的に見直しが始まる．もういいかと思うと，またやり直し．それを繰り返すうちに定年を迎え，遂に未完のままになってしまった．それで困ったのが筆者の中尾である．授業をやるのに元になる教科書がない．仕方がないから"僕が全部書く"といって，できたのが本書である．筆者（畑村）が15年かかってできなかったものを筆者の中尾はわずか4カ月でやってしまったのである．その馬力と情熱にただただ脱帽するのみである．

本書では，従来の機械の生産・加工の対象を金属に限っていたやり方は採らない．人がもの作りに使うものはすべて包括的に取り扱う．なかんずく，情報機器の根幹をなす半導体などを金属と同レベルで取り扱う．

本書の特徴の一つは，設計者が欲しくなる知識を明示しようとした点である．それが暗黙知であろうとかまわずに，思考展開図や思考関連図などの形で明示した．これは設計者や生産者の頭の中を明示し，積極利用することが21世紀に入った世界で発展と競争力の原点になると考えたからである．

もう一つの特徴は，本書の記述の後に，それに関連して筆者らが経験したり考えたりしたことを付記したことである．それらの中には，

・筆者ら（中尾・畑村）が研究でやったこと，実験したこと

・筆者らが見学などで実見したこと

・筆者の中尾が会社に在職中に経験したこと

・筆者らが実物に触って感じたこと，考えたこと

などを含む．これらを記述したのは，このような直接的な情報を伝達することこそが技術の内容を最も効果的に伝達し得るという筆者らの日頃の主張を実行したかったからである．

　本書の想定読者は次のような方々である．

- 大学や大学院で，もの作りのやり方を学ぼうとしている学部学生・大学院生
- 企業の中で設計や生産に携わり，新しい方法を考えたり，儲かる方策を編み出そうと努力している技術者
- まったく新しい生産システムを作り，それを基にして日本の競争力を格段に向上させようとしている人達
- 学生や企業人に新しい考え方を教育し，これからの人材養成を担おうとしている人達

　そのほかにも，今までなかった新しい試みが既に始まっており，その考え方や内容を詳しく知りたいと思っているすべての方々に読んでいただきたいと考えている．

　以上に記した本書の試みが読者諸氏に受け入れられ，活用され，新しい世界を切り拓くことに少しでも貢献できれば筆者の喜びこれに過ぐるものはない．

2002年10月

畑村　洋太郎

まえがき

　設計するのに生産の知識は不可欠である．とにかくこの知識を最低限でもいいから持たないことには，どんな形状にしたらいいのか，どの材料が最適なのか，どうやって作るのか，いくらで作れそうなのか，最後に儲けられるのか，などのすべての課題に対して，設計解の見当さえつかず，肝心の設計作業が始まらない．

　筆者らの大学において，講座の上長の畑村が20年間，中尾が継続して1年間，「生産の技術」という2年生向けの講義を担当し，いわゆる機械加工，つまり鋳造，鍛造，切削，溶接，熱処理などを教えてきた．20年前まではその内容だけで機械系の学生は十分満足した．学生の80％が機械産業に就職したからである．しかし，最近の学生は1/3だけが機械産業に就職し，次の1/3は集積回路製作技術を使った情報機器産業に，残りの1/3はソフトウェアやコンサルティングのように無形のものを生む知識創造産業に，それぞれ就職するようになった．つまり，機械加工の知識を一生使わないだろうという学生も多く出現してきた．大学は変わらずとも，社会が，ひいては顧客である学生が変わったのである．

　筆者らはこれまで，千々岩健児（畑村の講座の上長に当たる大先生）編著「機械製作法通論・上下2巻（東京大学出版会，1982年）」を講義で参考書として使ってきた．機械加工の，それも材料を鋼にするのならば，この本で十分である．しかし，本書を執筆する動機は，この本の改訂ではない．確かにこの本には，プラスチック製造技術，超精密加工技術，集積回路製作技術，コンピュータ支援設計技術，知識管理技術などがすっぽり抜けている．それでは，それだけを補えばよいかというとそうでもない．中尾は，この本を卒業後20年間，ずっと本棚に入れているが，これを読んでも，なぜその技術を歴史的に使うようになったのか，他にどうやって作れるのか，加工精度を高めるにはどうしたらよいのか，小さいものを作るときも同じ方法で作れるのかなどが，結局わからなかった．

　本書では，それらを考えるエンジニアの思考経路をたどって知識を説明してみる．同じようにたどれば，新しい製品や生産方法がさらに創造できるかも知れない．仮に課題にぴったりの解が直接的に導けなくても，読者が自分も創造

に挑戦してみようと，考えを形にするために頭を動かし始めてくれるかも知れない．後述するように，それが創造教育の始まりである．

　本書は，筆頭著者の中尾が全部執筆した．しかし，描いた図の中には，もう一人の著者の畑村が，20年間の講義中に黒板いっぱいに描いていたものが多い．だから共著にした．実は畑村は15年前から，「教科書を書き直す」，「教科書を書き直す」と言い続け，たくさんの下書きを書き貯めていた．また，畑村は講義をほとんどアドリブでやるため，最後に学生のノートを提出させ，コピーを集めていた．しかし結局，書かずに退官してしまった．そこで講義を引き継いだ中尾が，その「教科書を書き直す」という意志も引き継ぎ，一念発起して書き始めたのである．

　中身は，畑村の講義の流れに似ているが，文章は中尾の調子で書かれている．漫談調である．読者の多くは，教科書のくせに言葉の定義もせずに技術用語を適当に使ってずいぶんいい加減だ，と感じると思うが，それは確信犯の仕業である．中尾はある大先生に，研削の定義も教えずに加工を講義するとは何ごとだ，とお叱りを受けたことがある．しかし，そんなものを知らずとも世の中の人はきちんと磨いている．実は，執筆の最初はまじめに定義していたが，読み返すと頭にスッと入らない．つまらないのである．そこで開き直ることにした．定義は参考文献に挙げた多くの本にたくさん書いてあるから，必要なときはそれらを参照してもらいたい．

　大学の環境が大きく変化している．講義は，今や秘伝の講義ノートを黒板に写して教壇からご高説すればよいというものではなくなった．そのような講義ならば，カコモン（過去の試験問題の意味）当番の学生が，デジタルのカメラやビデオで講義を実況録画してホームページに載せればよい．そうではなくて，教官は，米国式に face to face で学生の顔を見ながら対話形式の講義を進めることが求められている．実は，畑村の講義が20年前からそうだった．中尾が学生のときには，毎週，授業中に居眠りしていると起こされて当てられて，考えろ，考えろと急かされた．大変だったけれど新鮮だった．

　21世紀になって，教官だけでなく，学生も大変になった．研究では，特許や国際学会で優先権を主張できるような創造的な成果が求められている．それで

は，学生の創造力が磨かれるような教育方法とはどのようなものであろうか．筆者らは，体験して知識を出力することだと考えている．基礎的な必要最小限の知識を最初の1年で入力したら，次の1年でそれを出力して世の中にないものを作ってみるのである．出力することで脳の中に知識の流れる「知の道」が決まるのではないか．講義中に，教師から当てられて考えろと言われるのも，出力を促すにはよい方法である．

　この本には，生産に関する基礎的で必要最小限の知識だけを記した．細かいことは辞典やホームページを引けばよい．しかし，全体像を知らないことには検索キーワードが選べない．このために，まず生産活動全体の地図を示した．将来は，本書の図の知りたい部分をクリックしたら，加工条件，加工時の映像，シミュレーション画像，加工図面，装置図面，業者連絡先などが表示されるようなソフトウェアを作りたい．

　また，筆者の実際の体験を多くの実例として書いた．とにかく，畑村も中尾も，一緒に多くの生産現場を見学し，自ら多くのものを設計し，試作した．その結果，内容がその体験に引きずられて偏っているかも知れない．しかし，それでも体験を書いた方が迫力がつくはずだと開き直った．

　最終的には，講義を活発にしたい．つまり，学生との議論の点火用に本書を使って，学生にリアルタイムで課題を考えさせ，教官も思いつかなかったような設計解が新たに導かれるようにしたい．特許でも書けたら最高である．筆者の講義は，「生産の技術」，「設計工学」，「情報機器工学」と続き，最後に「機械創造学」で創造に向かって着想し，その設計解の概念を言語化・構造化・権利化することを教える．そこで一連の講義が終了するが，本書はそのスタートに用いたい．

　以上のような思いをまとめると，本書の目的は，生産の技術全体，生産の活動全体の知識を読者の脳の中に広く展開することである．そして本書の目標は，それを使って新技術の創成を支援することである．読者が本書からヒントを得て，特許を発想し，新商品を設計し，工場でも建ててくれれば，製造業を愛する筆者として望外の喜びである．

2002年10月

中尾　政之

目　　次

第1章　工学を学んで創造しよう

1.1　工学の目的は創造である ………………………………………… 1
1.2　アナリシスだけでなく，シンセシスも学ぼう ………………… 3
1.3　要求機能を設定しよう …………………………………………… 5
　1.3.1　思いを言葉に，言葉を形に ………………………………… 5
　1.3.2　機能を分析して機構を選択する …………………………… 6
　1.3.3　思考を可視化しよう ………………………………………… 7
1.4　設計解を得るために知識を活用しよう ………………………… 10
　1.4.1　まず蓄えた知識を出力して使ってみよう ………………… 10
　1.4.2　さらに他人の知識を意志決定時に使ってみよう ………… 11
　1.4.3　各種の知識支援システムを使ってみよう ………………… 12
1.5　制約条件を学び，新たな商品を作ろう ………………………… 14
　1.5.1　設計・生産の制約を学ぼう ………………………………… 14
　1.5.2　上位概念で制約を学び，新しい製品を開発しよう ……… 15

第2章　製品はこのように作られる

2.1　各種の製品の製造方法を調べる ………………………………… 17
　2.1.1　製品は一般にこのように作られる ………………………… 17
　2.1.2　各種の製品の製造工程・製造技術を調べる ……………… 20
　2.1.3　製造工程の一般解を探す …………………………………… 30
　2.1.4　製造方法はデジタル化でどのように変わるか …………… 33
2.2　頭を柔らかくして製造方法を考えてみよう …………………… 35
2.3　生産効率の高い製造方法を設計する …………………………… 40

第3章　それぞれの製造技術を詳しく学ぼう
― 素材を用意する ―

3.1　材料組成を決定する ……………………………………………… 43

- 3.1.1 人類は多くの素材を使ってきた······················43
- 3.1.2 鉱石の原料から素材を作る························48
- 3.2 鉄を用いる··50
  - 3.2.1 人類はなぜ鉄を用いるのか··························50
  - 3.2.2 人類は鉄を鋼に変えた·······························52
  - 3.2.3 鋼は多様である·····································54
  - 3.2.4 いつも同じ鋼種を使って設計する··················56
  - 3.2.5 非鉄金属も使われる·······························62
  - 3.2.6 非金属材料も時々使われる·························65
- 3.3 鋼の素材を作る··69
- 3.4 液体を凝固させる··73
  - 3.4.1 円柱を鋳造で作る···································73
  - 3.4.2 円柱を鋳造で作るときに工夫する··················78
  - 3.4.3 連続して鋳造する···································80
- 3.5 固体を変形させる··82
  - 3.5.1 円柱を押してみる···································82
  - 3.5.2 連続して圧延で変形させる·························85
  - 3.5.3 連続して変形させて各種の形状を作る·············87
  - 3.5.4 各種の方法でパイプを作る·························90
  - 3.5.5 どれくらいの力で変形するか·······················92
  - 3.5.6 摩擦を考えて圧力を求めよう·······················95
  - 3.5.7 結晶構造が異なると変形抵抗も異なる·············97
- 3.6 標準素材を作成する··99
  - 3.6.1 均質な素材を作る···································99
  - 3.6.2 標準寸法で用意する·······························104

第 4 章　それぞれの製造技術を詳しく学ぼう
── 全体の形状を創成する ──

- 4.1 要求形状を創成する··108
- 4.2 除去で形状を作る··109

- 4.2.1 各種の除去加工が使われる …………………………………109
- 4.2.2 機械分野は削る加工を用いる ……………………………112
- 4.2.3 機械で正確に速く形状を切り出す …………………………114
- 4.2.4 機械で複雑な形状を創成する ………………………………120
- 4.2.5 機械加工の加工精度を高める ………………………………125
- 4.2.6 素材を融かして切断する ……………………………………140
- 4.2.7 素材表面の薄層をエッチングする …………………………141
- 4.3 変形で形状を作る ………………………………………………143
- 4.4 付加で形状を作る ………………………………………………144
  - 4.4.1 3次元の形状を積む ……………………………………………144
  - 4.4.2 2次元の形状を薄層ずつ積む …………………………………145
- 4.5 組立で形状を作る ………………………………………………148
  - 4.5.1 3次元構造を組んで固定する …………………………………148
  - 4.5.2 金属を溶接する …………………………………………………151
  - 4.5.3 部品をはめあいで組む …………………………………………153
- 4.6 除去・組立しやすいように形状を設計する …………………154
- 4.7 要求形状を転写する ……………………………………………157
  - 4.7.1 各種の転写技術が使われている ………………………………157
  - 4.7.2 型の中に液体を注入する ………………………………………162
  - 4.7.3 型に合わせて固体を変形させる ………………………………165
- 4.8 転写しやすいように形状を設計する …………………………168

第5章 それぞれの製造技術を詳しく学ぼう
― 表面に機能を付与して,最後に商品を仕上げる ―

- 5.1 表面に機能を付与する …………………………………………173
- 5.2 金属を熱処理する ………………………………………………174
  - 5.2.1 鋼を熱処理する …………………………………………………174
  - 5.2.2 非鉄金属を熱処理する …………………………………………179
- 5.3 残留応力を制御する ……………………………………………180
- 5.4 薄層構造化して集積回路を作る ………………………………181

目次

5.5　最後の仕上げをする……………………………………………184
　5.5.1　商品価値を高めるために仕上げをする…………………184
　5.5.2　要求機能を検査する…………………………………………185
　5.5.3　考えてもいないところでクレームが生じる……………188

第6章　実際はこういう組織で作られる

6.1　エンジニアはどのような組織で働くのか……………………191
　6.1.1　組織にはどんな職種があるのか……………………………191
　6.1.2　新人は組織のどこに配属されるか…………………………194
　6.1.3　組織にはどのような職位があるのか………………………197
　6.1.4　組織の中をどのように出世していくか……………………199
　6.1.5　組織の中ではどこの誰が何を決めるか……………………201
　6.1.6　製造業ではどれくらい給料がもらえるか…………………203
　6.1.7　米国のエンジニアとはどう違うのか………………………205
　6.1.8　これからの日本の製造業はどうなるか……………………207
　6.1.9　結局，どうやって生きると幸せか…………………………210
6.2　どうやって利益を算出するのか…………………………………211
　6.2.1　企業のバランスシートを作成する…………………………212
　6.2.2　個人の所得税を算出する……………………………………217
　6.2.3　特許で知的所有権を主張する………………………………220
6.3　今後の生産組織を考える…………………………………………223
　6.3.1　商品企画と設計を満足させる製造技術を作る……………224
　6.3.2　ITを使って高速生産システムを作る………………………225
　6.3.3　新しい製造業を創成する……………………………………227
　6.3.4　日本の生産の制約条件が多様化した………………………228
　6.3.5　創造の源泉を大学に作る……………………………………230

参考文献…………………………………………………………………232
索　　引…………………………………………………………………239
あとがき…………………………………………………………………251

第 1 章 工学を学んで創造しよう

1.1 工学の目的は創造である

　工学の概念は何だろうか．筆者が思うに，図 1.1 の最左の列に示すように，目標は人類の幸せで，目的（purpose）は創造活動（creation）で，そのための手段（method）が工学（engineering または technology）である．一方，理学のそれは，目標は同じだが，目的は真理探究で，そのための手段が理学である．

○ よく考えれば，図 1.1 に示すように，学問の目標はすべて人類の幸せである．目的が健康の保持ならば手段は医学や薬学となり，また心の安寧ならば宗教や芸術となり，さらに財産の保持ならば政治学，経済学となろう．幸せは，速い車や安いコンピュータを創造することだけで達成できない．それを知らないと，今後，エンジニアの職が不要になったときに大慌てすることになる．やってもらって幸せと感じる産業が伸びるのである．
○ 工学の目的は創造活動のはずだったが，次節でも説明するように，いつのまにか，理学と同じように真理探究になった．明治時代の日本の工学では目標が国家の繁栄で，目的が，① 工業界のリーダの育成，② 欧米技術の導入およびその普及，そして③ 国際的に競争できる商品の開発だった．バブル崩壊後，金融，教育，政治，生活環境などの国際評価が急降下していった．今や日本が国際的に優位なのは技術だけである．明治以来の新商品開発が，創造活動と言葉を変えて 21 世紀では期待されている．
○ たまたまラッキーで大発見した後で，それを役に立てようと特許を考えるのが工学部の卒業生である．一方，さらに真実を深く掘り下げて論文を書くのが理学部の卒業生である．刷り込み現象と呼ぶべきか，20 歳代に気質が固定される．もちろん工学部

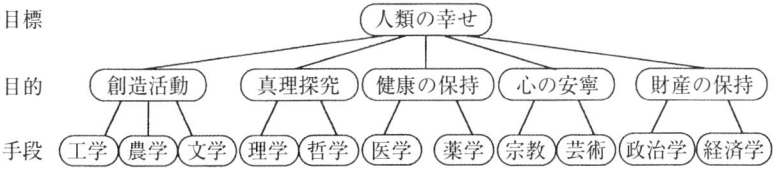

図 1.1　工学の目的

卒の筆者でも，ノーベル賞の白川英樹先生のようにセレンディピティ（serendipity，「瓢箪から駒」のこと）で大発見していたら，真理究明派に宗旨替えするつもりである．しかし，先日，ノーベル賞候補の戸塚洋二・東大教授に，ニュートリノ測定装置であるカミオカンデは何に役に立つのですかと，つい軽い気持ちで質問してしまい，「愚問！」とだけ書いた答をいただいた．そもそも目的が違う……

○「結果オーライ」という言葉が，エンジニアの中で頻繁に連発される．たまたま，試行錯誤の結果，設計解を見つけてしまったのである．意地の悪いサイエンティストは，「それが唯一つの解であることを証明せよ」と言うはずである．たとえば，$x^2 = 1$ を満足する x を求めよという課題に対して，工学者がたまたま $x = 1$ の解を見つけたのである．しかし，理学者は $x = -1$ まで見つけていないから意味がないと頑固に主張する．工学では，$x = 1$ だけでも役に立っているからよいではないかと，結果オーライで逃げる．

工学は，創造活動の成功事例の知識体系である．しかし，実際の歴史は失敗だらけである．図1.2の左のジグザグ線に示すように，たとえば，ニューコメンやワットらが熱機関の効率を高める試行錯誤を約100年間続けた結果，カルノーが1824年に火の動力についての考察で理論的に熱力学を明らかにしたのである．しかし，その熱力学を用いると，今や簡単に pV 線図や ST 線図を用いて，自分の設計した熱機関を客観的に評価できるようになった．このように，工学を学ぶと効率的に創造できる．

作業として工学を考えると，工学は「実際にものを作る前に，演繹的にモデルを設定して成否を仮想演習すること」とも言える．作ってから初めて学ぶのでは，はなはだ効率が悪い．工学は，図1.2の右の直線に示すように成功を速く導き出せる「知識ハイウェイ」のようなものである．

○工学の問題点は，いつも演繹的にモデルが組み立てられないことである．工学では，モデルの対象に人間の活動や思惑が絡む．たとえば，競争が生じるとノウ

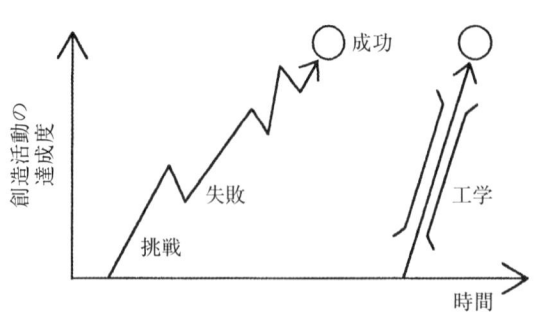

図1.2　工学の役割

ハウを互いに明かさないから，結果的に知り得ない情報が多くなる．結局，既知の情報だけからはモデルが作りにくくなる．そこで，仕方がないから，失敗を含めてあやふやな知識をジグゾーパズルのように組み合わせて，仮説だらけのモデルを帰納的に作っていく．前者は連立方程式を因数分解で解くようなものであり，後者はコンピュータで適当な数値を代入して，方程式を満足する数値を得るまで力任せに解くようなものである．

○ 創造活動を多面視すれば，創造の概念によく似た多くの言葉が導かれる．たとえば，技術，技能，もの作り，設計，デザイン，製図，企画，シンセシス，統合などである．各々の定義が（もしあれば）異なることは確かだが，次節に述べるアナリシスと比べれば，対極のシンセシスグループにすべてが所属する．

1.2 アナリシスだけでなく，シンセシスも学ぼう

工学は，前節で述べたようにモデルを作ることである．そのために，既知を分析して演繹する能力と，仮説だらけでも統合して帰納する能力とを必要とする．つまり，図1.3の上段に示すように，工学＝アナリシス（analysis，分析）＋シンセシス（synthesis，総合）である．両者は車の両輪のようなものである．つまり，創造に挑戦すると必ず失敗するが，失敗原因を分析して対処・対策を統合することで，再び創造が始められる．

ところが，図1.3の下段に示すように，実際の大学の工学部では，シンセシスがいつの間にか力を失ってしまった．それが問題である．1970年頃から，前述の国産化が欧米にたたかれ，基礎は大学，応用は民間と分業を始めたのが原因である．本来は，一人のエンジニアが両方を両輪のように使うべきであって，二人が片輪ずつ操作するものではない．必ず蛇行する．工学部でもシンセシスを強化したい．

○ アナリシスは数学が使えるし，数式でモデルが表される．理系の学問で

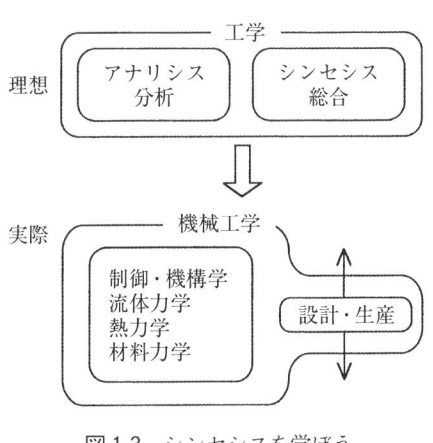

図1.3 シンセシスを学ぼう

は，数式で表される方が格好よく見えるらしい．機械工学では，制御・機構学が学生の人気が最も高く，次に流体力学，熱力学，材料力学の順に人気薄になる．いずれの教科書にも偏微分と重積分が満載されている．一方，シンセシスは数式を使わなくても説明でき，生産・設計では黒板に描くポンチ絵で十分である．その結果，それでも理系の学問かと陰口をたたかれ，人気は材料力学の下に位置する．

一般に，機械工学の講義のカリキュラムを分解すると，図1.3の下段に示すように，機械工学＝力学（制御・機構学，流体力学，熱力学，材料力学）＋設計・生産である．このうち，設計・生産がシンセシスであり，本書が注目する分野である．さらに，設計・生産を分解すると，設計・生産＝形状表現（製図演習，CAD）＋製造技術（生産工学，情報機器工学，CAM）＋要素設計（機械設計）＋設計論（設計工学）＋生産活動（創造・特許，産業総論）になる．括弧の中は，正式名はもっと格好のよいものだが，筆者の属する学科で準備している講義名である．

設計論は，創造活動の思考過程や思考操作における法則的・一般的・方法論的な知識である．これを勉強すれば，一般的な設計手法が知識として身に付いて，どんな創造においても簡単に設計解が求められるはずである．日本では，これまで経験と勘が設計で重要視されたが，欧米に遅れて1970年頃から科学的な研究が開始された．しかし，設計は人間社会での非技術的要因も含むためか，いまだにこれらを身に付けても設計がうまくならない．設計論の例として参考文献に詳述したが，TRIZ（発明問題解決手法，アルトシューラー），Axiomatic Design（公理的設計，スー），創造設計原理・失敗学（畑村），工学知識管理（冨山・桐山），工学設計論（ポール，バイツ）などが知られている．

また，生産活動に関する学問として，経営学の研究者が盛んに論文を出している．多くは人文科学的であり，心理，組織，経済，文化，法律などの総合的な知識を駆使している．しかし，これも体系化されておらず，いまだにこれらを身に付けても社長にはなれない．

○ 工学部では，製品が動くか（機械工学では力学）と，それが作れるか（同じく設計・生産）を学ぶ．しかし，それが売れるかは，日本の工学部では対処しない．これも合わせて勉強しないと手抜かりである．

1.3 要求機能を設定しよう

1.3.1 思いを言葉に，言葉を形に

経営学の野中郁次郎・一橋大教授は，知識を表出する思考過程を図1.4の上段に示すように「思いを言葉に，言葉を形に」という表現で説明している．しかし，困ったことにエンジニアは，思いを言葉で表すことなく，直接，形にしてしまう．一般に，日本のエンジニア，クリエイタ，マネージャの職種の人間は，自分の頭の中の思考過程は企業秘密として明らかにせず，いきなり命令書として図面，作品，演劇，作戦，政策などを渡すことが多い．しかし彼らは，その思考過程を筆者が調査する限り，概念の言語化や思考の可視化のために，それぞれ独自の手法を若くして編み出した人が多い．少なくとも，言葉が無意識にひらめくという宗教家のような人は少ない．一般的な可視化手法として，KJ法のようにカードに言葉を記す方法が広く用いられている．

「思いを言葉に」という感情的な要求から客観的な課題へと分析する過程には法則性がある．つまり，図1.4の下段に示すように，考えを行ったり来たりすることで，「迷い道」を進むように思考が進むことである．各種の成功物語では，偉人の思考は論理的に成功すべく，順々に進んだと描かれているが，筆者が調べた限り，歴史上の人物でも一般のエンジニアでも，行ったり来たりの思考過程を有している．思考過程の初期段階では，課題の中にいくつの機能と制約とが含まれるべきなのかがわからないから，まず思いつくままにそれらを挙

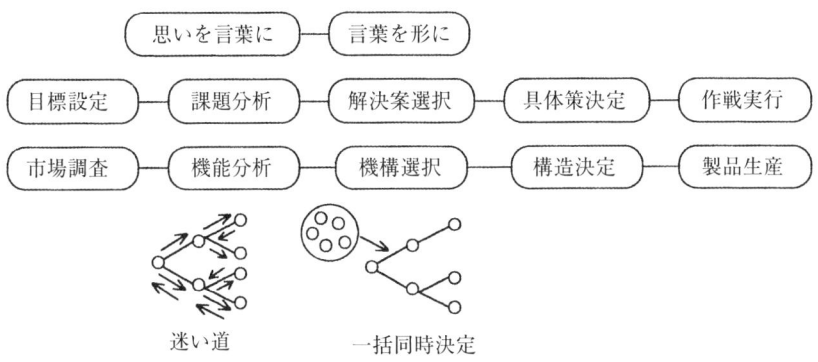

図1.4 思いを言葉に，言葉を形に

げて，その後で解答を試行しながら機能群を整理する操作が必要になる．設計課題を単位課題群のベクトルで記述できるとしたら，この操作は次元数を決定するのに等しい．

　また，「言葉を形に」という課題から設計解を選択する過程にも法則性がある．ここでは，課題の次元ごとに，つまり単位課題ごとに単位設計解を用意するのだが，普通は，それらの関係に「あちらを立てればこちらが立たず」という干渉が生じるので，干渉性を最小にする操作が必要になる．しかし，たとえばコストを最小に，信頼性を最大にという評価関数を設定しても，その式が次元数分の個数だけ用意できないから解が一意に求まらない．そこで，適当に数値を代入して最適な解が求まるかどうかを調べていく．多くは，椅子取りゲームのように，音楽がジャンとなったときに単位設計解がすべて決まる．つまり，設計解は論理的に順番に決まるのではなく，「一括同時決定」で決まるという法則性が存在する．

1.3.2　機能を分析して機構を選択する

　創造活動過程は，企画・設計・実行の順番に進む．ここでは，設計をさらに三つに細分して，目標設定・課題分析・解決案（設計解）選択・具体策決定・作戦実行に分ける．図1.4の中段に，この思考過程を思考展開図として示す．機械設計に置き換えれば，市場調査・機能分析・機構選択・機構決定・製品生産となる．前項の「思いを言葉に」は課題分析に当たり，「言葉を形に」は解決案選択に当たる．

○ よく言われることだが，日本人は言葉による課題分析が不得手で，課題が設定できないことが多い．たとえば，人事採用プロジェクトは，組織の要求に合う人材を選出することである．しかし，筆者が人事担当者に自社の要求とやらを聞いても，本人はわからないことが多い．人事担当者は，数十年も各部門の要求人員をまとめて，出身大学，専門課程で割り振っていく操作しかしていなかったのである．その後で，「○○君は当社には合わない」と学生を丁重に断ってきても，その当社の要求を明かさないのだから承服できないことが多い．

○ 1.1節で述べたように，明治から昭和40年代までは，日本の工学部の最大のミッションは，欧米技術の導入とその普及，つまり"国産化"であった．この場合，常に欧米から先行品という設計解が得られるので，機能を知る必要がなかった．つまり，自動車

を設計するときに，ハンドルはハンドルであり，タイヤはタイヤであって，設計解を知ってしまえば，それに至った機能や制約を歴史的に分析する必要はない．エンジニアの仕事は，設計過程の後半，つまり既知の機構を参考に低コスト・高信頼性の構造を開発することだけになる．
○ 医学部は，まだ国産化の路線を歩んでいる．医師の職業倫理を述べた「ヒポクラテスの誓い」を世界共通で行い，手法を人類のために公開しているからである．しかし，工学では特許に引っかかり，模倣するとロイヤリティを要求される．「真似したらカネを払え」という流れは，米国のプロパテント政策によって強引にグローバルスタンダードとして認識されている．日本も新商品の開発力は米国に次いで2位であるから，この流れに便乗せざるを得ない．しかし，国家が強くない．たとえば，聞くところによると日本の液晶ディスプレイ業界の特許は15 000件以上と多く，韓国はその1/100，台湾はそのまた1/100の2件である．にもかかわらず，世界の生産量を日・韓・台で3分しようとしているのだから，カネを払わせるにも国家の後押しが必要である．

1.3.3 思考を可視化しよう

前項でも述べたように，課題設定が今の日本のエンジニアに最も欠けている能力である．筆者らは，その能力を鍛えるツールとして思考展開を可視化させる「創造設計エンジン」を開発した．これは，左から右に，目標設定・課題分析・解決案選択・具体策決定と，思考に沿って考えたことを並べさせるソフトウェアである．図1.5に示すように，機能を丸，制約を二重の丸，機構を四角，構造を二重の四角で示して，実線でそれらを結ぶが，選択は分岐点で示す．

今までに講義で使った思考展開図の例題を次に示す．いずれも身の周りの製品であるが，人類で最初にそれを設計したエンジニアになったつもりで思考展開してみよう．以下の質問に答えながら図1.5の答の例を見る前に機能や制約を考えて欲しい．考え落としなく，すべての機能要素が確定できれば，それらを満足する別の設計解も思い浮かぶはずである．

（a）ビールジョッキ：なぜガラスなのだろうか．陶器でも錫（スズ）でもよいはずである．いずれも，あらかじめ冷蔵庫に入れておけば冷たいビールが飲める．

（b）ティーカップ：なぜソーサーがいるのだろうか．スプーンや砂糖を置くためか．お茶が熱いのならばスープ皿で飲めばいいではないか．

（c）ペットボトル：何で円筒形状なのか．蓋になぜねじが付いているのか．

8 　第1章　工学を学んで創造しよう

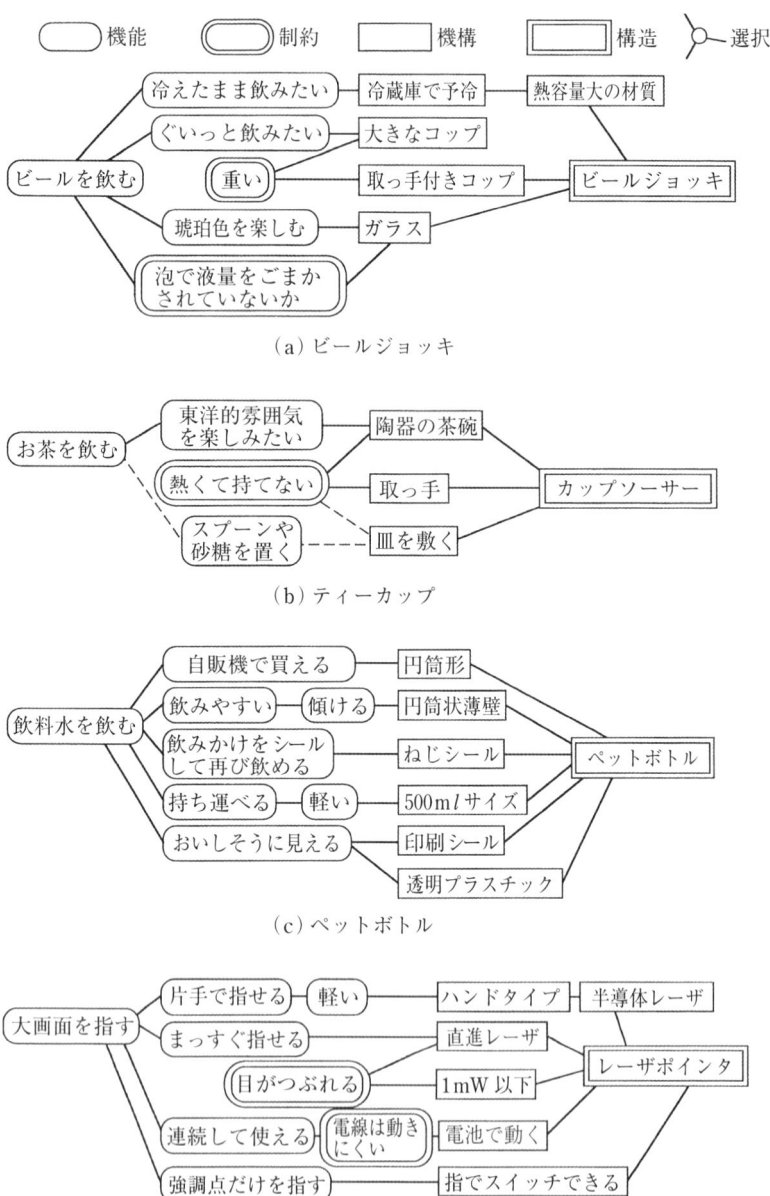

図1.5　思考展開図の例（その1）

1.3 要求機能を設定しよう　　9

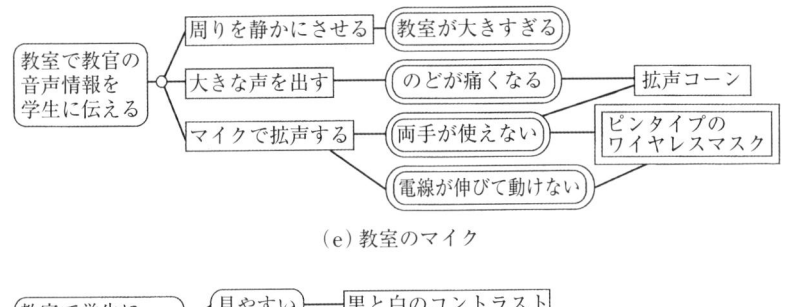

(e) 教室のマイク

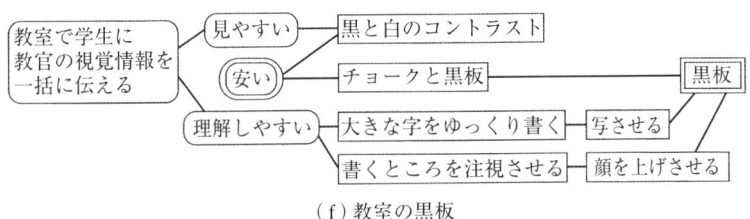

(f) 教室の黒板

図 1.5　思考展開図の例（その 2）

さらなる問いとして，子供用にストローが使えないか．老人用にねじのロックを外しやすくできないか．

（d）**レーザポインタ**：指し棒に代わって，なぜレーザポインタが使われるのか．さらなる問いとして，緑色のレーザポインタは何がよいのか．

（e）**教室のマイク**：私語を止めろというのも野暮なことか．黒板の方に向かってブツブツしゃべる教官の方が悪いのか．

（f）**教室の黒板**：江戸時代の寺小屋には黒板がなかったが，なぜか現在はOHPや発表用ソフトウェア（商品名ではパワーポイント）があるのに，何で時代遅れの黒板を使い続けるのか．さらなる問いとして，黒板の内容がコンピュータにリアルタイムで入力される方法はないのだろうか．

○ 大学の 1 年生から修士学生まで，また企業の若手エンジニアからマネージャまで総計 300 名以上に思考展開図を描いてもらった．結果は，「学歴にかかわらず，半分の人が描けて，半分の人が描けない」であった．それも描ける人は教えなくても描けて，描けない人は何度教えても描けない．つまり，教育効果がわずかしか生じなかった．残念．これは学生が小学校から大学まで，やりたいことを論理的に言葉で示そうという訓練を受けていないから，当然と言えば当然である．一般に，思考展開できる人は理屈っぽいが，部下に的確に指示できて，実際にマネージャになる確率が高い．

1.4 設計解を得るために知識を活用しよう

1.4.1 まず蓄えた知識を出力して使ってみよう

筆者は，学生に「まず知識を出力せよ」と教えている．もちろん基礎知識の入力は必要不可欠であるが，先に出力をしないと脳が活性化されない．学生に課題を出すと，すぐに図書館やコンピュータで関係資料を漁るが，これが最も好ましくない．まず，自分の手持ちの知識を総動員させて思考エンジンをフル出力にすべきである．図1.6に示すように，課題を言葉で整理し，ポンチ絵で解を仮定してみる．次に，それが合っているかどうか，ほかによい解がないのかを知識で調べる．このように，仮説立証すれば理解が深まる．役に立つであろう知識は，意志決定するときにタイミングよく与えるのがよい．逆に，事前に学習させても，または事後に，それも忘れた頃に反省させても，いずれも脳が活性化していないから効果が小さい．

○ 筆者らの大学の機械系のカリキュラムでは演習に力を入れている．2年生の冬学期に教養学部から機械工学科に配属された学生は，半年間は毎日5時限まで基礎知識を入力してもらうが，3年生になったら，午前中は座学，午後は演習と，半日は知識を出力することに集中してもらう．演習では，コンピュータでおもちゃを制御せよとか，バーナで回るエンジンを作れとか，曖昧な要求しか出題しないから，学生は自分たちで具体的な課題設定から始めないとならない．もちろん，講義で習った基礎知識だけでは歯が立たないから，設計解を求めるときには応用知識に飢えてくる．この設計解を求めようとする意志決定時こそ，脳が最大限に活性化されているときであり，そこに知識を投入すると盛んに燃え上がる．人間は，知識を燃料にして動く機関車である．

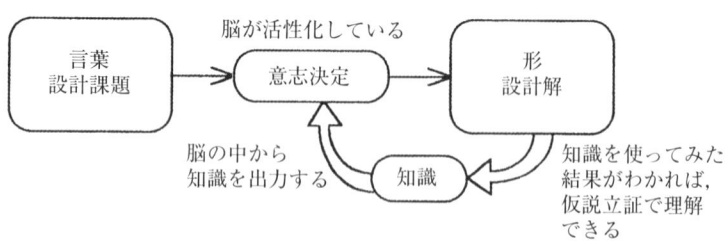

図1.6　意志決定時に知識を投入する

1.4.2 さらに他人の知識を意志決定時に使ってみよう

　自分の脳に蓄積していた知識を総動員しても設計解が得られないときは，仕方がないから他人の知識も流用する．それが，図1.7に示すような，いわゆるナレッジマネジメントである．もちろん，その前に設計課題を整理して自分でそれを言葉に表さなければならない．「言語化」はデジタル化の第一歩である．自分の思考を先回りして可視化できる有能な秘書でもいれば別だが，普通は言語化しないとコンピュータの自然言語解析が使えず，情報検索もできない．

○ 言葉さえ決まれば，現在は多くの情報検索のツールがある．いわゆるソリューションソフトである．たとえば，「グーグル」や「ヤフー」でホームページを探しまくれば，的確な検索キーワードでかなりの情報が得られる．そして，これらのライブラリーから「ベストプラクティス (best practice, 最もうまくいった成功例)」や「ノウフー (know who, 誰に聞けばよいかということ)」が得られる．しかし，実際は，自分の機能と制約にドンピシャリの設計解にヒットする確率は非常に低く，実用的でない．また，ベストプラクティスとノウフーとで過去の成功例を教えてもらっても，そのレベルに追いつくだけで，さらに上位の創造，たとえば対抗特許の創案に至らないことが多い．

　言語化の次に，キーワードよりも一般的な「上位概念」の言葉で検索する．たとえば，2枚の板をボルトで固定しようとする場合，ボルトで情報が得られないならば，ねじ，締結，固定のように上位概念に登っていく．またこのときに，知識は"芋蔓"で蓄積されるという特徴を利用して，その「文脈」に沿って検索するのも一つの手法である．知識群は「風吹けば桶屋が儲かる」式の連想ゲームで脳に記憶されている．たとえば，小学生の夏休みの思い出が，蝉時雨やかき氷から次々に思い起こされるのと同じである．文脈はシナリオ

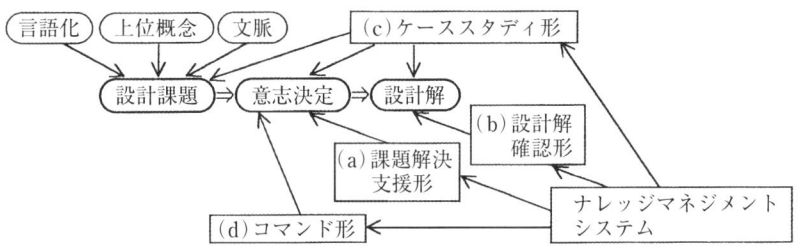

図1.7　意思決定をナレッジマネジメントシステムが助ける

とも呼ばれ，たとえば，米国でよく行われる方法であるが，「A 社のタイヤを装備した B 社の自動車が高速道路でバースト事故を引き起こす」というシナリオを強引に仮定してから，それを説明できるような統計を検索して証明する．膨大な統計を洗い出してから事実が浮かび上がってきたわけではない．最初の当たりや探りが適切だっただけである．

1.4.3 各種の知識支援システムを使ってみよう

IT の発展に伴って，産業界では各企業ごとに個々の知識支援要求に適合したナレッジ活用システムを構築している．図 1.7 に四つのシステムを示した．

前項で述べたように，意志決定時に知識支援することが最もナレッジマネジメントとして有効であるが，それが「(a) 課題解決支援形システム」である．たとえば，機械設計における意志決定時とは図面を引いているときである．そこで，3D-CAD に入力した形状の特徴を抽出して形状からエンジニアの意志を読み取り，間髪を容れずに知識を提示するソフトウェアが開発されている．たとえば，金型設計で隅の半径を記述したときに，市販の工具の角の半径やスライドによる分割案が提示される．

また，必要なときは意志決定時より遅れているが，確実に網羅的に知識支援しなければならないときに有効な「(b) 設計解確認形システム」もある．それは抵触特許や PL 訴訟例の検索に使われる．しかし，欲しい設計解が有効的にヒットしないことが多い．筆者も多くのエンジニアと同じく，身も凍るような大失敗，たとえば，商品化前に特許庁の標準検索キーワードである「エフターム」を使って過去の特許を何千件も調べたのに，商品化後に自分の製品とほとんど同じメカニズムを使った特許が見つかった，という大失敗を経験している．これは多くの場合，上位概念の抽出が不十分なため，類似概念の言葉の洗出しが不完全になり，結果的に検索キーワードが不足したことが原因である．

さらに，意志決定時とは関係なく定期的に組織の平準化を求めて基礎教育するための「(c) ケーススタディ形システム」がある．知識の文脈が 100 種類程度と少ないときは，知識の構造化・体系化を進めると全体像を俯瞰できる．たとえば，判例集（ジュリスト，たとえば「刑事判例百選（有斐閣）」）が好例である．この本では，まず具体的な判例に引き続き，その一般的な解釈が見開き 2 ページに載っている．一般的な解釈だけだと概念を理解するのが難しいが，具

体例があると途端に理解しやすくなる．法学者と一緒に失敗学を共同研究してわかったことだが，工学者も法学者も，必ず"たとえば"を連発して論理を進める．つまり，両者は暗喩(あんゆ)として具体例を引用する手法を愛用する．

最後に，知識を開示することなく意志決定過程に埋め込んでしまうのが「(d) コマンド形システム」である．この方法は，未熟なエンジニアの意志決定時間を省いて，組織としてチョンボ数や待ち時間を減少させるのに非常に効果的である．たとえば，金型の職人の暗黙知（明らかになっていないノウハウ）を抽出して，ゲートの最適形状がその暗黙知から算出できるようにする．こうすることで，設計速度がたとえば10倍も速くなり，生産性も10倍になる．コマンド化は武道の「型(かた)」に等しい．型を習えば誰でもそれらしくなる．しかし，一般に，コマンドを作った人は賢くなるが，コマンドを使う人はバカになる．コマンドを使う人も，型を作った経緯を勉強して，いつかは守・破・離の破の段階に達して，自分で型を越えなければならない．

○ 知識支援システム構築時の1番目の問題は，「誰が暗黙知を抽出するか」ということである．小野里雅彦・大阪大学 助教授が譬(たと)えて説明するように，将軍（ナレッジマネージャ）が屏風(びょうぶ)（構成員の脳）の中から描かれている虎（暗黙知）を追い出したら，後は簡単である．しかし，虎は出てこない．現在は，一休さんのように，「虎が出てきたら必ず捕まえます」と言って屏風の前で待っているソフトウェア開発部隊ばかりが多く，役に立つシステムができていない．

○ さらに，知識支援システムの2番目の問題は「新出の知識の枯渇」である．暗黙知を表出すればシステム完成というのでは，半年でシステム内の知識量は抽出しつくして増えなくなる．前出の野中教授によれば，そこには新たに知識を産み出す場が必要である．知識は，SECI（セキと読む，Socialization, Externalization, Combination, Internalization）モデルに従って組織で増幅される．つまり，暗黙知を構成員に共通に持たせてから形式知（言葉として明らかになった知識）として表出し，次に組織知となるように連結させ，最後に教育で個人の知識に内面化させる．このSECIモデルをスパイラルアップしたときに，内面化・共通化において，構成員が建設的に対話をして暗黙知をさらに生み出す「泉」が必要である．第6章で再び論じるように，製造業の今後の発展には脳を活性化させる空間が不可欠である．

○ 概算能力を鍛えると現象を理解しやすくなる．国勢図会(ずえ)（日本の統計データを解析している本．参考文献参照）や日経新聞，理科年表に掲載されている統計データを読ん

で，知識として数値を覚えよう．

【例題1】紙を二つに切って重ねるという動作を何回繰り返したら，重ねた紙の束は月に届くであろうか．ヒント：10の3乗は2の10乗にほぼ等しいという近似計算を使う．月まで38万 km で，紙の厚みを 50 μm とする．答えは 43 回．

【例題2】アメリカの富豪は 20 世紀の 100 年間に財産を 1000 倍に増やしているが，年何 % の利回りで増やしたのであろうか．ヒント：経済学で有名な 72 の法則を使う．つまり，複利で2倍になる年数と利子パーセントとの積は 72 であるという近似計算を使う．答えは 7.2 %．

【例題3】自動車が1年間に排出する二酸化炭素は何 ton か．1年に 5000 km，1 l で 10 km で走ると仮定する．油の比重は 0.8 で，原子量は炭素が 12 で二酸化炭素が 44 である．答えは 1.5 ton．

【例題4】人口 10 万人の街のゴミを燃やして発電すると，何人分の電力がまかなえるか．1人が1日1 kg のゴミを出す．燃焼熱は 2 kcal/g，発電効率は 30 %，使用電力は4人家族で 3 kW である．答は 4000 人分．

【例題5】玩具用の直流モータの出力はいくつか．回転数 12000 rpm のとき，トルクは 10 gf・cm であった．答えは 1.2 W (2π を忘れていないか)．

○ 機械設計では，主機能のところでは失敗しない．たとえ失敗しても対策が練られているから混乱は生じない．問題は，大丈夫だろうと盲信していた副機能で発生する．たとえば，熱間圧延装置を設計しているとき，選定したモータが過負荷にならないだろうかというように，主機能は常に心配している．しかし，圧延中に停電して鋼板がかみ込んだまま冷えたら，どの手順で復帰したらよいかという副機能はあらかじめ考えていない．停電は確率は低いが，数年に1回は同じシナリオで大失敗する．これが設計の勘どころで，最も大切な知識である．

1.5 制約条件を学び，新たな商品を作ろう

1.5.1 設計・生産の制約を学ぼう

一般に，エンジニアは商品設計を始めると，要求機能と制約条件の荒海の中で最適解を求めることになる．要求機能は「顧客がそう望んでいるので，そうすべきである」ということで，制約条件は「顧客はそうは言っていないが，そうした方がよい」ということである．両方とも設計では満足させなくてはならないが，前者が積極的肯定機能，後者は消極的肯定機能である．たとえばロケットでは，前者は推力 250 ton で加速度 1.5 G というようなパンフレットに書

いてある仕様である．一方，後者はコスト80億円以下，寿命30分以上というように，顧客に要求されていないが，メーカで自主的に設定した目標である．

　前述したように，本書「生産の技術」で学ぶシンセシスの知識は，製造技術と生産活動に関する知識である．製造技術は，設計するときの最大の純技術的な制約条件で，本書では第2章から第5章で説明する．一方，生産活動は，設計するときの最大の非技術的・組織的・人間的な制約条件で第6章で説明する．エンジニアが製品を設計するとき，これらの制約条件に関する知識を持っていないと製品が作れない．特に成熟した製品になると，歴史が長い分だけ，現在の常識では計り知れない制約条件が存在する．図1.5（b）のティーカップのソーサーのように，今や何で皿が必要なのかは歴史家以外はわからないものもある．しかし，現在では意味がないと主張しても，ソーサー抜きのティーカップでは誰も買わない．

　多くの人が「設計とは制約条件下で最適解を見出すことである」と高説する．それはすべて嘘ではない．実際の設計の99％は，小さく改良したり手本が存在する設計で，要求機能を知らなくても設計できる．ここでは，方程式の近似解法の一つである摂動法と同じように，個々の制約条件を少し変えては設計解の変化を調べる．その結果，制約条件群をうまく変化させれば，全体のメカニズムを知らなくても小さな改良が達成できる．

○ 筆者の学生時代の設計演習は，明治以来の 設計＝製図＋規格＋強度計算 であって，機能を意識しなくても合格できた．しかし，これは発展途上国でも可能な設計方法である．ピカソだって模写から始めたけれど，すぐにその段階を突破して独自な手法を見出した．40歳で400人の会社の社長になるには，20歳代から営業から製造まで全部体験して制約条件を理解する教育コースが必要で，変革は社長になってから進めればよい．その教育コースに乗りたい人は，少なくとも本書に書かれた知識くらいは，4年生までにいつでも出力できるように脳に蓄えておくべきである．

1.5.2　上位概念で制約を学び，新しい製品を開発しよう

　実際の設計では，たとえば1％と機会が少ないかも知れないが，確実に新しい製品設計や新しい製造技術が要求される．それは革新的なもので，たとえば，特性が100倍で価格が1/100になる製品設計であり，生産能率が100倍で

加工精度が 1/100 になる製造技術である．無人の野を駆けるみたいに，要求機能だけを追求しながら設計できる時間はエンジニアにとって至福の時間である．

　本書では，その日本のために製造方法を上位概念でまとめて，他の製品の生産で用いられている製造方法も俯瞰できるようにした．鋼の生産に携わっている人は，従来の鋼の製造技術に拘泥してガラスやプラスチックのそれに無頓着である．筆者の経験では，非金属や半導体のような大きく離れた分野の技術に設計解のヒントが存在する．たとえば，鋼の鋳造を液体の固体化という上位概念にまで広げて見直し，その視点から役に立ちそうな知識を検索すれば，思わぬヒントが拾えるはずである．

　現在は製造業も変革中である．入社以来，主力製品の製造に携わり，ようやく 45 歳になって部長かなと思いきや，早期退職で肩たたきされたり，ようやく 35 歳になって課長かなと思いきや，新素材の生産担当リーダに移籍となるご時世である．現状の生産の設計パラメータを丸暗記しても，転職すれば何の役にも立たない．それよりは，設計パラメータを意志決定したときの思考過程を分析して，結果を上位概念まで昇華させ，それを脳に検索可能な知識として刻み込むことが重要である．そうすれば，どのような製品に商売替えしても知識が使えるようになる．製品が生産中止になっても，会社が倒産しても，エンジニアはその後も生きていかなければならない．

第2章 製品はこのように作られる

2.1 各種の製品の製造方法を調べる

2.1.1 製品は一般にこのように作られる

　製造方法を具体的な事例を想定せずに勉強するのは難しい．とにかく，製造方法を構成する個々の製造技術は多種多様である．組み合わせれば無限に製造方法が設定できるように思える．しかし製造業では，その中から特定の製造技術群を組み合わせて製造工程としてものの流れを作り，さらに個々の製造技術の加工パラメータをすべて決定して，実際に製品を生産している．

　なぜ，今の製造方法に落ち着いたのだろうか，は筆者にもわからない．それを設計した人にインタビューしてみたいが，誰なのかもわからない．仮にわかったとしても，文字として記録を残さないのがエンジニアだから，忘れて思い出せないのが普通である．筆者の経験から言うと，2年以上前に決定した製造技術は，書類にサインした当人でさえ決定に至る経緯を思い出せない．

　仕方がないから，現在の設計解である製造方法 Y から，その決定関数 A を推定しなければならない．もちろん，製造方法の要求機能や制約条件の X も未知だから，$Y = A \times X$ から A と X を求めないとならない．たとえば，$6 = 2 \times 3$ の既知は 6 だけで，それから未知の 2 と 3 を決めるのに等しい．仮定と推定の連続ではあるが，想像力をフル回転させて決定に至る経緯を解き明かしてみよう．そして，その思考過程を解き明かすだけでなく，それ一つ覚えれば多くのものに適用できるような一般的・汎用的・体系的な思考過程を抽出したい．誰でも，多くの特殊解を丸覚えすることは，次に使う機会があるかどうかわからないだけに辛い作業である．

　そこで一般解を推定するために，ここではまず筆者の身近にある製品を列挙して，製造工程と製造技術とを調べた．その製品群は，日常雑貨として売られている軽工業製品と，家電製品や工業部品として売られている重工業製品との

二つをグループに分けられる．図 2.2 に，それぞれの製造工程を示すが，次項で詳説する．前者は，(a) シャツ，(b) カレーうどん，(c) たばこ，(d) 飲料缶，(e) 茶碗，(f) 木造住宅，(g) 入れ歯，(h) 書籍，そして後者は，(i) エアコン，(j) 液晶ディスプレイ，(k) 半導体，(ℓ) 携帯電話，(m) 自動車，(n) 制御用モータ，(o) 金型，(p) タービンの計 16 種類である．

結果を先に言うと，製品が工業的に高効率で生産されると，製造工程も特殊で複雑になると思いきや，いずれのグループも図 2.1 に示すような共通で単純な製造工程を選択していることがわかった．この工程の特徴から，次の四つの製造方法を決定する思考過程を導くことができる．

(1) 素材は別個の専門業者が作る

図 2.1 や図 2.2 に示す工程線上の破断波線を分かれ目にして，左が素材製造工程，右が製品製造工程である．歴史的に大量生産するようになると，生産組織が分業化され，素材製造の専門業者が発生する．図から，確かにいずれの製品も素材製造工程が存在していることがわかる．日本は，素材の専門業者である材料メーカが技術的・経営的に安定している．この点が，東アジアの工業発展途上国と大きく異なるところである．つまり，日本の製品製造業者は，国内で良質な材料が入手でき，安定的に製品が生産できる．

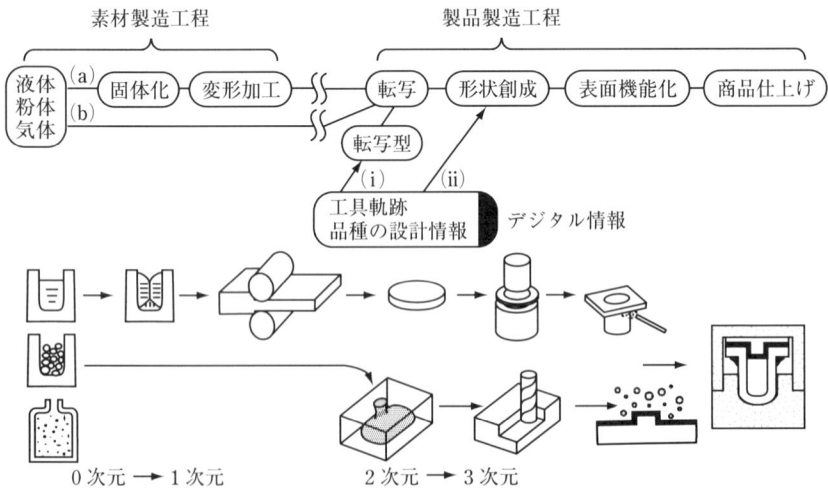

図 2.1　一般的な製造工程

(2) 素材から製品に仕上げるのに従い，形状の次元数が増える

まず素材として，粗い原料を均質に精製して，0次元の液体・粉体・気体（原子や粒子1個に意味があると考えて0次元にした）の精製原料を用意する．次に，工程が二手に分かれる．すなわち，(a) 固体化してから1次元の板や棒に変形加工して素材を作り，製品製造工程において転写や形状創成によって2次元や3次元の形状に変える．また，(b) 製品製造工程において，精製原料を型転写によって，一気に2次元や3次元の形状に固体化する．しかし，いずれにしても形状の次元数は増えて，複雑な立体に仕上がっていく．

(3) 工具軌跡で品種が分かれる

製品製造工程では，顧客ごとにその要求に応える品種を設計する．設計で決めなければならないことは，(a) 材料組成や加工条件のように個々の製造技術ごとに設定するプロセスパラメータと，(b) 形状や色彩のように品種ごとに設定するプロダクトパラメータとに大別される．図 2.2 では，後者のプロダクトパラメータ，つまり品種の設計情報が，一連の製造工程のどこに入力されるかを調べた．そうすると，それは (i) 金型やマスクのような転写の型を作るとき，または (ii) NC データやレーザスキャンデータのような工具軌跡を加工機に入力して各種の形状を創成するときのものであった．もちろん，前者の転写の型も，結局は工具軌跡を加工機に入力して形状創成しなければならないから，最終的には工具軌跡が個々の品種を決める設計情報になる．

(4) 商品価値を高めるために最後に仕上げをする

図 2.1 の右端に示したように，全体形状を形状創成して表面を機能化すれば，顧客の要求機能が満足される．しかし，これでエンジニアの仕事は終わりではない．実際は，顧客にものを納品して，顧客からカネをいただくまでは気が抜けない．クレームは，製品の主機能だけではなくて，機能とは直接関係ないような見栄えまでにもつけられる．たとえば，傷や色ムラであり，エンジニアにとって"イチャモン"に近いものである．しかし，製品は同時に商品でもある．図 2.1 の製造工程を調べると，検査・梱包・出荷などの仕上げのプロセスで，見栄えまで気を配って商品価値を高めていることがわかる．

本書では，これらの四つの特徴に注目しながら，第 3 章で素材製造工程を，第 4 章で製品製造工程のうち形状創成工程を，第 5 章でそのうち表面機能化や

商品仕上げの工程を,それぞれ述べる.

2.1.2 各種の製品の製造工程・製造技術を調べる

では,図 2.2 に示す各製品の製造工程や製造技術を詳説しよう.図の左の各製品名の下に,品種の種類の数,品種ごとの生産数,類似製品名,形状の変化などを書いた.品種とは,顧客ごとに設計図面番号やロット番号を別個に振り付けたもので,アイテムと呼ばれる.なお,製造技術の説明において,除去,変形,型転写,型押出し,印刷,型成形,射出成形などの言葉を用いたが,これらは第 3 章と第 4 章で詳説するので,ここでは字面から漠然としたイメージを持ってくれればよい.

(a) シャツ:衣食住の衣の代表例である.まず,図 (a) に示すように,繊維が短い綿や羊毛では,シート状にした後でスリットし,撚(ひね)ってから何本かを編んで糸を作る.工業製品の電線や鋼ワイヤも,同じようにローラをクルクル回しながら編まれる.

次に布に織るが,まず縦糸と横糸を用意する.縦糸は端から順番に二つのグループに分け,それぞれ斜め上下方向に張る.そして横糸を通すたびに上下を交換し,横糸を織る方向に詰める.ガシャ,ガシャ,バタンと機織(はたお)りは擬音化されるが,ガシャが横糸を手前に詰める音,バタンが縦糸の上下交換機構の音である.横糸はシャトル(日本語では杼(ひ)と呼ばれる治具に積載され,縦糸を上下交換するたびに右へ左へ交互に渡される.そのシャトルの速度が機織りの速度を決めるので,まずシャトルを小形化して打ち出すようになり,次に横糸を積載せずに左右から細い棒(グリッパ)が出てきて糸を手渡しするようになった.さらに現在では,その細い棒が空気や水に代わり,その流れ(ジェット)に乗って糸が渡される.

素材の布は重ねて,設計した型どおりに裁断される.型に合わせて曲げられた刃は薄く,ジグゾーパズルのように布は切られる.次に布を組んだ後で,糸で縫って固定する.糸は,上糸の輪の中に下糸をボビンごと縄飛びするように通す方法と,前の穴に通した輪に次の輪を通す方法とがある.図では後者の方法を示すが,これはセーターや靴したを編む方法と同じである.その後で,染色・キュアリング・包装して完成する.

(b) カレーうどん:衣食住の食の代表例である.筆者がインスタント食品と

2.1 各種の製品の製造方法を調べる　21

<品種の種類の数・品種ごとの生産数> 素材工程／製品工程 〖設計〗品種設計情報
[類似製品名]，(形状の変化，太い矢印は素材工程) 〖設計〗同デジタル情報

(a) シャツ <多品種中量> [靴した，セーター 靴，カバン じゅうたん，ふとん] (繊維➡針 ➡長尺板➡切板 ➡殻状バルク)	紡糸 ─── 拠糸 ─── 機織(はたおり) ─── 布 つむぐ　　よる　　おる　　　　　　〖設計〗 綿，ポリエステル レーヨン 紡ぐ　切る　撚る(ねじる) 　　　　　　　　　　　　　　　　縦糸 　　　　　　　　　　　　　　　　布 ジェットとともに 横糸を通したら縦糸 の上下を交換する　　　横糸 〖設計〗 ─── 延反・型入れ・裁断 ─── 縫製 ─── 仕上げ ジグソー　　　　　　　　　ぬう　　　　包装 パズル式の型　　　　　　　　　　　　　キュアリング 　　　　　　　　　　　　　　　　　　　染色 前の輪の中に 次の輪を入れる
(b) カレーうどん <多品種少量> [菓子，パン 冷凍食品] (中実バルク➡ 切板➡長尺棒 ➡バルク)	野菜 ─── 洗浄 ─── 下ごしらえ ─── 切断 ─── 混合 米　　　　　　　皮むき　　　　　　　　　　　うどん 肉　　　　　　　下味　　　　ミンチ　　　　　そば 小麦粉➡練る➡成形〜ゆでる　　　　　　　　　パスタ ─── 調理 ─── 凍結 〜 解凍 ─── 調理 ─── 盛付け 液体　　　　　　　　　　　　　〖設計〗味付け 熱風　　　　　　　液体　　　　　　　　　　　水分 　　　　　　　　　　　　　　　　　　　　　　蒸発 　　　または 　　　粉体　　　−40℃で凍結　粉砕　真空　　粉体 スプレイドライ法　　　　　フリーズドドライ法
(c) たばこ <少品種大量> [酒，ジュース 牛乳] (板➡切片➡長尺棒 ➡中実バルク)	葉〜切断 ─── 熟成 ─── ブレンド ─── 加香 ─── 紙巻 ─── 梱包 乾燥　徐骨　2年間　刻断　　　　フレーバ　ロール切断 　　　　　　　　　〖設計〗　　　　　　　フィルタ付け 　　　　　　　　　　　　　　UO曲げ 紙　　　　　　真空 　　10m/s 　　たばこ　　　　　　　　のり付け　切断

図 2.2 (1)　各種の製品の製造方法(その1)

麺とに注目したいので，例としてカレーうどんにした．これは，毎日，家族の要望に応えて家族分だけ作る多品種少量生産の家庭料理の一つである．素材メーカでは，食料を洗浄・下ごしらえ・切断・混合・成形して調理する．この成形では，金属加工と同じような工程を採るのだが，たとえば麺を作るには，うどん，そばのように伸ばして切り，またはパスタのように押し出す．また冷凍でも粉末成形と同じような工程を採るのだが，たとえばカレー粉の冷凍では，液体を熱風で回転・乾燥させるスプレイドライ法や，凍結・粉砕・真空脱水するフリーズドドライ法が知られている．

しかし，おいしく見せるには盛り付けという仕上げプロセスが欠かせない．どんぶりを洗うのが面倒だからといって鍋から食べるのは寂しい．

（c）たばこ：農産物加工品のうち，たばこは代表的な大量生産製品である．たばこの葉を乾燥・切断・熟成させ，その後でブレンドして刻み，フレーバを加えて紙に巻く．そこでは，ロールした紙の裏面からたばこの粉体を真空で吸い込んで，その後で UO 曲げ（U の字型に曲げてから O の字型に丸める）してのり付け切断する．1 本ずつ巻いてもよいが，大量生産するには長尺にして処理し，最後に切断するのが一般的である．時計を作るときも，部品をフープ材と呼ばれる長尺の板で搬送しながら，せん断（剪断）・切削の加工機を順に通して，最後に完成部品をフープ材から切り離す．

（d）飲料缶：これも食料品に関係する大量生産品である．2 ピース缶と 3 ピース缶とに大別される．図の上段が 2 ピース缶で，圧延鋼板から円板を打ち抜き，図 4.26 で詳説する絞りとしごきとでコップを作る．そして，外周に図 4.22 で説明するオフセット印刷で商品名を印刷してから飲料を充てん（充填）して蓋をかしめる．図の下段は 3 ピース缶で，板に印刷した後で UO 曲げし，溶接または接着後に底板をかしめる．

飲料缶は，飲料容器としての機能だけでなく，自動販売機の前の顧客にその缶を選択してもらうという看板としての機能を有する．生産性だけを考えれば 3 ピース缶より 2 ピース缶が好ましいが，2 ピース缶は約 8 m/s と高速印刷するので途中で焼付けする時間がなく，重ね描きができないという短所を持つ．一方，3 ピース缶は 1 色印刷するたびに焼付けして重ね描きでき，美しい絵がグラビアのように印刷できるので需要は大きい．

2.1 各種の製品の製造方法を調べる　23

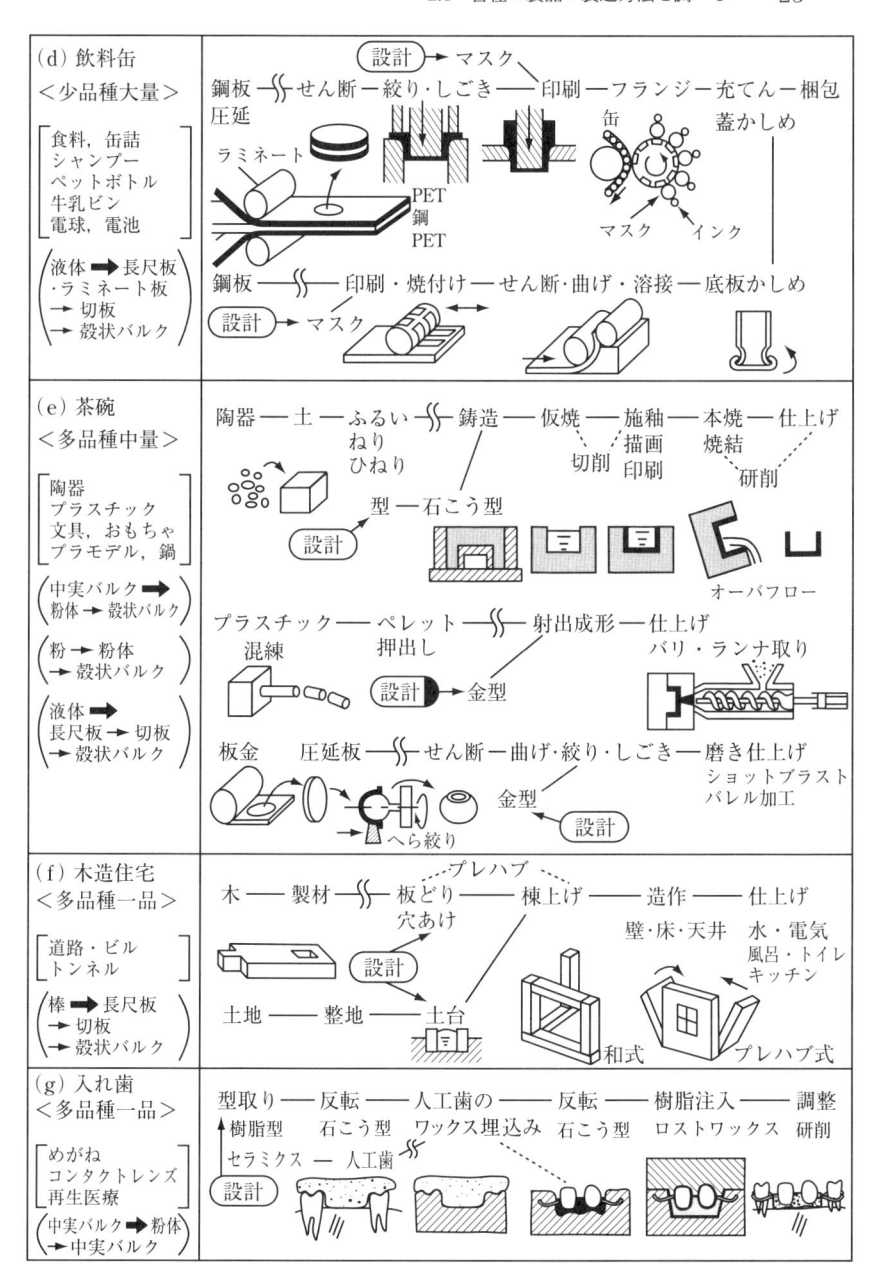

(d) 飲料缶 <少品種大量> [食料，缶詰 シャンプー ペットボトル 牛乳ビン 電球，電池] (液体 ➡ 長尺板 ・ラミネート板 → 切板 → 殻状バルク)	鋼板 —〳〵— せん断 — 絞り・しごき — 設計→マスク — 印刷 — フランジ — 充てん — 梱包 圧延　　　　　　　　　　　　　　　　　　　　　　　　　　　　　缶　　蓋かしめ ラミネート　　　　　　　　　　　　　　　　　　　　　　　　　マスク　インク PET 鋼 PET 鋼板 —〳〵— 印刷・焼付け — せん断・曲げ・溶接 — 底板かしめ 設計→マスク
(e) 茶碗 <多品種中量> [陶器 プラスチック 文具，おもちゃ プラモデル，鍋] (中実バルク ➡ 粉体→殻状バルク) (粉→粉体 →殻状バルク) (液体 ➡ 長尺板→切板 →殻状バルク)	陶器 — 土 — ふるい —〳〵— 鋳造 — 仮焼 — 施釉 — 本焼 — 仕上げ 　　　　ねり　　　　　　　　　　　描画　焼結 　　　　ひねり　　　　　　　切削　印刷　　　　研削 設計→型 — 石こう型 オーバフロー プラスチック — ペレット —〳〵— 射出成形 — 仕上げ 混練　　　　押出し　　　　　　　　　　　バリ・ランナ取り 設計→金型 板金 — 圧延板 —〳〵— せん断 — 曲げ・絞り・しごき — 磨き仕上げ 　　　　　　　　　　　　　　　金型　　　　　　　　ショットブラスト 　　　　　　　　　　　　　　　　　　　　　　　　　　バレル加工 　　　　　　　　　　　　　　　　　設計 へら絞り
(f) 木造住宅 <多品種一品> [道路・ビル トンネル] (棒 ➡ 長尺板 → 切板 → 殻状バルク)	プレハブ 木 — 製材 —〳〵— 板どり — 棟上げ — 造作 — 仕上げ 　　　　　　　　穴あけ　　　　　　　　壁・床・天井　水・電気 　　　　　　　　　　　　　　　　　　　　　　　　　　　風呂・トイレ 　　　　　　　　　　　設計　　　　　　　　　　　　　　　キッチン 土地 — 整地 — 土台 和式　プレハブ式
(g) 入れ歯 <多品種一品> [めがね コンタクトレンズ 再生医療] (中実バルク ➡ 粉体 → 中実バルク)	型取り — 反転 — 人工歯の — 反転 — 樹脂注入 — 調整 ↑樹脂型　石こう型　ワックス埋込み　石こう型　ロストワックス　研削 セラミクス — 人工歯 設計

図 2.2(2)　各種の製品の製造方法(その2)

また，あらかじめ鋼板に PET のプラスチック膜をローラでラミネートしておく製造方法もある．これを使うと，飲料缶内部の酸化防止膜の塗布や，絞り加工時の潤滑膜の塗布が不要になる．

（e）茶碗：食の治具に当たる茶碗を考えてみよう．材料は異なるが，それぞれ多品種中量（ここでは数百個程度を指すことにした）で生産される．陶器は，まず原料のバルク状の土を砕いてから篩い・練り・捻りで均質化する．その後で，昔は"ろくろ"で変形加工したが，現在は大量生産のために石こう（石膏）型で水分を吸収させ殻状のバルクを型転写で作る．その後に仮焼きして切削して修正し，本焼きして研削して仕上げるが，この除去工程は現在の工業用セラミクス部品の製造方法と同じである．

プラスチック容器は，熱して軟らかくなった樹脂を射出成形で金型の空間（キャビティ）に押し込み，型転写させて作る．なお，樹脂は搬送しやすいように，あらかじめ素材メーカの化学工場においてペレットを作る．つまり，押出し加工で直径数 mm の長尺棒を押し出した後で，数 mm ごとに切って円柱状に準備する．そして，連続軟化・連続搬送させるために，射出成形機ではピストンとして徐々にピッチが狭くなるねじを用いて，ねじポンプのように回転によって搬送されるペレット同士を互いにせん断・圧縮させる．ペレットは，シリンダのヒータ加熱だけでなく摩擦熱でも加熱されて軟化し，最後に水鉄砲のように圧力 30 MPa から 100 MPa 程度で金型に押し込まれる．

金属容器は，飲料缶のように圧延板をカップ状に絞って作る．たとえば，やかんは"へら絞り"で作られるが，口が胴より小径なので，型は加工後に分割して取り出される．なお，板を加工して殻状のバルクを作る加工を総称して"板金（ばんきん）"と呼ぶ．

（f）木造住宅：これは，長尺の木材を組み立てて作る．固定は，溝にはめ込んだり，釘を打ったりして摩擦で固定する．現在は，柱だけでなく，ツーバイフォー工法のように，壁にも強度支持を肩代わりさせるものもある．家は，特に最後の内装仕上げが商品価値を高める．

（g）入れ歯：形状の反転転写を何度も繰り返して作る．まず，患者の歯形（雄）を樹脂（雌）で取り，石こう（雄）に転写する．この凹んだ部分に人工歯が入るのだが，凹みにワックスを流して，ワックスへ刺すように人工歯や隣の歯

と固定する金具を埋め込む．さらに，石こうで蓋のような型（雌）を取り，石こうに囲まれた空間内のワックスを溶かして，溶けた空間に樹脂や金属を流し込んで置換し，ついでに人工歯と金具を固定する．最後に，患者に仮付けして研削で寸法調整して仕上げる．

（h）**書籍**：繊維状のパルプを金網の上から流して，ロールで脱水してシート状の紙を作る．原稿は，デジタルで組版して刷版を作る．つまり，アルミニウム薄板にインクと馴染む膜をパターンで印刷する．その板をロールに巻き（版胴），圧延機ではインクを版胴に付け，それをブランケットに転写し，さらに紙に転写する．インクを黒（ブラック）だけでなく，赤（マゼンダ），青（シアン），黄（イエロー）の3色も加えるとフルカラーになる．なお，紙は約 10 m/s で搬送する．前述したたばこ巻き機や飲料缶印刷機だけでなく，切符出札機や紙幣処理機でも紙や切板の最高搬送速度は高々 10 m/s である．

（i）**エアコン**：この製品は熱流体用の機械製品の代表であるが，製造方法も機械部品の大量生産の典型例である．部品はアルミニウムを用いるが，圧延板から各種のロールを用いてフィンや角管を，また丸棒から切削で渦巻き状のスクロールを，さらにダイカストでハウジングを，それぞれ作る．品種の設計情報として，切削加工機に工具軌跡の NC データ（NC は Numerical Contorol, 数値制御の意味）を，あるいは型転写用に製品形状を，それぞれデジタルで送る．金型加工部門では，製品形状を反転して金型形状を作成し，さらに，それ用に工具軌跡の NC データを作成して金型を切削で形状創成する．

（j）**液晶ディスプレイ**：この製品は情報機器に分類される．製造方法は，前述したエアコンのような機械製品と，次に述べる半導体のような集積回路付き電子製品との製造技術が混在した製造方法を採用している．素材のガラス基板は，フロート法でシート成形された長尺板を切断・ラッピングして作る．製品製造工程では，大きなクリーンルームの中で，その表面に薄膜トランジスタ（TFT）や配線が薄層として成膜される．それだけでなく，カラーフィルタ，偏光板，散乱板，液晶，スペーサ，バックライトなどが層状に積み重ねられて積層状のバルクになる．

（k）**半導体**：この製品は情報処理用の電子部品の代表である．シリコン基板は，長尺棒の単結晶から円板に切断され，表面が平滑に磨かれる．クリー

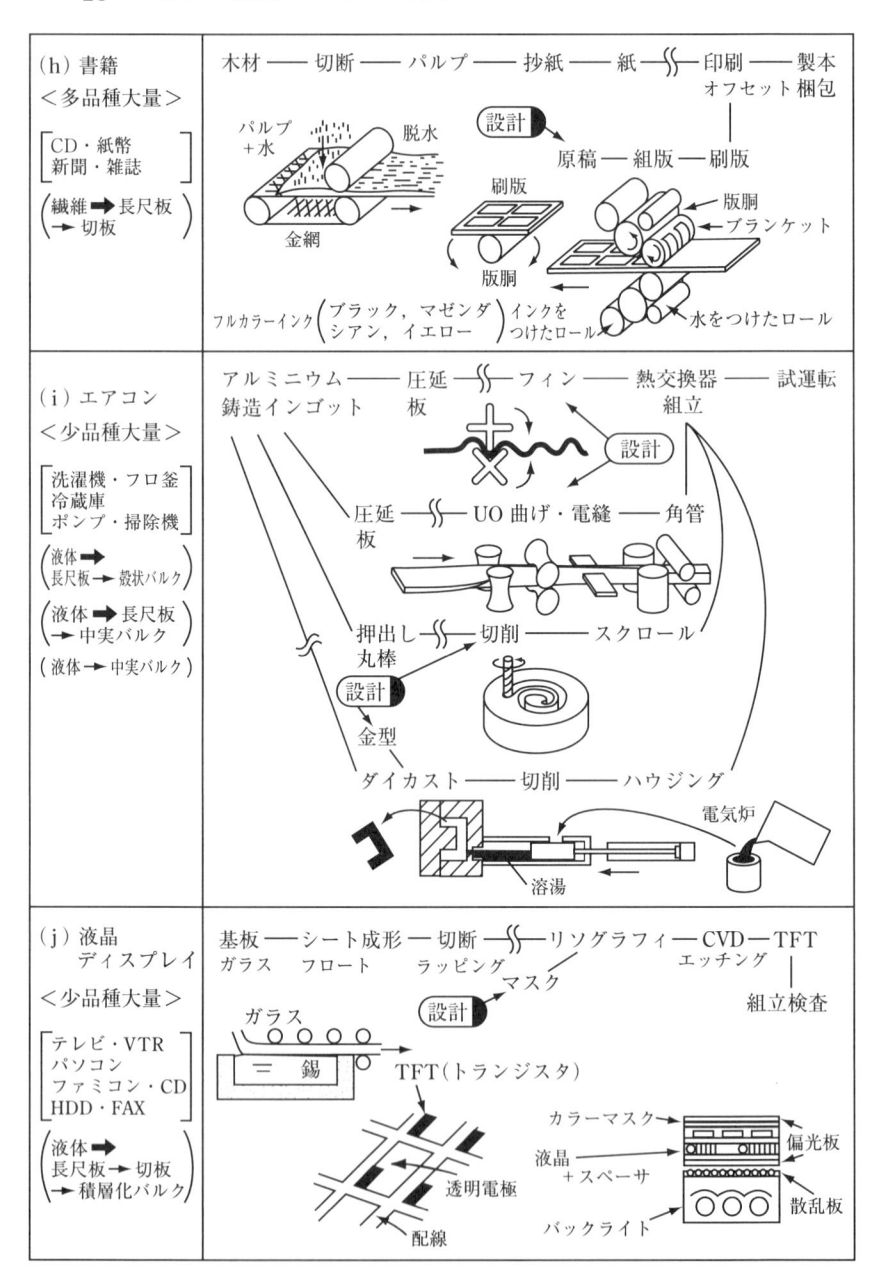

26　第2章　製品はこのように作られる

(h) 書籍 <多品種大量> CD・紙幣 新聞・雑誌 (繊維 ➡ 長尺板 　→ 切板)	木材 ── 切断 ── パルプ ── 抄紙 ── 紙 ─〜〜─ 印刷 ── 製本 　　　　　　　　　　　　　　　　　　　　　　　オフセット　梱包 原稿 ── 組版 ── 刷版 フルカラーインク(ブラック, マゼンダ / シアン, イエロー)　インクをつけたロール　水をつけたロール 刷版・版胴・ブランケット
(i) エアコン <少品種大量> 洗濯機・フロ釜 冷蔵庫 ポンプ・掃除機 (液体 ➡ 長尺板 → 殻状バルク) (液体 ➡ 長尺板 　→ 中実バルク) (液体 → 中実バルク)	アルミニウム ── 圧延 ─〜〜─ フィン ── 熱交換器 ── 試運転 鋳造インゴット　　板　　　　　　　　　　　　　　組立 圧延板 ─〜〜─ UO 曲げ・電縫 ── 角管 押出し ─〜〜─ 切削 ── スクロール 丸棒 　　　　金型 ダイカスト ── 切削 ── ハウジング 　　　　　　　　　　　　　　　　電気炉 　　　　　　　溶湯
(j) 液晶 ディスプレイ <少品種大量> テレビ・VTR パソコン ファミコン・CD HDD・FAX (液体 ➡ 長尺板 → 切板 　→ 積層化バルク)	基板 ── シート成形 ── 切断 ─〜〜─ リソグラフィー ── CVD ── TFT ガラス　フロート　　ラッピング　　　　　　　　　　　エッチング 　　　　　　　　　　　　　　　　マスク　　　　　　　　組立検査 ガラス 　　＝錫＝ TFT(トランジスタ) カラーマスク　　偏光板 液晶＋スペーサ 透明電極　バックライト　散乱板 配線

図 2.2 (3)　各種の製品の製造方法 (その 3)

2.1 各種の製品の製造方法を調べる　27

(k) 半導体
＜多品種大量＞

[DRAM
CPU
DSP
プリント基板]

(液体 ➡ 長尺板 ➡ 切板
　→ 薄層積層板)

基板 ── 精製 ── 単結晶引上げ ── 切断 ── 洗浄 ──
シリコン　　　　　　　　　　　　　　　ラッピング
　　　　　　　　　　　　　　　　　　　ポリシング

図 5.6, 図 5.7 参照　ゲートアレイ
→ リソグラフィ ←→ 蒸着 →← リソグラフィ ←→ 成膜 ── 全数検査
　　　　素子　エッチング　配線　　　　　CMP　加速度試験
マスク　拡散　　　　　　マスク
設計　　　　　設計　　　　　　　　プラズマ
　　　　　　　　　　　　　　　　　真空中でのエッチングや
　　　　　　　　　　　　　　　　　スパッタリング

(ℓ) 携帯電話
＜多品種大量＞

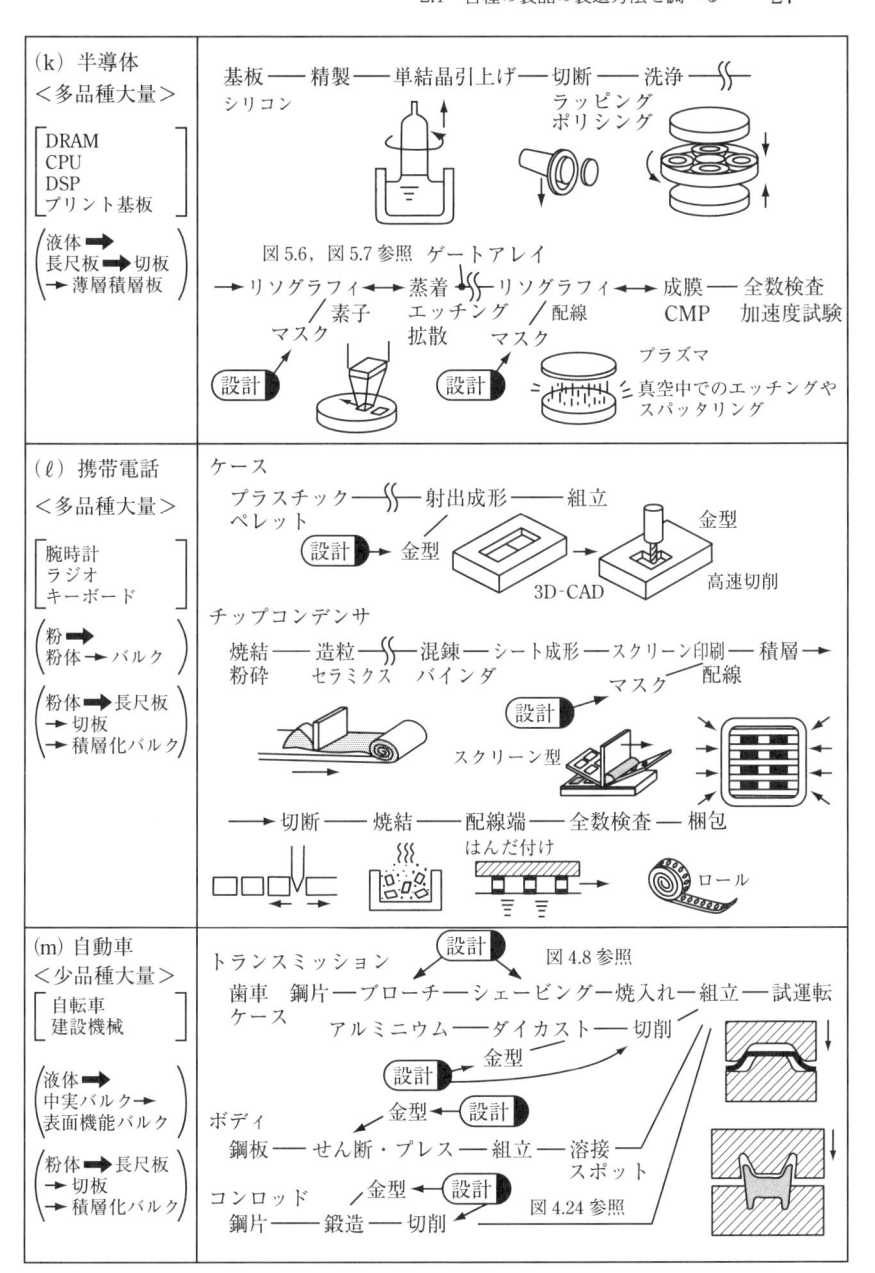

[腕時計
ラジオ
キーボード]

(粉 ➡
粉体 → バルク)

(粉体 ➡ 長尺板
→ 切板
→ 積層化バルク)

ケース
プラスチック ──── 射出成形 ── 組立
ペレット
設計 → 金型　　　　　　　　　金型
　　　　　　　　　　　　　　高速切削
　　　　　　　　　　3D-CAD

チップコンデンサ
焼結 ── 造粒 ──── 混錬 ── シート成形 ── スクリーン印刷 ── 積層
粉砕　セラミックス　バインダ　　　　　　　　マスク　　　　配線
　　　　　　　　　　　　　　設計
　　　　　　　　　　　　　　　　　スクリーン型

→ 切断 ── 焼結 ── 配線端 ── 全数検査 ── 梱包
　　　　　　　　　はんだ付け
　　　　　　　　　　　　　　　　　　　ロール

(m) 自動車
＜少品種大量＞

[自転車
建設機械]

(液体 ➡
中実バルク →
表面機能バルク)

(粉体 ➡ 長尺板
→ 切板
→ 積層化バルク)

トランスミッション　設計　　図 4.8 参照
歯車　鋼片 ── ブローチ ── シェービング ── 焼入れ ── 組立 ── 試運転
ケース
　　　アルミニウム ── ダイカスト ── 切削
　　　　　設計　　金型
ボディ　　　　　金型　設計
鋼板 ── せん断・プレス ── 組立 ── 溶接
　　　　　　　　　　　　　　　　スポット
コンロッド　金型 ← 設計
鋼片 ── 鍛造 ── 切削　　図 4.24 参照

図 2.2 (4) 各種の製品の製造方法 (その 4)

ルームの中で作られるのだが，図5.6や図5.7に示すように，その表面にリソグラフィでマスキングしながら成膜（蒸着）・除去（エッチング）・改質（拡散）を繰り返し，各種の素子が薄層として積み重ねられる．また，配線パターンをさらに積層するごとに，リソグラフィのときに全面を焦点深度内に入れるために，CMP（Chemical Mechanical Polishing）で表面を平坦にする．その後で全数が欠陥検査され，さらに加速度環境試験で破断しやすい不具合部を積極的に壊して，顧客には完全な良品だけが出荷される．

（ℓ）携帯電話：この製品は，情報機器のうち，ウェアラブル（wearable）機器の典型例であるが，将来は携帯電話だけでなく，時計もラジオもコンピュータもさらに小さくなるだろう．製造方法は，これまでの方法を基本に，さらに微細化した方法を用いている．たとえば，携帯電話のケースはプラスチックの射出成形で作られるが，補強リブ（斜めに渡して圧縮を受ける筋交いのような補強板）の厚みは0.4 mmである．なお金型は，3D‐CAD（3次元コンピュータ支援設計）と，数m/s以上と高速で工具を送る高速切削とが導入され，つい10年前にかかった製造日数に対して20 %程度と，驚くほど短時間で作られるようになった．

チップコンデンサは，まずセラミクスをシート成形して，その上に配線をスクリーン印刷で成膜する．次に，長尺板から切断して積み重ねた後で，静水圧プレスで積層固定する．チップ状にさらに小さく切断してバラバラになったまま粉と一緒に焼結し，その後で再び整列して，両端をはんだ付けする．最後に，米粒より小さいもの（たとえば$0.3 \times 0.3 \times 0.6$ mm）でも全数検査され，次工程でプリント基板上に高速装着するために，マシンガンの弾のようにシートロールに1個ずつ梱包される．

（m）自動車：輸送機械の典型例である．製造方法は，機械製品の（i）エアコンと基本的に同じである．たとえば，トランスミッションの歯車は図4.8に示すように切削で作られ，ケースはダイカストで，ボディは鋼板のプレス（曲げ加工）で，コンロッドは図4.24に示すように型鍛造でそれぞれ作られる．

（n）制御用モータ：モータは，運動の速度・位置制御が電気的にできるため，前述の（k）半導体の設計・製造方法を応用したパワートランジスタとセンサを組み込んで，メカトロニクス機器用に広く用いられるようになった．これも，

2.1 各種の製品の製造方法を調べる　29

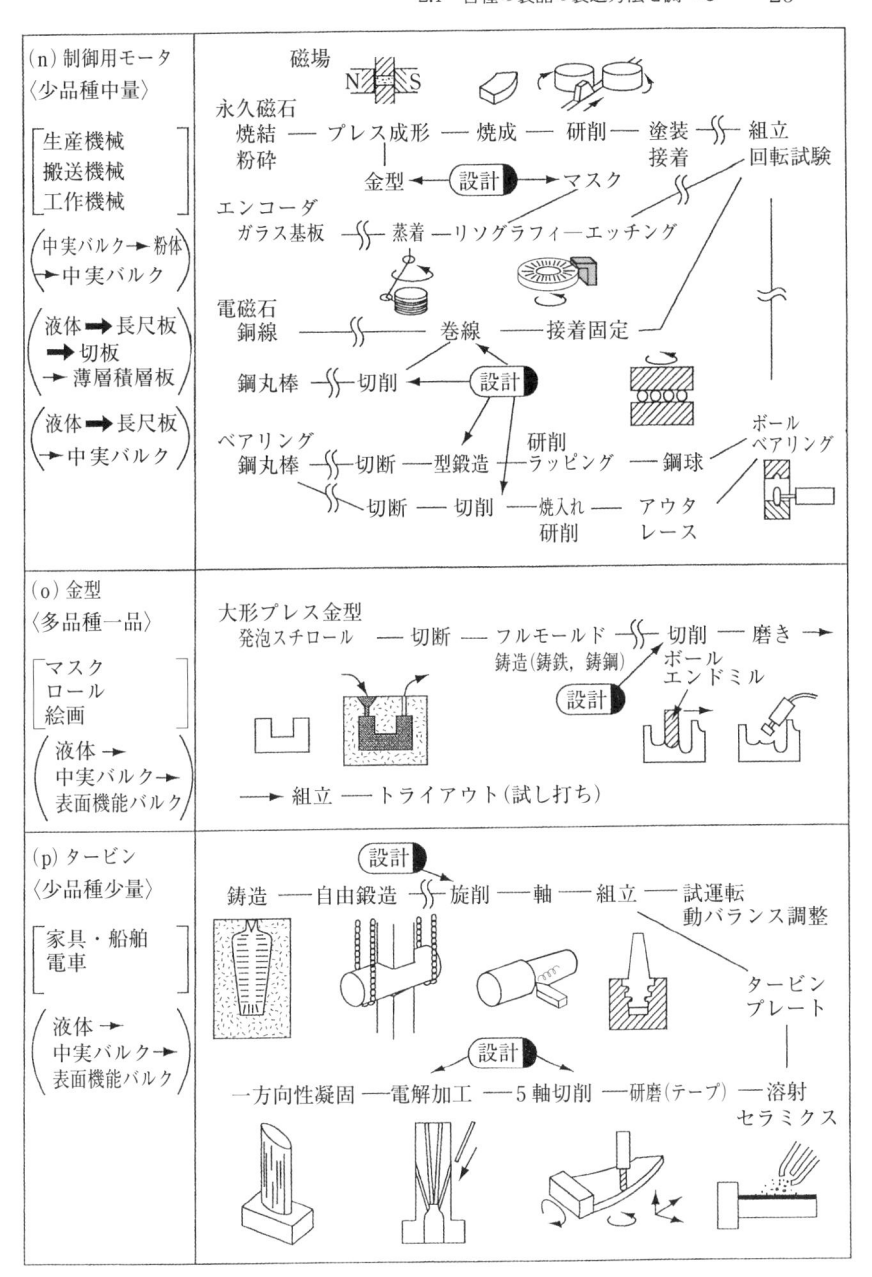

(n) 制御用モータ〈少品種中量〉[生産機械搬送機械工作機械](中実バルク→粉体→中実バルク)(液体⇒長尺板⇒切板→薄層積層板)(液体⇒長尺板→中実バルク)	磁場　N─S永久磁石焼結 ── プレス成形 ── 焼成 ── 研削 ── 塗装 ～ 組立粉砕　　　　　　　　　　　　　　　　　　接着　　回転試験　　　　　　金型 ← 設計 → マスクエンコーダガラス基板 ─～─ 蒸着 ─ リソグラフィ ─ エッチング電磁石銅線 ─～─ 巻線 ── 接着固定鋼丸棒 ─～─ 切削 ← 設計　　　　　　　　　↓　　研削　　　　　　　　　　　　　　ボールベアリング　　　　　　　　　　　　　　　　　　ベアリング鋼丸棒 ── 切断 ─ 型鍛造 ─ ラッピング ── 鋼球　　　　　　切断 ── 切削 ── 焼入れ ── アウタ　　　　　　　　　　　　　　研削　　　　　　レース
(o) 金型〈多品種一品〉[マスクロール絵画](液体→中実バルク→表面機能バルク)	大形プレス金型発泡スチロール ── 切断 ── フルモールド ～ 切削 ── 磨き →　　　　　　　　　　　　　　鋳造(鋳鉄,鋳鋼)　　ボール　　　　　　　　　　　　　　　　　　　設計　　エンドミル→ 組立 ── トライアウト(試し打ち)
(p) タービン〈少品種少量〉[家具・船舶電車](液体→中実バルク→表面機能バルク)	設計鋳造 ── 自由鍛造 ─～─ 旋削 ── 軸 ── 組立 ── 試運転　　　　　　　　　　　　　　　　　　　　　　　　動バランス調整　　　　　　　　　　　　　　　　　　　　　　タービン　　　　　　　　　　　　　　　　　　　　　　プレート設計一方向性凝固 ── 電解加工 ── 5軸切削 ── 研磨(テープ) ── 溶射　　　　　　　　　　　　　　　　　　　　　　　　　　　　　　　セラミクス

図 2.2 (5)　各種の製品の製造方法 (その5)

製造方法は（i）エアコン，（k）半導体，（ℓ）携帯電話などと基本的に同じである．つまり，磁場中で粉末成形する磁石は，前述のチップコンデンサと，またエンコーダ（位置や変位の情報をデジタル量として検出する装置）は半導体と，さらにベースやベアリングはエアコンと，それぞれ同じである．

（o）**金型**：これは生産備品の典型例であるが，多品種一品で作られるのが特徴である．切削時間を短くするために，大形プレス金型では，発泡スチロールで作った型を砂型に反転させ，その砂型に鋳鉄や鋳鋼を注入して反転させる．その素材をボールエンドミルの切削で曲面を形状創成した後に，手仕上げで表面をピカピカに磨き，何回か試し打ち・補修を繰り返す．

（p）**タービン**：発電所のガスタービンや蒸気タービン，飛行機のジェットエンジンに用いられる．機械製品の一つであるが，少量であるうえに高信頼性が要求されるので，高価な製造方法が採用される．回転軸でさえ，鋳造組織を壊して強度を高めるために，鋳造後に自由鍛造を繰り返し，1本作るのに数カ月もかかる．ブレードは，一方向性凝固で遠心力方向に強度が大きくなるように鋳造し，さらに冷却空気吹出し穴を電解加工であけ，5軸加工機で曲面を削り，溶射で耐熱性セラミクスを表面に成膜する．組み立てた後は，真空中で回転させて動バランスを調整し，二つ割りのハウジングをボルトで締めて覆う．

2.1.3 製造工程の一般解を探す

ここから，2.1.1項で述べた特徴について再度説明しよう．製造工程の一般的な特徴を探すために，図2.3と図2.4で示す．図2.3は，図2.2の16種類の製品の形状の変化を整理した図である．横軸に製品の全体形状の次元数を，また縦軸にその断面の形状をそれぞれ示している．図の矢線の下のアルファベットは図2.2の製品記号であり，太い矢線が素材製造工程，細い矢線は製品製造工程を示している．一方，図2.4は製品の品種設計情報のデジタル化を調べる図である．横軸に1事業者の扱う品種の種類の数を，また縦軸に1品種当たりの生産量を，それぞれパラメータにした座標上に，16種類の製品のデジタル化をプロットした．これらの図から次のことがわかる．

（1）**素材は別個の専門業者が作る**

図2.2を見ると，いずれの製品も素材製造工程を有しており，それは別個の専門業者が担当していることがわかる．また図2.3から，ほとんどの製品が0

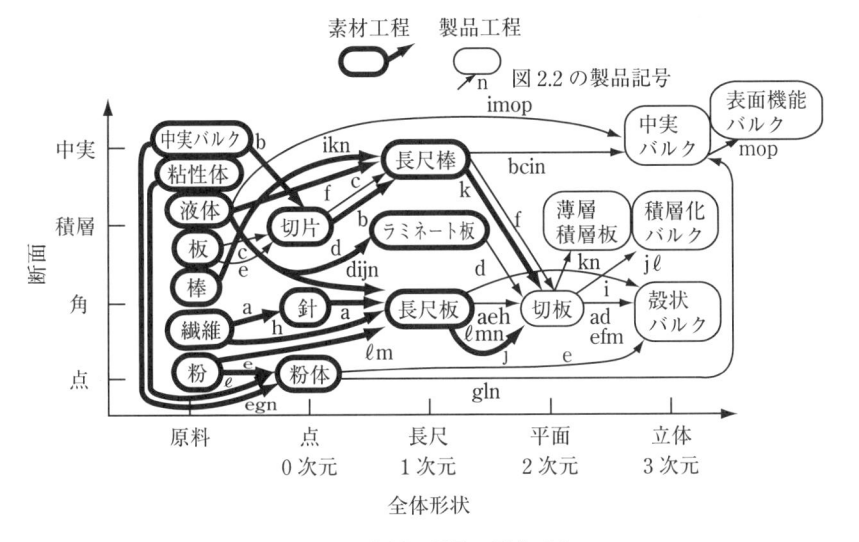

図 2.3　各種の製品の形状変化

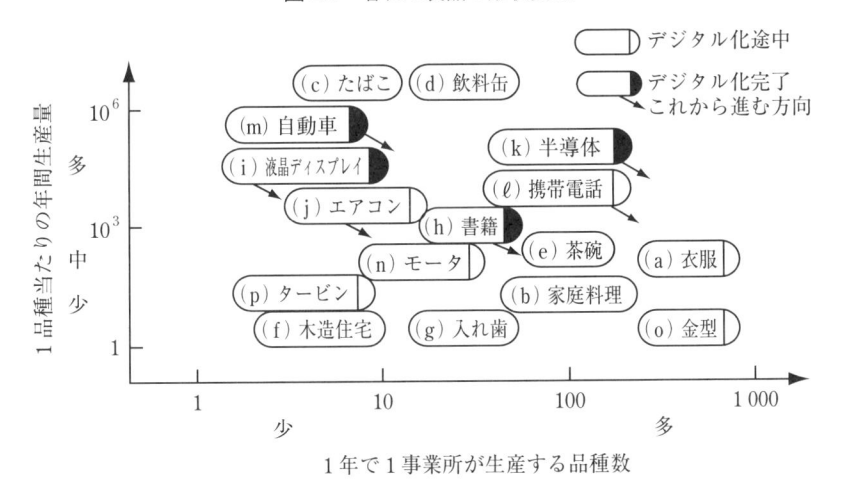

図 2.4　各種の製品の品種設計情報のデジタル化

次元の切片・針・粉体からスタートしていることがわかる．これは，素材メーカが材料の均質化を目指すからである．たとえば，野菜は畑から採ってきたままでは食べずに，味が染みやすく，口に入りやすい形状まで細切れにする．また，土でも山から採ってきた固まりのままでは用いずに，破砕してから，ふるいにかけて大きさを揃え，水に溶かして液状にする．鋼の精製は次章で詳説す

るが，高信頼性が要求される工業用製品になればなるほど素材メーカが受け持つ材料の均質化が重要になる．

(2) 素材から製品に仕上げるのに従い，形状の次元数が増える

図 2.3 を見ると，太線の素材製造工程が図の左に偏っているから，低次元の形状は素材であることがわかる．また，図 2.3 の矢印の方向を見ると，図の左の低次元の原料が順に，図の右の高次元の製品に仕上がっていくことがわかる．つまり，素材メーカでは原料を破砕・精製して 0 次元の切片・針・粉体を作り，さらにそれを固めて長尺の棒状や板状に成形する．製品メーカは，その板や棒の素材を買ってきて，切削やエッチング，板金，組立などで 2 次元以上の形状を作る．また，図 2.3 の最上段と最下段に示したように，液体や粉体から直接に中実バルクを成形する線は，製品メーカが素材を買ってきて，ダイカストや射出成形のような型成形で 3 次元形状の製品を直接に作る工程である．いずれにせよ，このような製造工程を経て，製品は 2 次元以上の形状，すなわち薄層積層板（半導体やエンコーダ），殻状バルク（茶碗，飲料缶，木造住宅，自動車ボディなど），積層化バルク（液晶ディスプレイやチップコンデンサ），中実バルク（うどん，たばこ，入れ歯，エアコンスクロール，携帯電話ケース，モータ用磁石など），さらに表面機能バルク（自動車用歯車，金型，タービンブレード）の形状に創成される．

(3) 工具軌跡で品種が分かれる

一般に，素材工程では短納期を守るために規格品を作り貯めしておく．一方，製品工程では仕掛品（しかかりひん）や保有在庫を極限まで減らすことが経営目標に掲げられているため，作り貯めが許されない．そこで，各社が多種多様の工程管理システムを開発している．たとえば，顧客から発注内定が入った時点で，いわゆる"ジャストインタイム"で下流工程が上流工程に生産開始を命令する．開始命令に何種類のプロダクトパラメータを添付できるかはデジタル化の能力で決まるが，現在は数 GB（ギガバイト）の形状情報でも添付できるようになっている．この形状情報は，多くの部分が工具軌跡の情報であり，これを加工機械に入力すれば，希望する品種の形状が 1 品から創成できる．

(4) 商品価値を高めるために最後に仕上げをする

図 2.2 に示したすべての製品の製造工程の最後に，仕上げ・検査・試運転・

調整・梱包・出荷というような後工程（あとこうてい）が付随している．検査試験するパラメータには，特性的なものと感性的なものがあるが，エンジニアは後者を軽視しがちである．たとえば液晶ディスプレイでは，顧客は最も明るい製品を選ぶから，画像を写すという主機能以上に，バックライトをムラなく明るく投射するという副機能が商品価値を決定する．このほかにも，飲料缶の絵柄の鮮明さ，自動車のボディに写る影のゆがみ，木造住宅の内装の木目による安らぎ，情報機器の作業時の静かさなどは，エンジニアが軽視しがちな観点である．これらは，感性が研ぎ澄まされた工業デザイナだけが評価できるという特性ではない．ただ自分が検討した技術問題とかけ離れていて，目を向けたくないだけである．商品のセールスポイントを科学的に分析すれば，この最後の仕上げ工程の意味がわかるはずである．

2.1.4 製造方法はデジタル化でどのように変わるか

設計のツールとしてデジタル化の手法が1980年頃から浸透してきたが，最も早く整備されたのは製鉄所や化学プラントである．なぜならば，少品種大量生産なので，プロダクトパラメータよりプロセスパラメータの制御に注力すればよく，後者は1次元の時間軸上の制御だったからである．1990年頃からプロダクトパラメータの制御に対してもデジタル化を進めたのが書籍印刷と半導体である．書籍も半導体も構造が2次元であり，設計ルールを記述しやすかったためである．後者ではさらに2000年頃までに，ゲート数が1 000万個であっても，論理回路を入力すれば論理チャックして配線回路が自動出力されるようになり，人間の思考能力を超えてしまった．構造が3次元の機械でも，2000年頃には3D-CADによるデジタル入力が一般的になり，形状を紙に表さなくてもシミュレーションやCAM（コンピューター支援生産）が自動出力できる段階までに発達した．

図2.4を見ると，品種数・生産量とデジタル化とは相関がない．つまり，デジタル化しやすい製品からデジタル化したと言っても過言でない．しかし，デジタル化が進むと，図の矢印に示すように多品種少量の方に移行することがわかる．移行しても何らコストアップの要因にならないことが重要で，顧客の要求によりマッチングした製品を供給できる．1品種を大量生産して顧客の要求をそれに合わせるのは画一性を強調する社会主義国家的にみえるが，今では多

くの国家が豊かになり，その段階を通り過ぎてしまった．現在，多くの顧客は，入れ歯や木造住宅のように，自分に合った製品を望むようになっている．たとえば，自動車や建設機械は購入時にオプションを選択すれば，納期を長引かせずに希望どおりの製品が得られる．これを実現するために，工場ではコンピュータがそのオプションデータを管理して，組立時に間違えないように個々の顧客用部品を自動配膳できるシステムを完備している．

21世紀はInformation Technology（IT）で製造技術が変わると言われている．その変革は市販のITを装備することではなく，それを使う組織全体が努力して，顧客の要求をいかに速く伝え，いかにそのとおりの製品が実現できるかにかかっている．

○ 2002年現在，製品メーカの製造部門のエンジニアは，形状を3D-CADで描けば，直ちに工具軌跡がCAMで決定できるという利点のみをデジタル化で追求している．この技術はさらに発展し，まもなく製造時の物理現象をリアルタイムでシミュレーションできるようになる．つまり，たとえば，射出成形でどのような射出条件で製造すれば欠陥が生じないか，組立でどのような治具を用意すれば短時間に組立できるか，切削でどのような工具を準備すれば高速切削できるかなどが，品種ごとに短時間でバーチャル体験できる．

○ さらにITを有効に用いるのならば，設計作業を先回りして将来を予見し，それを現在の思考過程にフィードバックすることが効果的である．たとえば，設計者やデザイナが奇抜な形状を決定する前に，製造するとどれくらいコストアップするのかを定量的に提示する．また，営業が顧客から注文を取ってくるときに，そのオプション選択だと納期がこの日になり，これくらいの価格になるということを提示する．現状のシステムの問題点は情報処理速度である．製造が1週間後に答を出しますと言うと，設計も営業からも無視されてしまう．その1週間の間に彼らの決定が待たされ，その間に顧客が逃げてしまうかも知れないから当然である．また，顧客の情報は製造の下流工程からも流れてくる．つまり，使用時のクレーム，修理依頼，廃棄・リサイクルの相談などである．これも，直ちに答えずに放っておくと，顧客が失望して逃げてしまう．

○ 図面には，素材や加工法の情報が注記として記載される．しかし，その決定理由は記載されていない．最近は，過去の責任者に，なぜその製造プロセスに決めたかをインタビューして形式知として表出することも試みられている．決定に至った道筋がわかれば，コンピュータでも属性を求めることができ，そのアルゴリズムをCAD/CAMのコマンドの中に組み込むこともできる．図1.7（d）で説明したように，コマンドで，たと

えば射出成形の押出しピンの位置とか，切削のエンドミルの種類と加工条件とかが直ちに決まる．形状とそれに関する知識とがリンクされることを，PDM（Production Data Management）と呼ぶが，その管理には上記のインタビューが不可欠である．

インタビュー時には，相手の知識が芋蔓のように記憶されているため，蔓を切らないように引っ張ってやらなければならない．この蔓は，この人の持つシナリオ（または文脈，脈絡）である．一般に，他人のそれが多く記憶され，または多く想定できる人ほど，失敗が予知できる．生産が成功するためには，シナリオが豊かで精度が高いエンジニアをチーフエンジニアに任命することが重要である．確実にチョンボ（不注意による失敗）を最小化でき，クレーム（顧客からの文句）処理を最短化してくれる．

2.2 頭を柔らかくして製造方法を考えてみよう

前節で一般解を求めてみた．ここでは，それを使ってクイズを解いてみよう．クイズの質問は下記の製品の製造方法である．いずれも，図2.2の類似製品の製造方法を参考にすると答が出るはずである．ただし，ここでは「モノづくり解体新書（日刊工業新聞社）」を参考にしたが，クイズという名に相応しい"頭の体操"的な答を期待している．答のヒントは「一度に，制御なしで，自然を利用して」加工することである．図2.5の答案例を見る前に，まず図2.2を参考にざっと製造工程を考えてみよう．

（a）毛布：どうやってチクチクしないように，羊毛で肌触りをよくしているのだろうか．
（b）畳：畳は，厚みのすべてがいぐさで作られているのだろうか．
（c）納豆：ベトベトした納豆をどうやって容器に移すのだろうか．
（d）そうめん：奈良時代でもパスタのように押し出していたのだろうか．
（e）人工いくら：真ん中の目玉はどうやって入れるのだろうか．筆者らはDNAのゆりかごと呼ぶ，DNAを入れた直径$1\,\mu$mのいくらを作りたいと頑張っている．
（f）かにかまぼこ：筋状にどうやってかまぼこを裂いているのか．裂けるチーズも同じように作っているのか．
（g）ペットボトル：牛乳瓶と同じように作っているのか．
（h）ボート：プラスチック製の軽いボートの船殻はどうやって作るのか．デ

パートの屋上にある遊具の殻も同じように作っているらしい．

（i）**ゴム風船**：どうやって同じ形，同じ厚みの製品を作るのだろうか．

（j）**輪ゴム**：どうやって輪を大量生産するのだろうか．

（k）**ビー玉**：球をどうやって作るのか．鋼球と同じようにラッピングするのか．

（ℓ）**緩衝シート**：気泡を指でプチンとつぶすのが楽しいシートだが，どうやって気泡を作るのだろうか．

（m）**フローリング**：マンション用フローリングのように安く大量に使うものでも，無垢の木材を切って床を張っているのだろうか．

（n）**フロッピーディスク**：円板にどうやって膜を塗布するのか．

（o）**ピアノフレーム**：230本のワイヤに張力を与えると計20tonになるというが，それを支えるフレームはどんな材質だろうか．

（p）**特急先頭車**：特急，特に新幹線の先頭車の曲線は3次元的だが，どうやって作るのだろうか．

　答は，図2.2で示した製品のどれかとほとんど同じである．

（a）**毛布**：（a）シャツと同じで，羊毛で布を作る．ただし，繊維を立てて毛並みを揃えてアイロンがけするという調整工程を含む．

（b）**畳**：（a）シャツと同じで，いぐさで布，つまり茣蓙を作る．しかし，それは畳表として表層に使うだけで，厚みのほとんどは稲藁である．もっともマンション用の安価品は，発泡ポリスチレンや木材繊維プレス板をクッションとしてラミネートし，縫い付けている．

（c）**納豆**：（b）カレーと同じように，大豆を洗って水にさらしてから煮て調理する．ただし，大豆を容器に入れてから発酵させるので，ネバネバした大豆自体はハンドリングしない．電子レンジで作るポップコーンは，袋の中にトウモロコシが入っていて，チンすると発泡する．

（d）**そうめん**：（b）うどんと同じように小麦粉を練って麺にする．ただし，切ったり押し出したりしない．蚊取り線香みたいに渦巻き状に切って，長尺の平板の帯を作り，それをローラで伸ばして太い麺にする．さらに2本の棒に8の字状にかけて，熟成させながら引っ張って細くする．

2.2 頭を柔らかくして製造方法を考えてみよう　37

（a）毛布　織るまではシャツと同じ　繊維を立てて切り揃えてアイロンがけをする

（b）畳　いぐさの畳表は表面だけ　残りはクッション層

（c）納豆　納豆をケースに入れてから発酵させる　発酵 40℃ 18h　熟成 5℃ 18h

（d）そうめん　蚊取り線香状に切る　ひもにして引っ張る

（e）人工いくら　サラダオイル　寒天　アルギン酸ナトリウム　CaCℓ$_2$

（f）かにかまぼこ　すりみの押出し材　スリットで切れ目を付ける　渦巻きロール状　シート

（g）ペットボトル　高圧気体でブロー成形　パリソン（PET）　印刷シート真空吸着　牛乳ビンも同じ

（h）ボート　衛生陶器も大きな石こう型を用いる　プラスチックを手で厚塗り　石こう型　ハンドレイアップ法

（i）ゴム風船　スラッシュ法　ゴムにディップして厚塗り後無理抜き　ゴム手袋もコンドームもろうそくも同じ

（j）輪ゴム　ゴムのパイプ押出し　金太郎飴と同じ

（k）ビー玉　スパイラル円弧溝　転がしながら冷やす　表面張力で球にする

（ℓ）緩衝シート　溝内へ真空吸引　プラスチックをラミネート

（m）フローリング　木目の美しいのは表面だけ　スライスして合板に張る　0.3mm　合わせブロック

（n）フロッピーディスク　層流で流す　カーテンフローコート　打抜き　TACシート　写真フィルムもVTRも同じ

（o）ピアノフレーム　鋳造（鋳鉄）　共鳴板　鍵盤は材木とフェルトで振動を調節

（p）特急先頭車　骨組に，粗く打ち出した板を貼る　人がたたき出して調整する

図 2.5　製造工程のクイズの答案例

（e）人工いくら：（b）パスタと同じで同心円状のパイプの型から押し出す．滴下した後，槽の塩化カルシウム液との間に働く表面張力で寒天が球になる．

（f）かにかまぼこ：（c）たばこと同じで，スリットロールで筋を付けてからUO曲げで巻く．裂けるチーズの工程は，（a）の紡糸工程と同じようにシートにしてから裂いて，再び1本にして軽く固めるのだと思う．

（g）ペットボトル：（d）飲料缶と同じように板を丸めてもできる．しかし，PET（ポリエチレンテレフタレート）のボトルは試験管状のパリソンを作ってから空気で外側に開かせ，型に内側から押し付ける．板金では"バルジ成形"と呼ぶが，プラスチックでは"ブロー成形"と呼ぶ．パリソンをガラスに変えれば牛乳瓶ができる．成形時に，あらかじめ印刷用紙を型の中に入れて真空吸着で止めておくと，型とPETボトルとの間にはさまれて変形し，PETボトルの外側に貼り付く．

（h）ボート：（e）プラスチックの茶碗と同じように型成形する．射出成形やブロー成形でもよいが，成形数が少ないので高価な設備は割に合わない．そこで，石こう型の内面にプラスチックを何層も人手で塗る．"ハンドレイアップ法"と呼ぶ．デパートの屋上にある幼児遊戯用の電車や動物の殻状の外形もこれで作られる．大きな衛生陶器も石こう型を用いるが，茶碗と同じようにセラミクスの水分を吸収させるためである．

（i）ゴム風船：これも，（e）プラスチックの茶碗と同じようにゴムを型成形する．しかし，ハンドレイアップ法の裏表逆で，型の外側にゴムを厚く塗る．"スラッシュ法"と呼ばれるが，ゴムの浴槽に何回も漬ければよい．ゴムは伸びるので抜き勾配が付けていなくても，"無理抜き"と呼ぶが，引っ張れば抜ける．ゴム手袋もコンドームもこの方法で作られる．また，ろうそくも芯の周りに，同じようにワックスを厚塗りする．

（j）輪ゴム：（e）陶器の茶碗と同じように，ドーナツ状の空間を有する型にゴムを流し込んで1個ずつ作ってもよい．しかし，実際は（b）パスタと同じようにパイプを押し出してから輪切りにする．仮に複雑な断面でも，金太郎飴と同じように太い筒で並べた後で細く伸ばせば簡単に作れる．

（k）ビー玉：（n）モータのベアリングの鋼球と同じように，固形のガラス玉を鍛造して，転がしながらラッピングしても作れる．しかし，実際はガラスを人工いくらのように滴下して表面応力で丸め，冷却するときにスパイラル溝を持つドラムの上をころがして球にする．金平糖も，ツノを含めて丸くするために，回転軸が傾斜した回転平底鍋を用いて長時間ころがされる．

（ℓ）緩衝シート：（d）飲料缶で述べたラミネート板のように，上下のプラスチックシートをロールで貼り付ける．しかし，片方のロール表面に凹部をたく

さん作っておき，凹の底から片方のシートを部分的に真空吸引して，ツノのように凸部を成形する．もう片方のシートは平面だから，その凸との間に気泡が形成される．

（m）**フローリング**：金太郎飴と同じような方法だが，木材のブロックを組んで接着した後，スライスしてわずか 0.3 mm の化粧板を作って合板に貼り付ける．その後で，厚板を組んだように見せるため溝を切る．薄い畳表を貼り付けた安価な畳と，構造は同じである．

（n）**フロッピーディスク**：磁石の入った樹脂スラリーを円板 1 枚ずつに塗るのではなく，写真フィルムや VTR テープのように長尺のシートにカーテンフローコートで塗布した後で円形に打ち抜く．しかし，これでは針状の磁石がシートの長さ方向に並んでしまい，回転させながら磁石から出る磁場を磁気ヘッドで測定すると，強度が 1 周でサイン波状に変化する．そこで，塗布方法を変えたのもある．つまり，円板の基板を高速回転させて遠心力で張った後に，磁石の入った樹脂スラリーをスピンコートし，塗布後，固まらないうちに強力な磁場で針状の磁石を円周上に配向させる．

（o）**ピアノフレーム**：18 世紀頃にフレームに鋳鉄を使うようになってから弦の数が増え，さらに弦を弾くのではなく，弦をたたくように鍵盤の構造が考えられた．鉄は鋳鉄で作られ，共鳴板として板状のフレームが生産されている．なお，鍵盤は木材とフェルトとを使い，音の減衰を調整している．また，弦を支える部分は弦ごとに独立していないので，1 本の弦の振動で隣の弦が振動し，うなりを発生する．つまり，音の周波数特性を調べると，共振周波数だけでなく背景のノイズが広く分布して，それが豊かな音に聞こえることがわかる．同様に，携帯電話では着信音を美しく鳴らすために，共振周波数でだけで鳴るようなブザーではなく，あちこちが微妙に別の振動数で震えるような共鳴設計を行っている．お寺の鐘も同じである．ゴーンとなった後のうなりは，鐘の上下で厚みがわずかに違うことで発生する．

（p）**特急先頭車**：大きな型を作って曲げ加工してもいいが，大きなプレス機械を買うほど大量に売れない．そこで，骨組を溶接で作った後で，あらかじめ大体の形状に曲げてあった板を貼り，さらに人手でたたき出して調整する．大体の形に曲げる方法は，曲率半径ごとに用意した汎用の型を使って打ち出す．

戦前の日本の自動車製造方法と同じである．ただし，最近では特急先頭車のような3次元曲面構造物までCAD/CAMデータが簡単に作れるようになって，切削でも作れるようになった．

2.3 生産効率の高い製造方法を設計する

　生産効率が高いということは，ヒト，モノ，カネの投資当たりの成果が大きいということである．もちろん，立ち上げでは設備費が必要で借金しなければならないが，いつまでに償却（ペイバック）できるかが問題になる．一般に，国が決めた減価償却期間は，たとえば自動車だと6年，金属製事務机が15年，鉄筋ビルが65年であるから，目安としてその期間に返す借金の月々の支払額が使われる．

○ 複利計算の式として住宅ローンの支払金算出式がよく使われる．最初の借入金 A，利率 x，期数 n のとき，1期ごとの返却すべき金額 B は，$B = A \times x / [1 - (1+x)^{-n}]$ である．これは，等比級数の式を用いて導ける．ここで，20年（240カ月），年利3％（月利0.25％）で1000万円借りると，$1000 \times 0.0025 / [1 - (1 + 0.0025)^{-240}] = 5.5$ で，月々に55000円返せばよい．これを240倍すると1330万円だから，330万円が利子分になる．また，100万円の自動車を6年，年利6％のローンで買うと，$100 \times 0.005 / [1 - (1 + 0.005)^{-72}] = 1.7$ で，月々に17000円返せばよい．同様に72倍すると，119万円だから19万円が利子分になる．家計簿的に検討すれば，それだけ払っているのだからその分は儲けなくてはならない．

　しかしエンジニアは，経理計算よりは，「論理的に最適な製造プロセスが求められるか」というクイズのような学問に興味がある．生産工学と呼ばれる分野がそれで，従来の研究として，最短工期の工程設計や，最低コストの工程設計の手法がある．たとえば，生産量も加工条件も異なる10種類の品種を製造しなくてはならないが，どのような順番で流せば安くできるかを考える．実際の現場では10品種程度だと，工程係のエンジニアが，作業者や加工台数を考えて工程を書いた白板の上で品種を書いた磁石を動かすうちに，最適解が勘で得られる．しかし，金型のように100品種で1000部品が流れるようになると人智を超える．このときはコンピュータの活用が不可欠である．

　しかし，その最適化だけでは数％の改善しか期待できない．数十％の改善

を求めるには，工程自体を改善することが必要である．たとえば，全数検査から抜取り検査に変えられるように加工誤差を縮小することや，総形（そうがた，仕上り形状の反転形状を有する）工具に変えて1回の送りで切削できるようにすること，研削して焼入れで生じたひずみを除去しなくてもいいように，表面硬化の方法を水焼入れから窒化に変えることなどである．

本書では，このような不連続的・画期的・アイデア的な思考で，工程改善するときに役に立つような知識を提供する．エンジニアは，広い視野で設計解を探すために，常に選択肢が多くて豊かに思考できる状態を維持すべきである．

〇 筆者らは決定要素の削減を考えてみた．エンジニアにインタビューすると，金型を作るには，たとえば600要素も決定しなければならないと答えるのが普通である．しかし分析してみると，顧客の図面に明記された鋼種と同等の鋼種を選定したり，自社の工作機械を金型の大きさから選択して，それに合う工具を選択したりしている．しかし，いずれも簡単な判断式で決定されるので，選択オプション数を減じてコンピュータが自動的に判断できるように変えた．その結果，決定要素は50程度に減じることができ，設計時間や待ち時間が減少した結果，全体の工程時間を30％強も減少した．

〇 選択オプション数を減少することは"標準化"と呼ばれ，工程短縮には最も効果的である．しかし，一方で日本の製造業では顧客の要望に従って品種が増えるので，大量生産から小回りの効く生産へ変えることは，今後不可欠になろう．たとえば，段取り替えの短縮化（加工条件の変更のために金型や工具を変更すること），立ち上げの垂直化（新製品の生産量が発表と共に急増するという意味）が目標とされている．とにかく，顧客の要望に沿って小回りの効く生産するが大事で，作ったらすぐに売れて製品を現金に変えないことには，次の投資ができなくなる．

〇 作業者が働くと，一般に，企業は1人当たり1時間に5 000円程度稼がなくてはならない．これは，年に2 000時間働くとして1 000万円分を稼がなくてはならない計算になる．実際に自分の設計を町工場に発注すると，見積もりは段取りを含めて何時間で加工するかで計算される．次章で説明するが，鋼の重量当たりの単価は野菜より安い．だから，加工費の大部分が1時間いくらで概算できる．また，企業では稼いだカネのうち，間接費として事務費30％，設備費30％，利益10％をとるのが普通で，結局，作業者の年収は残り30％の300万円になる．これは，現在ではタクシー運転手の年収と同じである．現在の日本の製造業では，直接作業員数は可能な限り削った．次は間接員である．エンジニアや事務員を削減して，その分はITで補いたいと経営者は漠然と感じている．

○ 1980年代は，高生産効率化＝自動化 であった．1人省力すると，人件費5年分の1500万円を投資してよいという感じで，生産技術のバブル時代の饗宴が始まった．1990年代になると，日本での自動化と東アジアへの移転とが比較され，後者が安いことがわかった．産業用ロボットとメカトロニクスは，かつての勢いがなくなった．2000年代は，高生産効率化＝高品質化，または高生産効率化＝短納期化 でなければ投資できない．

第3章 それぞれの製造技術を詳しく学ぼう
─素材を用意する─

3.1 材料組成を決定する

3.1.1 人類は多くの素材を使ってきた

人類が用いた素材群として，図3.1に示すように石，砂，土，木，植物，動物，金属，化石が挙げられる．これらは，遠く石器時代から用いられているが，歴史が書かれてからの数千年の期間で，これらを使った技術を見直してみよう．結局，どんな素材も歴史が生んだ設計の特殊解であり，そのときの文化・政治・産業・天候などに関する多くの制約条件のどれか一つが違っていれば，個々の技術の盛衰は現在とまったく違うものになっていただろう．なお，記述内容があちこちに飛んでいるが，これこそ筆者の知識の芋蔓である．読者は，

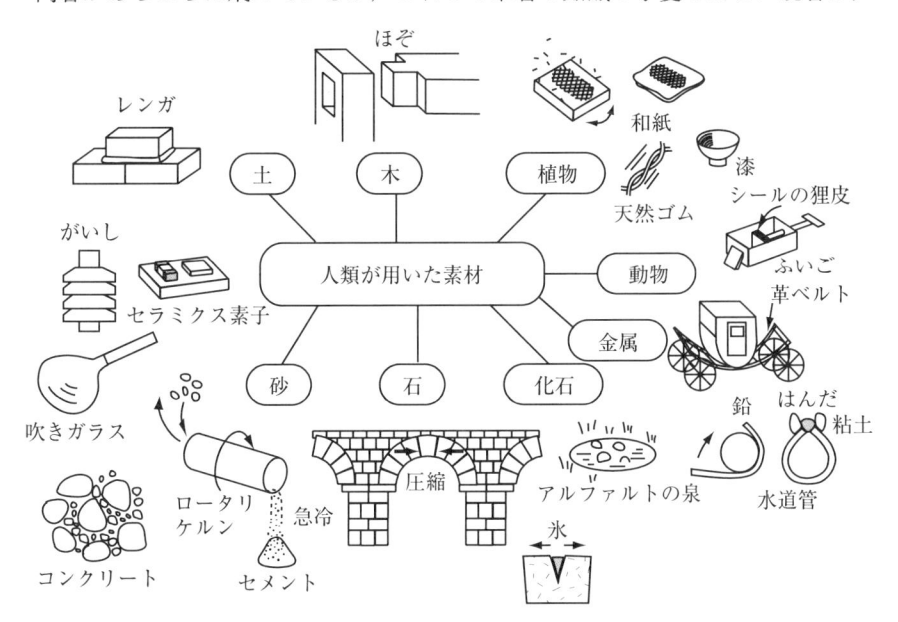

図3.1 人類が用いた素材

石から始めて，次に何を連想するだろうか．

（a）石：石器時代から人類は投擲する武器として石を用い，殺傷力を高めるために，割って鏃を作った．和田峠の黒曜石が日本中の集落で使われたが，このことは縄文時代の交易範囲の広さと鏃の有効性を物語っている．割るときは，原石表面の割れやすい節理を読んでたたくか，大きいものには溝を掘って水を入れ，水の凝固時の体積膨張を楔のように使うか，溝の周りで焚火して加熱して楔で割るかした．もっとも，現在は割らずに，墓石や定盤も円板形の回転砥石でブロック状に切断している．さらに，人類は割ったブロックを積んで，ピラミッド，ドーム，アーチ橋を作った．

○ 多くのドームが作られた．筆者は，27年にアグリッパが建てたローマの直径43 mのパンテオンや，537年に建てられたイスタンブールの直径31 mの聖ソフィア聖堂を訪ねたことがある．後者は石でなくレンガで作られた．スレイマン大帝がそれと同規模のスレイマニユ・モスクを建てさせたのは，約1000年後の1557年である．ミマル・シナンというエンジニアが試行錯誤の結果，聖ソフィア聖堂を真似るのに成功した．古代の石やレンガ，さらに近代の鋳鉄は，引張応力が働くと割れるので，圧縮応力だけが働くようにアーチ構造が設計される．だから，ドーム屋根のアーチを作るときも，まず木材で足場を組み，その上にアーチ状に石を積み，最後に足場を抜いて作る．筆者らは，建設会社と共同研究していた福岡ドームの建設現場で"ジャッキダウン"と呼ばれる足場を抜く作業を見学したことがある．直径220 mのドームが1 m近く下がって安定するまでが大イベントであった．このときは，現場責任者が垂れ下がるドームの中心に立って指示していたが，昔は，足場と一緒に崩壊する事故も多かったのであろう．

（b）砂：石のうち，さらに小粒なのが砂である．砂を高温で調整して作ったのがセメント，ガラス，セラミクスである．現在，最も一般的なセメントは，ポルトランドセメント（portland cement）である．約2000年前から作られていたそうだが，現在はロータリケルンと呼ぶレンガで内張りした鉄筒の回転炉で生産される．そこでは，図3.1に示したように，材料のケイ酸質粘土などを調合して，傾斜した入口側から装入し，燃料の重油バーナで出口側から加熱しながら回転混合して最高1450℃で焼成する．その後，半溶融物を急冷して粉状のクリンカを作り，石こう（石膏）を2％混ぜてセメントを作る．クリンカを

作る構造はゴミ焼却炉として使われているガス化溶融炉と同じであり，燃料には，ゴミでも廃品のタイヤでも，燃えれば何でも使える．

セメントは，水と混ぜると水和して凝固するが，この反応時に発熱する．このため，ダムや橋の基礎にコンクリートを打つときは，氷や液体窒素で冷却しながら固める．もちろん，セメントと一概に言っても実は多くの種類があり，水中でも速やかに固まったり，逆に固まるときに水分が出てきたりするものもある．筆者が鋳造実験で炉をセメントで作ったときは，水蒸気爆発しないようにバーナで長時間焙られた．日本は，石灰岩だけは現在も豊富にあり自給可能で，年間 8 000 万 ton も生産されている．石灰岩は，明治時代にセメント製造技術を輸入する前も，漆喰として土間や流し場の床に用いられていた．

コンクリートは，セメントに砂と小石を体積比で 1 : 2 : 4 で混ぜて固めたものである．石のすき間（隙間）を直径 1/10 の砂が占め，さらに砂のすき間を直径 1/10 のセメントが占めるように，大きさと量を計算して配合する．粉体全体の充てん（充填）率を高めるためである．砂と小石は，最高の品種が河原で採石した川砂で，次善は山を崩して採石した山砂，最悪が海を浚って採石した海砂である．海砂は，よく洗わないとアルカリ性のセメントと分離するが，昭和 40 年代に生産した関西地方のコンクリートにはそれに起因する不具合が多いらしい．

砂を高熱で溶かして固めたのがガラスである．主成分はセメントと同じ $Al_2O_3 \cdot SiO_2$ であるが，鉛（Pb），ホウ素（硼素，B），ナトリウム（Na），金（Au）などの多くの成分を混ぜると，屈折率や軟化温度，色彩が自由に設計できる．板ガラスは，明治時代までは吹いて風船を作り，それを切り開いて作っていた．表面がうねっているので，その時代に作ったものは見るとすぐわかる．

石英ガラスは純粋な酸化シリコンである．軟化温度が 1 300 ℃ と高いが，熱膨張率がほぼゼロで，かつ紫外光を透過できる唯一のガラスである．工業的にも，リソグラフィのマスクや半導体製造用の治具に広く使われている．局所加熱しても熱膨張しないので，割れることなく溶接ができる．また，偏光板を通して見ると残留応力が生じているところが黒く見えるので，再び局所加熱して補修できる．残留応力を理解するには最適の材料である．

レンガの表面をガラスで覆ったのがタイルである．ベネチアの聖マルコ寺院

の金色は，金箔をガラスで覆ったから金色を保っている．一方，京都の金閣寺の金色は，金箔を漆で接着しただけだから，だんだんと色褪せてしまった．金属や陶器の表面にガラスで着色する技術がエナメルであるが，その代表が七宝である．いろはがるたの「瑠璃も玻璃も照らせば光る」の瑠璃（紫紺色宝石）と玻璃（水晶）も古来からのガラスである．

　また，酸化物の砂を精製したのがセラミクスである．衛生陶器や絶縁がいし（碍子）だけでなく，Al_2O_3，Si_3N_4，SiC，ZrO_2，AlN，TiC，Fe_3O_4 などが構造物として実用化されている．金属と比べれれば脆性破壊するので，機械部品としての信頼性に欠けると考えられているが，電気部品としては配線基板，コンデンサ，磁気ヘッドなどで広く使われている．

　（c）土：石や砂よりも細かいのを土と定義しよう．つまり，その多くは粘土であるが，それを乾燥させたのが日干しレンガである．創世記に異邦人で登場するメソポタミアのシュメール人は，日干しレンガで人類初の都市を作った．さらに土を焼くと縄文土器やレンガになるが，高温で焼いた方が粉同士が焼結して締まるようになるので，陶器や磁器の製造技術に至った．また，草と混ぜた複合材が日本家屋に使った壁土である．日本のレンガは，古来からあるものではなく，明治以降に技術導入して作られたものである．東京大学の大正時代に作られた建物は，赤レンガ風タイルで覆われているが，このタイルは英国製である．

　（d）木：最初は丸太を組んで構造物を作ったが，飛鳥時代頃から角材も使うようになる．つまり，製材が素材工程となり，鋸や鉋に大形のものが使われる．また，高価な釘を使わなくてもよいように，ほぞ（木材に付けた突起）と，それが挿入される穴とを作って組み合わせる．ほぞは，近代の鋳鉄で橋を作るときにも使われているが，鋳鉄も木材と同様に圧縮応力しか受けられないため，木造橋の技術がそっくりそのまま鋳鉄の橋にも転用された．木材を繊維にまで分解したのがパルプで，製紙の材料である．また，木を蒸し焼きにしたのが炭で，油脂成分が除去されて煙が出なくなる．

　（e）植物：昔から使われていたのが，蔓，麻，綿，藁などである．蔓は，引張応力を受ける材料で弓に使われる．藁は，日本では俵，筵，草鞋，蓑などに多用されていたが，明治時代でも上野の音大奏楽堂の壁の中の防音材までも藁を

使った．エジプトの紙の材料はパピルスだが，和紙の材料は楮（こうぞ），三叉（みつまた）である．楮を炭酸ナトリウムであく抜き（非繊維分除去）して，5 mm ぐらいの繊維にしてから紙漉（す）きして作る．和紙は，1枚ずつすのこに繊維を入れて漉くが，洋紙は図 2.2（h）に示したように大理石のロールとメッシュを使って連続的に漉く．だから，和紙には新聞紙のような切れやすい方向がなく等方性である．

天然ゴムはタイヤに使われているが，ラジアルタイヤでは鋼の芯線をねじって物理的に固着させたり，心線の表面に真鍮（しんちゅう）めっきして化学的に固着させる．漆は，のりの代わりに日本では広く使われた．漆は蒸気によって水和反応で乾（す）燥させる．乾燥のイメージと大きく異なり，実際，漆器は風呂と呼ばれる高湿環境で乾燥させる．

人類は植物を食料や油として使うが，工学的に面白いのは発酵である．酒やチーズ，ヨーグルト，醤油，味噌だけでなく，藍（あい）や煙草（たばこ）まで，バイオの知識を語り継いで昔から製造されている．"醸（かも）す"と"腐る"は，酵母や細菌で有機化合物を分解して変化させることは同じだが，腐るは腐敗菌が食物を毒素に変える．不思議なことに，腐敗で発生したアンモニアの臭いは赤ん坊でも避けるように人類は設計されている．なお，外国人にとって日本通の試金石となる珍味のうち，納豆は発酵食品であるが，梅干しは塩漬食品である．

（f）動物：これも食料や油に使われる．皮は，引張材料として有効で，馬車のクッションとして吊革が使われた．また，皮はシールとしても有効であり，鞴（ふいご）のしゅう動（摺動）部には狸の皮のパッキンが使われた．皮の油がうまく潤滑するのだろうか．ソーセージは腸の皮が使われたが，それに空気を入れてボール代わりに使ってサッカーが始まったと言われている．

（g）金属：酸化鉄を還元せずとも，宇宙から降ってきた隕鉄（いんてつ）を使って鉄器具が作れる．隕鉄はニッケル（Ni）成分が多いが，人類最初の鉄器文明のヒッタイト（2300 B.C.）でも，初期には隕鉄を使ったらしい．なお，隕石はインジウム（In）も多いが，1982年に地層の中のインジウムを測定して，6500万年前に隕石が衝突して恐竜が絶滅したことが判明した．ヒッタイトの鉄は，紀元前1400年頃のツタンカーメンの時代からエジプトに輸出され，値段も金の4倍と高価だった．しかし，漢の武帝は塩と鉄とを専売にして利益と流通をもたらし，鉄の値段は銅の1/4になった．

金属は，酸化物を還元して大量生産され，酸化しにくく，低温で還元できるものから順に使われた．たとえば，金（Au），銀（Ag），鉛（Pb），錫（スズ，Sn），銅（Cu），鉄（Fe），アルミニウム（Aℓ），シリコン（Si），ウラン（U）などの順番で精錬された．石の文化とも共存し，たとえば2000年前のローマでは，水道水は石の水道橋を渡ってきたあと，民家へは鉛のパイプをはんだ付けして導いていた．日本でも，昭和30年代までは鉛管を水道管として施工しており，いまだに使っている民家も多い．

（h）化石：化石と言ってもアンモナイトでなく，石炭・石油のことである．一部は古くから使われ，現代の舗装道路に用いられる瀝青（アスファルトのこと）は創世記のシュメール人の村では湧き出したそうだし，石油は日本でも臭水と呼ばれ燃料として使われていた．さらに，これらは燃料だけでなく，石炭は産業革命の頃から還元剤として用いられ，また，石炭・石油は，つい50年前からナイロン糸やプラスチックの素材に用いられている．

3.1.2 鉱石の原料から素材を作る

このように，現在，機械工業で広く用いる素材は，図3.2に示すように種類は少ないが，地球に存在する数少ない天然酸化物の鉱石を主原料に，それらを調整・還元して作成する．

プラスチックは，石炭（C）から精製・反応して作る．鉄（Fe＋C）は，鉄鉱石（FeO）と石炭と石灰石（$CaCO_3$）から還元・炭素合金化して作る．セメント（CaO・SiO_2）は，石灰石とケイ石（珪石，SiO_2）から破砕・焼成して作る．ガ

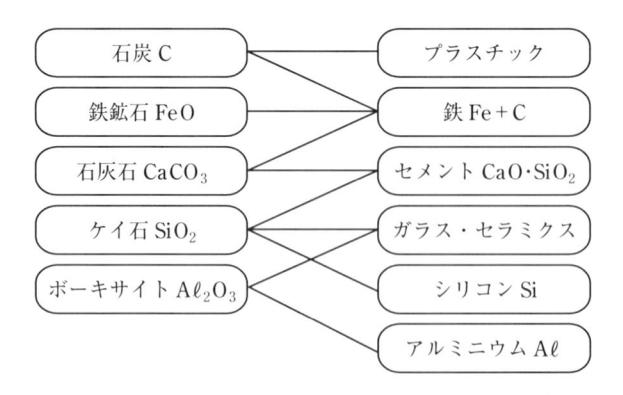

図3.2 地球の原料で素材を作る

ラス（低温溶解）やセラミクス（高温溶解）は，ケイ石とボーキサイト（Al_2O_3）から精製・溶解・混合して作る．シリコンは，ケイ石から還元・気体精製して作る．アルミニウムは，ボーキサイトから電気分解して作る．

ただし，これらの主原料はあくまで主原料であって微量な不純物を含むが，一般には除去するのが困難である．出雲のたたら製鉄はケイ素（珪素，Si）やチタン（Ti）がたくさん含まれるが，ケイ素は炉壁が薄くなり，その分が鉄と交わって合金になるように混入する．俗に，一土，二風，三村下（職長）と言われるほど，強度には土が大切である．また，チタンは砂鉄から入るが，金属は原料産地によって不純物の組成が少しずつ異なるので，考古学的な産出地域の特定ができる．

また還元は，鉄やシリコン，銅，亜鉛（Zn）の金属ではカーボンで行う．さもなければ，シリコンやウランで行われているように，塩素（Cl）やフッ素（弗素，F）と反応させて気体で精製する．そして，最後の手段が電気分解であり，アルミニウムや金，銀，銅が産出される．

材料を精製する技術がこの100年で非常に進歩した．不純物が破壊の起点になるため，機械強度を得るには精製が大事である．また同時に，組成を調整するために，分解能 1 ppm で測定できる検査方法が不可欠である．一般に，金属は発光分光やX線分光の物理分析によって分解能 100 ppm が，また測定に必要な試料質量は大きいが，化学分析によって分解能 1 ppm がそれぞれ測定できる．しかし，試料が 100 ppm のオーダで成分偏析しているから，50 ppm 程度の微量成分が特徴であると主張する特許は認められないことが多い．

○ 木炭で還元すると森林がなくなる．玉鋼（たまはがね）1 ton で木炭を 13 ton 使うが，この木炭は森林 1 ha 分に相当する．つまり，わが国の鉄鋼生産量の現在の年間 1 億 ton では 100 万 km^2 の森林が必要である．日本の国土は 38 万 km^2 だから，日本の森林は 4 カ月で坊主になる．そこでは，宮崎 駿監督のアニメ「もののけ姫」のように，森林をめぐって山の民と鉄の民との戦いが始まる．イギリスの森林伐採が止まったのは，1709 年に英国のエイブラハム・ダービーがコークス（石炭の蒸し焼きしたもの）を還元剤として用いた発明以降である．

鉄を脆くする 2 大元素はイオウ（硫黄，S）とリン（燐，P）である．イオウは高温で，またリンは低温で鋼を脆くさせるので，両者は 0.03 % 程度以下にするのが大切で

ある.コークスを用いるのは,炭と同じように石炭を蒸し焼きにして,石炭に含まれているイオウをあらかじめ除去するためである.またリンを除去するために,溶けた鉄に石灰石を入れたり,炉を塩基性レンガで作ったりして,リンと積極的に反応させ,スラグとして排出する.

3.2 鉄を用いる

3.2.1 人類はなぜ鉄を用いるのか

人類は,なぜ鉄を使うのだろうか.前節で示したように,鉄以外の金属だってたくさんあるし,金属以外の材料だってたくさんある.一般に,加工や材料の書籍にはその答が載っていない.普通は,鉄鋼材料を使うことは現代文明を担うエンジニアには必要不可欠なことであると書いてあるだけである.さらに,鉄と鋼(はがね)はどこが違うのだろうか.使ってみれば後者の方が硬く強そうだが,その違いがわからない.まず,これらの問いを考えてみよう.

では,鉄を利用する問いの答として,図3.3に示すように,まず「(a)地球上

```
                    人類はなぜ鉄を用いるか
         ┌──────────────────┼──────────────────┐
  (a)鉄が地球上に大量       (b)酸化鉄は還元        (c)鉄は炭素と合金
      に存在するから            しやすいから            を作るから
```

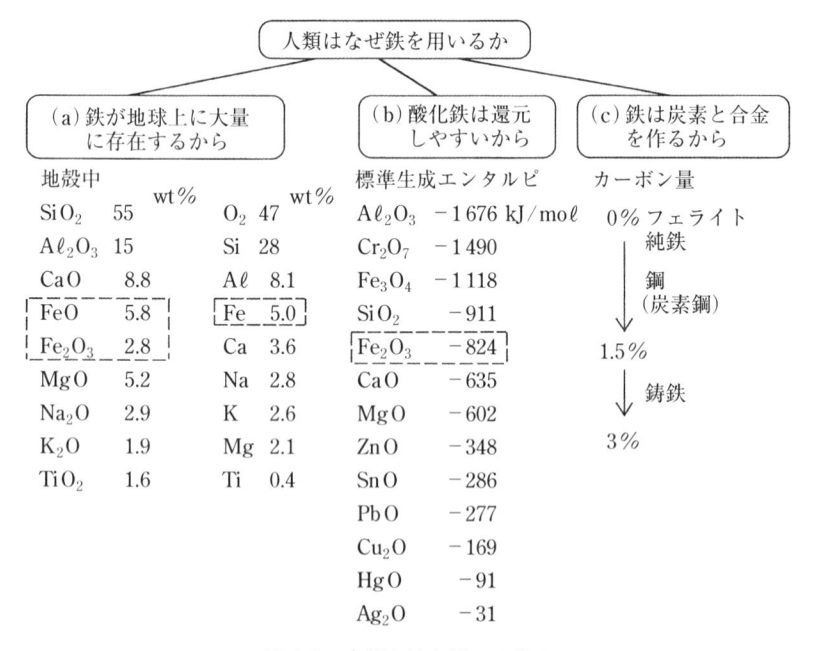

地殻中	wt%		wt%	標準生成エンタルピ		カーボン量
SiO_2	55	O_2	47	Al_2O_3	-1676 kJ/mol	0% フェライト
Al_2O_3	15	Si	28	Cr_2O_7	-1490	純鉄
CaO	8.8	Al	8.1	Fe_3O_4	-1118	↓
FeO	5.8	Fe	5.0	SiO_2	-911	鋼(炭素鋼)
Fe_2O_3	2.8	Ca	3.6	Fe_2O_3	-824	1.5%
MgO	5.2	Na	2.8	CaO	-635	↓ 鋳鉄
Na_2O	2.9	K	2.6	MgO	-602	3%
K_2O	1.9	Mg	2.1	ZnO	-348	
TiO_2	1.6	Ti	0.4	SnO	-286	
				PbO	-277	
				Cu_2O	-169	
				HgO	-91	
				Ag_2O	-31	

図3.3 人類が鉄を用いる理由

に大量に存在するから」が挙げられる．全地殻中の成分組成比は，SiO_2（55%），$A\ell_2O_3$（15%），CaO（8.8%），FeO（5.8%），Fe_2O_3（2.8%）となり，鉄の酸化物は SiO_2，$A\ell_2O_3$，CaO に次いで第4位である．また，それを元素の重量比で見ると，O：47%，Si：28%，$A\ell$：8.1%，Fe：5.0% と鉄は第4位である．でもそうだったら，シリコンやアルミニウムをガラスとしてではなく，金属として使えばよかったのにと感じる．実際は，人類が還元して使うようになるのは，アルミニウムは100年前から，またシリコンはつい50年前からである．

次の答は，「（b）酸化鉄は還元しやすいから」である．標準生成エンタルピを調べると，SiO_2（-911 kJ/mol），$A\ell_2O_3$（-1676 kJ/mol），Fe_2O_3（-824 kJ/mol），Fe_3O_4（-1118 kJ/mol）となり，ケイ素やアルミニウムは鉄と同等かそれ以上還元しにくいことがわかる．また Cu_2O（-169 kJ/mol），SnO（-286 kJ/mol），ZnO（-348 kJ/mol），PbO（-277 kJ/mol），HgO（-91 kJ/mol），Ag_2O（-31 kJ/mol）と，この絶対値が小さい金属ほど，人類は歴史上早くから用いていたことがわかる．特に $A\ell_2O_3$ は，Fe_2O_3 の2倍のエネルギが必要なくらい還元しにくく，酸化物が安定であることがわかる．ロケットの固体燃料や携帯用の懐炉はアルミニウムの粉が主成分である．逆にアルミニウムが酸化して $A\ell_2O_3$ になると，非常に大きな熱を発する．

しかし，これは純金属の話である．石器の次に登場した青銅（Cu-Sn）のように，一般に合金の方が融点が下がり，硬くなったりして使いやすい．では，鉄にそのような都合のよい合金があったのだろうか．

最後の答は，「（c）鉄は炭素との合金を作るから」である．ここで，鉄と鋼の違いが答えられるが，鋼は鉄と炭素の合金である．

と言いながら，複雑な話がある．実は，人類が純鉄なるものを得るのはつい最近のことである．それまでは，炭素で還元したつもりが自動的に合金を作ってしまい，2%から3%と炭素たっぷりになってしまった鉄合金を「鉄」と呼んだのである．現在，鋳鉄（ちゅうてつ）と呼ばれる材料である．そして，それから炭素を減らし，ちょうど0.8%ぐらいにしたものを「鋼」と称したのである．

さらに，鋼は冷却速度を大きくすると，炭素原子の溶け込む位置の違いで

「焼き」が入って硬くなる．このように，鉄とカーボンを使って多様な特性を制御できることが人類が鉄を好む理由である．

3.2.2 人類は鉄を鋼に変えた

鉄の融点は1535℃である．人類は，最初，砂岩のるつぼに砂鉄と炭を入れて炭を燃やしながら加熱する一方で，一部の炭で還元したのだろう．しかし，図3.4に示すように，還元と同時に合金化が始まり鋳鉄ができてしまった．これを鋳型に注げば鍋や釜はできるが，刀や矛として戦場で使うと，衝撃で簡単に割れてしまう．何とかして炭素量を減らさなければならない．

そこで，約2000年前に考えられたのが「たたら製鉄」である．土でバスタブのような炉を作り，その中に砂鉄と炭とを層状に装入し，還元すれども炭素の合金化が進まないというような，ほどよいところで入熱を止めておく．1147℃になると鋳鉄として溶解してしまうので，作業の目安は，その温度以下に炉内温度を制御することである．筆者も炉にあけた穴から中を覗いて見たが，ガラス成分がノロとして沸いていた．その後，炉の土が鉄に食われて合金化してしまうので，4日後に装入を止める．炉の中に，半溶融状態のスポンジ状の鉄の塊（ケラと呼ぶ）が得られるが，そのケラの中心に炭素が1.2%とちょうど手頃な玉鋼（たまはがね）が存在する．それは約8000円/kgと，現在購入できる鋼の100倍も高い．全量が日本刀の素材として用いられるが，製品が美術品として高いから商売が成り立つのだろう．たたら製鉄は，あくまで砂鉄と炭と土の原料に適合した方法なので，別の原料，たとえば鉄鉱石と石炭とレンガだと新しい方法が必要になる．

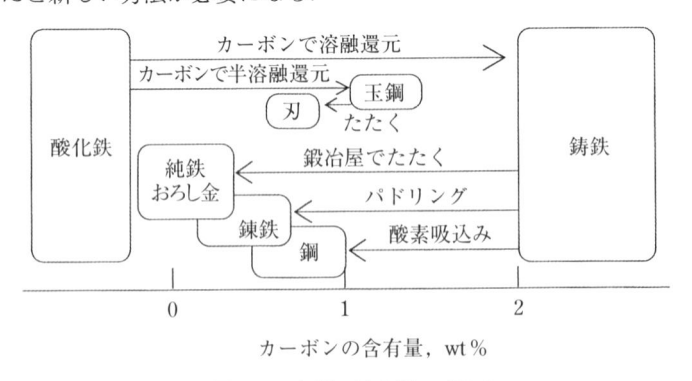

図3.4 人類は鉄を鋼に変えた

そこで，1784 年に英国のヘンリー・コートがパドリングで炭素を除去する方法を考案した．もちろん，昔から鋳鉄でも熱してたたきまくれば，炭素が酸化・気化して消失して，炭素量を 0.1 % ぐらいに減らせることを知っていた．この鉄を「おろし金(がね)」と呼ぶが，ほどよく均質に炭素量を 0.8 % に止めることができない．そこで，鍛冶屋が鋤(すき)や鍬(くわ)，包丁(ほうちょう)を作るときは，これに硬い鋼を饅頭のように包んで両者をたたいて鍛接させる．パドリング法は，筆者もビデオで見たが，それこそ鉄製の櫂(かい)で和船を漕ぐように熱い炉の前で約 30 分間操業する．こうしてできたのが錬鉄（れんてつ，wrought iron）である．英国では，鋳鉄の生産量が 1800 年で 15 万 ton だったが，1850 年に 250 万 ton と増加し，その 70 % が錬鉄の素材になった．錬鉄は，鋳鉄と異なり，引張応力をかけても割れない．しかし，人間が漕いでいるようでは，それ以上の大量生産ができない．

そこで，1847 年に米国のウィリアム・ケリーは，鋳鉄に空気を吹き込むと鉄や炭素が酸素と反応して発熱するが，ほどよいところで空気の送風を止めると鋼が得られることを発見した．次いで，1855 年に英国のヘンリー・ベッセマーが転炉を，さらに同年に英国のフレデリック・シーメンズが平炉を発明した．その結果，鋼の年間生産量が全世界で 1870 年の 50 万 ton から 1900 年に 2 800 万 ton に増加し，セントルイスのイーズ橋（1874 年）やスコットランドのフォース橋（1883 年），パリのエッフェル塔（1889 年）が建設された．日本では，1895 年に釜石の高炉製鉄の鉄の年間生産量が，従来のたたら製鉄の 1 万 ton を超えて，さらに 1901 年に官営八幡製鉄所が操業開始し，1909 年に 10 万 ton を超えた．しかし，それでも規模は小さく，たとえば米国の US スチール 1 社の年間生産量は 1 060 万 ton（1901 年）と，その 100 倍であった．

それから，"鉄は国家なり" とばかりに鉄鋼作りに各国が競争していったが，日本は 1940 年で全世界の年間生産量 1 億 4 000 万 ton の 5 % で第二次世界大戦に突入し，崩壊後，復興を始めて，1960 年に全世界の 3 億 4 000 万 ton の 6 % に復帰した．大形の製鉄所を建設した 1973 年には，全世界の 7 億 ton の 17 % の 1 億 2 000 万 ton に躍進した．しかし，増産はそこまでで，その後は石油ショックから 30 年間，全世界で飽和状態になり，日本は常に 1 億 ton で全世界の 15 % で推移している．

鋼によって引張設計が可能になった．これは図3.17で後述するが，引っ張ると塑性変形によって，餅やゴムのようにズルズルと伸びるということである．材料の壊れるメカニズムは二つに大別できる．つまり，一つは内部や表面のどこかに存在する切欠き（きりかき）からクラックが伸展して壊れるメカニズムで，石，ガラス，コンクリート，木材，シリコン，鋳鉄などはこれで壊れる．この破壊モードでは，アッという間にクラックが走って，使用者が逃げる前にパリンと割れてしまう．それだけでなく，どこにクラックの起点となる切欠きがあるのかがわからず，設計者は恐くて引張応力がかけられない．

もう一つの壊れるメカニズムは，この塑性変形である．つまり，引張でも圧縮でも，図3.11に後述するようにすべり線が生じて，前者のクラックによる破壊にモードに変わるまで徐々に伸びることである．原子力発電所や航空機で使う金属は，信頼性について多くの研究がなされ，後者の塑性変形による破壊は十分に解明され，しかも制御できている．しかし，いまだに前者のクラックによる破壊が工業的に制御できず，鋼でさえも使っているうちに徐々にクラックが伸展する疲労や応力腐食割れが発生して，大きな事故につながっている．

3.2.3 鋼は多様である

鋼は多様である．実に多くの種類が存在するが，それらの材料特性は炭素濃度，添加元素，冷却速度によって制御できる．まず，炭素濃度について説明しよう．これは，言葉で説明するよりも状態図で示した方がわかりやすい．しかし，講義でこの図を黒板に描くと一気につまらなくなるのか，頭の活動を止める学生が増える．記述は最小限に留めるが，詳しいことは専門書を読んで理解してもらいたい．

状態図は，冶金（やきん）の研究によって，工業で使う合金はすべて調べられている．状態図を用いると，顕微鏡で覗かなくとも，その組織が理解できる．これを読むときの基本組織は，晶出，包晶，共晶，共析であるが，鋼にはそのすべてが含まれている．状態図と組織とを簡単に描くと図3.5のようになる．二つの材質が均質に混ざって固まるというわけではないことが図からわかる．

鉄と炭素の2成分系平衡状態図は，横軸に組成，つまり炭素濃度を，また縦軸に温度を記した図である．たとえば，図上の線Aのように縦に上からたどることは，0.2％の炭素濃度の液体の鋼を冷却していくことを意味する．固体に

3.2 鉄を用いる 55

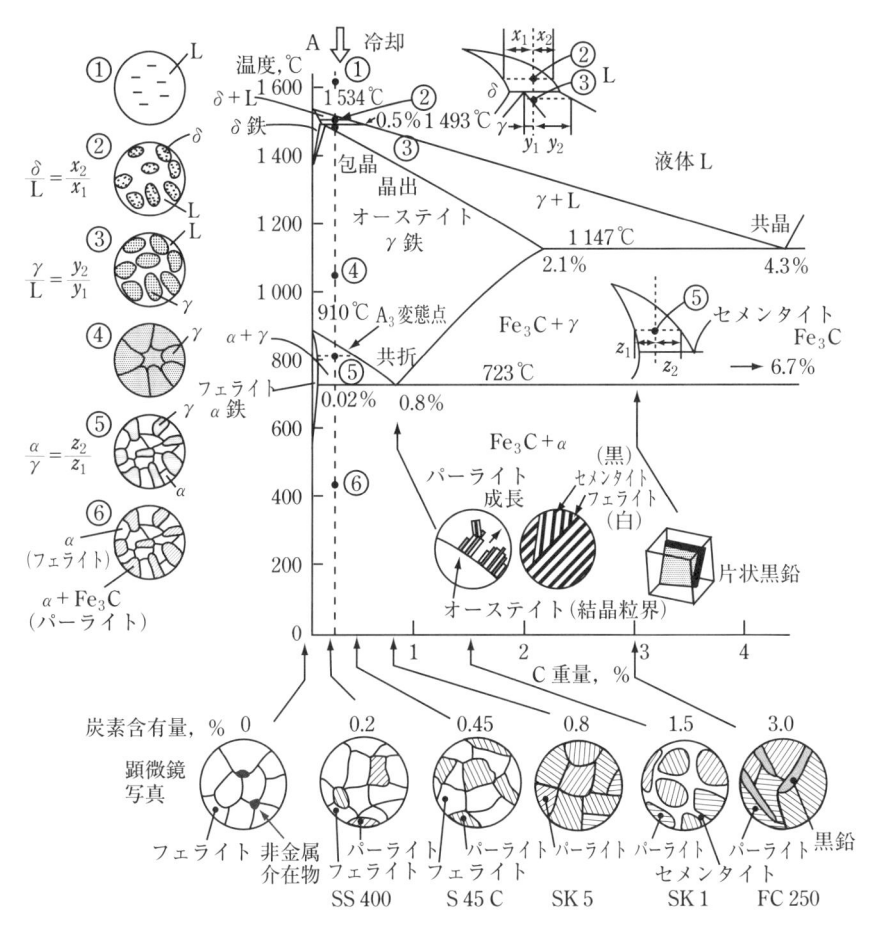

図 3.5 鉄–炭素合金の平衡状態図と顕微鏡写真
(参考文献 12 の著者の畑村の図から作成)

なった後でも，組織は包晶と共析で異なる結晶構造に変わりながら室温の鋼の組織に落ち着く．

まず，液体から δ 鉄(デルタ)が析出する（① と ② の状態）．その昔，低温から順に $\alpha\beta\gamma\delta$ と組織を命名したが，キュリー点（磁性消失温度 768 ℃）以上，910 ℃ 以下の β 鉄は α 鉄と実は同じだったので，β だけが消えている．このとき，液体と δ 鉄との体積比率は，図の上段の x_1 と x_2 の比率で決まる．1 493 ℃ になると，包晶が生じて δ 鉄を包むように γ 鉄が析出して変態する（③ の状態）．

つまり，結晶構造が体心立方格子（後述）から面心立方格子に変化する．γ鉄はオーステナイト（austenite）と呼ばれる．

さらに冷却して液体もγ鉄に変わり，全面がγ鉄になる（④の状態）．そして，図のA_3変態点を超えると，共析が生じてγ鉄の結晶粒界からα鉄が析出する（⑤の場合）．さらに冷却が進むと，γ鉄の部分がオーステナイトがフェライト（ferrite，α鉄の純鉄）とセメンタイト（Fe_3C）とに分解する（⑥の状態）．このときは，図の中央に示したように，まずカーボンを含むセメンタイトが成長すると，脇にカーボンの含まれないフェライトが析出し，結果として1μmずつの層状構造が生じる．この組織は，昔，キラキラと見えたためにパーライト（pearlite，真珠状の結晶組織の意味）と呼ばれる．また，フェライトは再び体心立方格子に変わる．

図3.5の左に描いた顕微鏡組織は典型的なものであるが，液体が最後に凝固した部分がオーステナイトの結晶粒界になり，それがパーライトの結晶粒界にもなることを示している．つまり，「三つ子の魂百まで」で，最初の凝固組織がその後のカーボン濃度分布を決定するのである．

しかし，この図はあくまで平衡状態図である．つまり，原子が拡散して平衡した組成に到達するまでゆっくり冷却する場合の理想的な状態を示している．実際は，冷却速度が大きいので固体の原子が拡散する暇はない．特に，図の最左端に示したx，y，zを用いた比率は大きく変化する．鋼では後述するように，さらに冷却速度を高めると，オーステナイトがマルテンサイトに無拡散変態するので焼入れができる．

鋼が炭素によってこんなに複雑に変化することは，逆に鋼の多様な設計の可能性を示唆する．しかし，鋼の強度が炭素に関係することがわかったのは1750年であった．つまり，それまでは試行錯誤と経験伝授の世界だった．さらに，鋼はニッケル（Ni），クロム（Cr），マンガン（Mn），タングステン（W）などを添加して特殊鋼を作る．1819年に，マイケル・ファラデーが意図的に添加元素を加えてクロム鋼を作って以来，実に多くの合金が作られた．

3.2.4 いつも同じ鋼種を使って設計する

鋼は多様であると前述したが，機械の設計者が用いる鋼種はそれほど多くない．多くないどころか，どんな新製品でも，プロトタイプ（試作品）を設計する

段階では高々 10 種類ぐらいしか使わない．実際，量産直前になって初めて腐食，摩耗，溶接性，切削性などの試作品の不具合がわかるが，いまさら図面変更したくないのが人間の特性である．そこで，形状を変えずに材料を変えて，材料欄だけを書き直すことで新しい鋼種をドンドンと使うようになる．ここでは，その基本的な鋼種を，つまり わからないときにそれを答えておけば，当たらずともいえども遠からずの鋼種を，前述の 図 3.5 を用いて炭素の少ない順番に説明しよう．

まず最初に炭素が最も少ないものを説明する．純鉄のフェライトである．しかし，これは軟らかすぎて磁性材料以外に工業的にはほとんど使われない．図 3.5 の下方に示すように，非金属介在物が結晶粒界に析出すると少しは硬くなる．次が 0.2 % の SS 400 で，フェライトの地にパーライトが生じていることがわかる．

(a) SS 400：一般構造用圧延鋼板であるが，"エスエス材" と呼ばれる．最初の S は Steel，次の S は Structure，さらに次の 400 は保証引張強度が 400 MPa という意味である．この後にも S×× という鋼種が出てくるが，すべて，Steel の意味である．何で 400 MPa になったかというと，20 年前は SS 41 と呼ばれて 41 kgf/mm^2 を保証していたからである．41 kgf/mm^2 は英国の 60 000 psi から決めたらしい．さらに，これを加工して冷間圧延した冷間圧延薄鋼板が SPC (Plate Cold) で，鉄筋コンクリート用に丸棒表面に凸凹を付けた異形棒鋼が SD (Deformed) である．SS 400 の炭素は 0.2 % 程度であるが，後述する S 20 C に相当する．一般に，SS 400 (SS 材) は板材や形鋼の建築用の安物として，また S 20 C (SC 材) は丸棒や平鋼の機械加工用のやや高級品として売られている．

○ 2002 年現在，SS 材は 40 円/kg 程度，SC 材で 70 円/kg 程度で，一般に大根 105 円/kg，人参 189 円/kg，豚肉並 400 円/kg，精米 532 円/kg などの食料品より安い．この 30 年間で，鋼の値段は鋼の生産量と同じようにほとんど変わっていないが，SS 材は安くなった．なぜならば，屑（くず）鉄を用いる電気炉メーカが，鉄鉱石から精錬する高炉メーカに挑戦したからである．その結果，たとえば異形棒鋼の直径 19 mm が 27 円/kg，H 形鋼 200 × 100 mm が 37 円/kg，厚板の厚さ 12 mm で 40 円/kg と突出して安くなっている．

ちなみに，日本経済新聞の商品相場で製品の目方当たりの値段と調べると，2002年4月で，大豆油157円/kg，ポリエチレン125円/kg，砂糖122円/kg，上質紙115円/kg，ガソリン115円/kg，杉板115円/kg，天然ゴム98円/kgと，鋼とほぼ同程度の100円/kg程度であることがわかる．実際，この100円/kgの材料は多く，わからないときは適当にこの値を用いると8割方合うことが多い．ものを目方で比べるのは筆者らの趣味であるが，もちろん100円/kg説の例外もある．安いのは原料で，大豆54円/kg，重油20円/kg，セメント9円/kgである．一方，高いのは製品で，鋼船 約300円/kg，大形船舶用エンジン 約600円/kg，自動車 約1 000円/kg，生糸 2 800円/kg，軍用ヘリコプタ 約35万円/kg，ロケット 約40万円/kg，金地金 132万円/kg，半導体 約250万円/kg，チップコンデンサ 約500万円/kg，人工衛星 約1 000万円/kgである．

本項では，鋼種の説明を設計者の材料選びの思考過程の説明と並行して行おう．これを図3.6に示す．研究開発・試作のような挑戦的に新製品を開発する部門において，部品の材質を選ぼうとする設計者に注目した．右下の「力が働かないので高価でいいから早く形状を作りたい」という特急要求から時計回りに考える．大学では，実験道具を明日までに作らなければ卒業できない，という卒論前の要求が最も鬼気迫る特急要求である．

さてSS 400は，次の要求「力が働くので破壊しないように強くしたい」という要求で用いる．この鋼種は，炭素濃度が0.2 %と低いので，焼入れのような硬くなる熱処理はできないが，溶接できるので建築・土木用に広く用いられる（図3.6の下段 中央）．SM (Marine) は，溶接構造用圧延鋼板で船用に開発されたものであるが，SS材より確実な溶接ができ，低温脆性が生じにくい．引張強度を400 MPaより高くした鋼種はハイテンと呼ばれ，490, 520, 580 MPaというのが売られている．

また，炭素量が少ないと湯流れが悪く，鋳造で型の形状を転写しにくいとされているが，鋳造性を改善したのが鋳鋼である（図3.6の中段 右）．SS 400に相当するのがSC 450で，CがCasting，450は引張強度450 MPaである．一般に，鋳鋼はC 0.2 %，Si 0.4 %，Mn 0.7 %と，Cを減らして強度をSiやMnで補っている．鋳造組織を均質にするために，鋳造後に1 100 ℃程度に加熱して焼鈍し（やきなまし）する．鋳鋼は，鋼材同士を溶接やボルト締結でつ

3.2 鉄を用いる 59

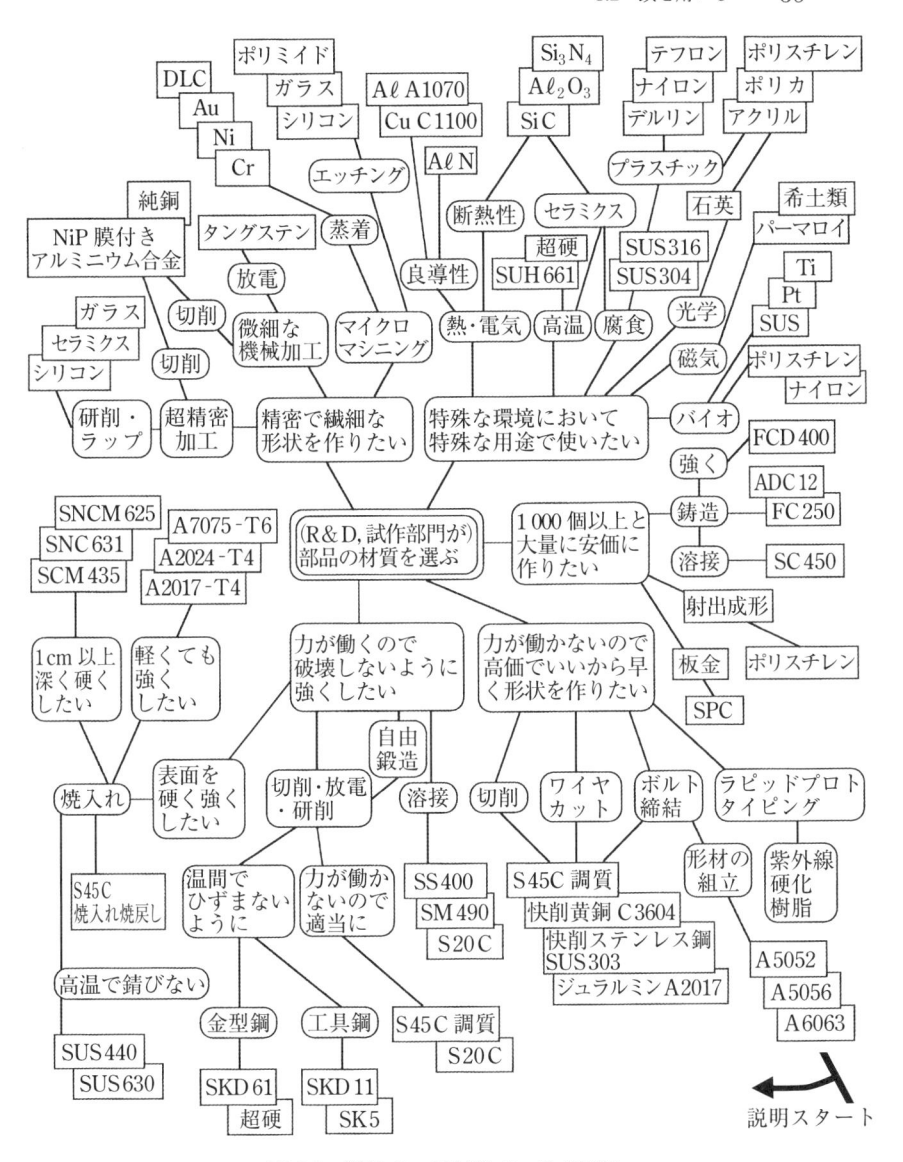

図 3.6 設計者の材料選びの思考過程

なぐためのジョイント部材として広く用いられる．鋳鋼は溶接もできるが，さらに焼入れ性をよくした鋳造用合金鋼も多く開発されている．一方，鍛造であらかじめ練って均質性を改善した素材が SF（Forging）である．

（b）S 45 C：機械構造用炭素鋼で"ヨンゴーシー"と呼ばれる．S は Steel，C は Carbon，45 は炭素濃度が 0.45 ％ という意味である．図 3.5 で示したように，パーライトが増加し，フェライトが減少する．SC 材は，SS 材より組成や均質性が優れ，0.1 ％ から 0.6 ％ まで 20 種類にも細別されている．0.45 ％ だと熱処理できるが（図 3.6 の下段 左），溶接すると冷却時に焼きが入って熱影響部が割れるので，溶接はできない．焼入れしても HRC（ロックウェルシー硬度と呼ばれる）で 50 ぐらいで，0.6 ％ 以上は HRC 60 で飽和する．SC 材は，一般に SS 材より組成や組織の均質性に優れているが，前加工の残留応力が小さく，切削しやすい部材が欲しいときは，HRC 35 程度の調質材（あらかじめ焼入れ焼戻しを施した素材）を買えばよい（図 3.6 の下段 右）．

（c）SK 5：炭素工具鋼鋼材で"エスケー材"と呼ぶ．SK 材は炭素濃度 0.6 ％ 以上の共析鋼で，S は Steel，K は工具のローマ字読みの K，5 は第 5 種で炭素は 0.8 ％ である．図 3.5 で示したようにパーライトのみになる．熱処理して非常に硬くなるので，工具鋼として用いる（図 3.6 の下段 中央）．エレクトロスラグで再溶解してパーライト以外のセメンタイトを球状化する．SKH（H は High speed の意味）は高速度工具材で"ハイス"と呼ばれる．1900 年にテイラーが発明したが，タングステン（W）18 ％，クロム（Cr）4 ％，バナジウム（V）1 ％ の添加物を無理やりに溶かしてから 1 300 ℃ で焼入れする．600 ℃ と，高温でも硬度が落ちずに切削できる．タングステンが高価なので，W 10 ％ の代わりにモリブデン（Mo）を 5 ％ 入れたハイスもある．

SKD（D は Die の意味）は合金工具鋼であるが，特に SKD 11 は金型鋼として使われ，C 1.5 ％，Cr 13 ％，Mo 1.0 ％，V 0.5 ％ と，クロムのステンレス鋼にカーボンとモリブデンで焼入れできるようにしたような鋼である（図 3.6 の下段 左）．添加物のバナジウムは，結晶粒を微細化して高温の靱性（耐衝撃性）を高める．また，SKD 61 は熱間金型鋼として使われ，C 0.4 ％，Si 1.0 ％，Cr 5.0 ％，Mo 1.0 ％，V 1.0 ％ で，錆びないし，高温にしてもグニャグニャにならない．

（d）FC 250：ねずみ鋳鉄材で"ズク"と呼ばれる．図 3.5 の中段 右に示したように，炭素が片状に析出したグラファイト（黒鉛）として存在するので，破面がねずみ色に見える．炭素量も，1.5 ％ 程度まではセメンタイトとしてパーラ

イトの結晶粒界にカーボンが存在していたのだが，それ以上はカーボンそのものとして析出する．英語では iron と呼ばれるが，F は Ferrite，C は Casting，250 は引張強度 250 MPa の意味である．C は 2.5～4.0 %，Si は 0.5～3.0 %が入り，1 400 ℃ でも流動性が高く，複雑な形状転写に好適である．この鋼種は，図 3.6 の「1 000 個以上と大量に安価に作りたい」という要求に型転写で応える．鋳造品も一様に固まらないから，残留応力を除去するため，約 10 時間，500 ℃ で焼鈍しする．FCD 450 (Ductile, 450 MPa) は，球状黒鉛鋳鉄でダクタイルと呼ばれる（図 3.6 の中段右）．注湯前に，マグネシウム (Mg) を 0.05 % 程度添加して片状のグラファイトを"まりも"のように丸くする．

（e） SCM 435：クロムモリブデン鋼で，"クロモリ"と呼ばれる．S は Steel，C はクロム，M はモリブデン，4 は 4 種，35 は炭素が 0.35 % の意味である．これは焼入れ性を保証した鋼材で，表面から深く焼入れできる（図 3.6 の中段左）．しかし，硬度は炭素濃度で決まる．実際は，硬くなるだけでなく，高温でクリープしにくいし，錆びにくいという長所を有する．SCM 435 は C 0.35 %，Cr 1 %，Mo 0.3 % であるが，50 年前は，焼入れ性を改善するために SNC 631 のようにニッケルを入れていた．今はニッケルが高価なので，ホウ素，マンガン，モリブデンを入れる．ニッケルを 3 % 入れた鋼は，たとえばSNCM 625 であるが，たくさん添加物を入れているので最も深焼きできる．SCM には鉄以外の添加物が多く含まれているが，素材自体は 100 円/kg 程度と安い．この部材だけに限ったことではないが，あらかじめ鍛造・切断・調質して，製品の形に近づけて切削仕上げ代（しあげしろ）を小さくする．この素材を"ニアネットシェイプ"と呼ぶ．材料費は 2 倍くらいに高くなるが，切削費は数分の 1 に減少し，トータルでコストダウンになる．

（f） SUS 304：ステンレス鋼で"サス"と呼ばれる．S は Steel，U が Special use，S が Stainless で，304 は American Iron and Steel Institute (AISI) の規格の番号である．最初の 3 が 18 Cr-8 Ni のオーステナイト系で磁石が付かない高級品を示すが，最初が 4 になると 13 Cr のマルテンサイト系の磁石が付く安価品を示す．また，最初が 6 だと析出硬化型の金型にも使える特殊な品種である．これらは，図 3.6 の「特殊な環境において特殊な用途で使いたい」という要求に答えるために開発された．

SUS 304 は，C 0.08 % で軟らかいが，錆びないので最も汎用に使われるステンレス鋼である．それより 0.03 % と炭素を低下させてクロムカーバイトを少なくした鋼種は，最後に L を付ける．モリブデンや銅を入れてさらに硫酸や海水に対する耐食性を向上させたのが SUS 316 であるが，原子力用に応力腐食割れの原因になるカーボンを少なくしたのが SUS 316 L である（図 3.6 の上段 右）．SUS 303 は，快削性ステンレス鋼で，脆くサクサクと削るためにリンやイオウが入っている（図 3.6 の下段 右）．商品相場のステンレス鋼板は 230 円/kg であるが，SUS 304 はニッケルを多く含むため，400 円/kg 程度と高くなる．ステンレス鋼は軟らかいので困るが，どうしても表面を硬くしたいときは窒化や浸炭をする．マルテンサイト系は 304 に似ているが，SUS 403 を機械用としてよく使う．さらに，錆びずに硬いものを使いたいという我儘な仕様のために（研究ではそれで困ることが多い，図 3.6 の下段 左），炭素が 1.0 % と高いのでカチンカチンに焼きが入る SUS 440 C や，銅とニッケルを 4 % 加えて 1 GPa 程度の引張強度が出る SUS 630 が使われる．

SUH 661 は特殊タイプの最たるもので，H は耐熱鋼（Heat‑resisting steel）で，661 は AISI の規格である（図 3.6 の上段 中央）．これは，Cr 20 %，Ni 20 %，Co 20 %，Mo 3 %，W 3 %，Mn 2 %，Nb + Ta 1.0 %，残りの 30 % が Fe というタービンブレード用部材で，合金鋼の王様である．さらにすごいのが超合金で，980 ℃ でも 100 時間後に 100 MPa を保つという鋼は，Co 56 %，Cr 22 %，W 10 %，Ta 9 %，Fe 2 %，C 0.8 % というもので，主成分がコバルトになって，もはや鉄の合金とは言えなくなる．

3.2.5　非鉄金属も使われる

鉄以外の金属も機械を構成するのによく使われる．構造体で使うのはほとんどがアルミニウム合金と銅合金であるが，情報機器や半導体には，このほかにも多くの種類の金属が用いられる．表 3.1 に，鉄，アルミニウム，銅の 3 種の金属材料の物理定数を比較する．互いに 10 倍も数値が異なることはなく，違いは大きくない．しかし，設計者はこれらの値の桁を間違えないように暗記して，直観的に設計を判断することが大切である．

（a）A 2017：Aℓ‑Cu 5 % 合金で"ジュラルミン"と呼ばれる．鋼と同じような加熱急冷の熱処理の後，自然時効させると（T 4 材と呼ぶ），引張強度が完

表 3.1 金属材料の物理定数の比較

	鉄	アルミニウム	銅	比較するもの
密度, g/cm³	7.86 π/4=0.785	2.7 鉄×1/3	8.9 鉄より重い	花崗岩 2.7, コンクリート 2.4, ガラス 2.5, 水 1ton/m³, 空気 1kg/m³, 金 19.3
ヤング率, GPa	210	70 鉄の 1/3	130	ポリスチレン 3.8, 木材 13, ガラス 71, ゴム 5MPa, インバー 140
弾性波速度, m/s	6 000	6 400 金属ならほぼ同じ	5 000 金属ならほぼ同じ	花崗岩 6 400, 水中 1 500, 空気 331, 空気の分子速度 500
引張強さ, MPa	軟鋼 400 ピアノ線 2000	Aℓ圧延板 150 ジュラルミン 430	銅圧延板 200 黄銅 270	タングステン線材 3 000, クモ糸 180, ポリスチレン 40, 木材 20～70
融点, ℃	1 535 =1 808K	660 Kで鉄の 1/2	1 085 Kで鉄の 3/4	タングステン 3 387, 錫 232, 鉛 327, 金 1 064, 銀 962, 白金 1 772
融解熱, cal/g	65	95 低融点だが大	50	水の気化熱 540, 石炭の発熱量 5 000～8 000, タンパク質の燃焼熱 5 000
比熱, J/(g·K)	0.43 ステンレス鋼 0.5	0.88	純銅 0.38 黄銅 0.38	空気 1, 水 4.2, コンクリート 0.84, ガラス 0.67, ポリスチレン 1.3, 木材 1.3
熱伝導率, W/(m·K)	84	238 鉄の 3 倍	403 アルミより大	空気 0.024, 水 0.6, コンクリート 1.0, ガラス 0.6, ポリスチレン 0.12, 木材 0.15
熱膨張率, ×10⁻⁶/K	炭素鋼 11 (10cm,1℃,1μm) ステンレス鋼 16	純アルミ 23 ジュラルミン 23	純銅 17 黄銅 20	花崗岩 8, コンクリート 10, ガラス 10, シリコン 2.4, インバー 1 以下, 石英 0.4, ポリエチレン 60～180, 木材 50
電気抵抗, ×10⁻⁸Ω·m	9.8	2.75 鉄の 1/4	1.72 鉄の 1/6	ニクロム 100, ニッケル 7.24, 黄銅 6.0, 金 2.4, 銀 1.62
地金価格, 円/kg at 2002年4月	H 型鋼 38 S-C 材 69	223 電気の缶詰	239 同左	ステンレス鋼板 230, 黄銅丸棒 300, 低密度ポリエチレン 125, 杉小幅板 111

全焼鈍し材（O 材，オー材と呼ぶ）の 2 倍程度と大きくなる．A 2017 がジュラルミン（duralumin）と呼ばれ，Cu 4.0 % で 430 MPa，A 2024 が超ジュラルミンと呼ばれ，Cu 4.5 %，Mg 1.5 % で 450 MPa，A 7075 が超々ジュラルミン（exstra super duralumin）と呼ばれ，Cu 1.6 %，Mg 2.5 %，Zn 5.6 % で 570 MPa である．これは，図 3.6 の中段左の要求に応えるが，表 3.1 の 4 段目に示すように軟鋼並みの引張強度である．なお，2017 のような番号は米国アルコア社が決めたものである．A 1070 は 99.7 % の純アルミで電気・熱の良導性のため（図 3.6 の上段中央），また ADC 12 はケイ素を 10 % も添加したダイカスト用鋳造材でよい湯流れのため（図 3.6 の中段右），さらに A 5052 や A 5056 はマグネシウムを 5 % 添加した構造材，A 6063 はマグネシウムにケ

イ素も添加した押出し材でボルトで組み立てて構造物を作るため（図3.6の下段右）にそれぞれ用いる．アルミニウムは電気分解で還元するため，地金（じがね）は"電気の缶詰"と呼ばれて220円/kgと高い．その結果，加工用の合金素材は1200円/kg程度とさらに高くなる．

（b）C3604（旧BsBM）：快削黄銅棒で"シンチュウ"と呼ばれる．とにかくサクサクとよく削れるから，金属なら何でもいいのであれば，これが最もよい（図3.6の下段右）．しかし，素材自体は商品相場によると黄銅丸棒の直径25mmで300円/kgと高く，短く切ったのを買うとさらに2倍になる．C1100は，タフピッチ銅と呼ばれる純銅で，"アカ"とも呼ばれる．これは，電気で精錬したたけで酸素を0.05％含んでいるが，600円/kg程度で電線に使われる（図3.6の上段中央）．表3.1の8段目と10段目にあるが，鉄に比べて，熱も電気もアルミニウムでは3倍，銅では5倍良導性に優れる．リン脱酸銅はリンで脱酸した純銅で，銅管に用いられる．無酸素銅は真空溶解したもので，熱と電気の特性が最もよい．合金も広く使われ，銅と亜鉛を混ぜたのが黄銅（真鍮，しんちゅう），銅と錫（スズ）を混ぜたのが青銅（ブロンズ，砲金），ばね材としてリン青銅，ベリリウム銅が使われる．

（c）その他の非鉄金属：鉄，アルミニウム，銅以外の金属は一般に入手しにくい．それでも筆者らの研究室が，この20年間で購入した材質を挙げると結構な数になる．これをいくつか紹介する．

［スーパーインバー］：invar（インバールまたはアンバーとも読む）で，Ni 36％，Co＋Mn微量，Fe残量である．磁気ひずみが熱膨張を相殺して，熱膨張が $1\times 10^{-6}\,°C^{-1}$ 以下と小さい．なお，表3.1の9段目に示したように，鉄の熱膨張率は"10 cm，1℃，1μm"で $11\times 10^{-6}\,°C^{-1}$ である．ちなみに，アルミニウムと銅は鉄の2倍，コンクリートもガラスもセラミクスも鉄と同程度，ケイ素が1/4で，石英やインバーがほぼゼロであるが，プラスチックは鉄の10倍と大きく熱膨張する．また，インバーやピエゾ素子（PZT）は，加工後に残留応力が生じていると何とマイナスになる．

［形状記憶合金］：チタンと50モル％ニッケルの合金がよく使われる．双晶で変形するが，お湯につけると変形前の形状に戻る．

［チタン］：航空機用としてAℓ6％-V4％合金が使われる．一般に，医療用

としては，チタンとステンレス鋼と白金（Pt）だけが許されている（図3.6の中段右）．比重は4.5．

[タングステン]：線材が3 GPaと引張強度が高く，直径30 μmのものから入手できる．表3.1の5段目の融点で示すように，タングステンの融点は絶対温度（ケルビン，K）で示すと鉄のそれの2倍である．なお，鉄は1 535 ℃，アルミニウムは660 ℃，銅は1 085 ℃である．

[鉛]：比重は11.3だから重りに使ったことがあるが，金の19.3に比べれば大きくはなかった．表3.1の1段目に密度を示したが，鉄は7.8で，アルミニウムはその1/3である．また，地球の砂から作るセラミクスやガラスやシリコンは2.4程度である．暗記しておく値は，1 m^{3}で水は1 ton，空気は1 kgである．地球の空気は，高度差による密度の違いを無視しても上空10 kmまであるので，大気圧は10 ton/m^{2}となり，実験値とよく合う．

[マグネシウム]：比重は1.7で，最近はコンピュータや携帯電話のカバーに使われている．地球上にも多く存在するが，金属マグネシウムは爆発的に酸化するので，生産ではなかなか用いられなかった．

[その他]：スパッタリングのターゲットとして用いたものであるが，金，銀，白金，パラジウム（Pd），クロム，ニッケル，コバルト（Co）などである（図3.6の上段左）．ホームページで調べれば扱っている専門商社がわかる．

3.2.6 非金属材料も時々使われる

非金属材料もバラで入手しにくい．しかし，同様に筆者らの研究室で，この20年間で研究のために購入した材質はワンパターンの設計解の繰り返しだったが，挙げてみると次のように種類が多い．これも，友達に電話を何本がかければ購入先に行き当たる．

（a）ガラス：板ガラスは約100円/kgだが，下記のような特殊なガラスになると1 000円/kgから10万円/kgと異様に高くなる．

[石英]純正なSiO$_2$で紫外線が透過する（図3.6の上段右）．軟化点は1 500 ℃だから，型でプレス成形するのは難しい．CVD（化学蒸着成膜）で気体から固体を作る．熱膨張しないので溶接は簡単．

[ゼロデュア]独国ショット社の商品名．熱膨張率が1×10^{-6} ℃$^{-1}$以下と小さい石英を主材にしたガラスである．

［強化ガラス］表面を空冷して圧縮応力を与えたガラスである．表面が平坦平滑ならば 50 MPa（500 気圧）の圧力に耐える．表面にイオンを拡散させて圧縮応力を加えたものもある．

［光学ガラス］多種多様にある．屈折率や軟化温度が広い範囲で設計できる．磨くだけでなく，高温でプレスができる．表面に金属をスパッタしたのが熱線反射ガラスや反射防止ガラスである．

（b）**セラミクス**：茶碗の作り方と同じで，粉をバインダでつなぎ，ドロドロしたものを型に流し込み，乾燥したものを焼結する．しかし，焼結後は硬くて切削できない．金型を要求形状になるように収縮率を逆算して作ってプレスしても，またはバルクの焼結体からひたすら研削しても，いずれにしても 1 万円/kg 以上と高価になる．

［超硬］タングステンカーバイト（WC）の粉体（直径 1 μm 程度）をコバルトで固めたもので，工具や金型に用いる．硬くて摩耗に強い（図 3.6 の下段 左・上段 右）．

［アルミナ］酸化アルミニウム（Al_2O_3）．一般的な白いセラミクスで，電気基板や絶縁素子用に使う（図 3.6 の上段 右）．これらは粉砕粉を焼結するので，よく見ると穴だらけである．磁気ヘッド用に TiC を入れて HIP（高温静水圧圧縮）すると非常に緻密に硬くなる．

［窒化アルミ］AlN．熱伝導性に優れるので，電気素子の基板やケースに用いられる．

［炭化ケイ素］SiC．CVD で堆積した素材は非常に緻密である．レーザや研削で正確に成形できる．

［ジルコニア］酸化ジルコニウム（ZrO_2）．1 μm 以下の微粉と HIP で作られているので緻密である．

［窒化ケイ素］Si_3N_4．構造体として用いられるが，ほどよくすき間があって熱衝撃にも耐える．

［チタン酸バリウム・チタン酸鉛］$BaTiO_3$・$PbTiO_3$．ピエゾ素子やチップコンデンサの材料．強誘電体で電圧をかけると伸びる材料は多く，たとえば水晶や酸化錫である．表 3.1 の 3 段目にあるように，金属の弾性波速度は約 5 000 m/s であるから，200 MHz で超音波を当てて金属表面に表面波を発生

させたときの波長は 25 μm である．

[フェライト] 酸化鉄（Fe_2O_3）．マンガン（Mn），コバルト（Co），ニッケル（Ni）の酸化物と混ぜてハード磁石に使われる．またマンガンやニッケルと亜鉛（Zn）と酸化鉄との固溶体は，磁気ヘッド用のソフト磁石に用いる．磁歪は 40×10^{-6} 程度なので，うまく使うと 100 kHz 程度の磁歪振動子ができる．

[グラナイト] みかげ石を砥石で切断して作る．機械のベットや測定器の定盤に用いられる．形状は安定しているが，断熱材ではない（それでも鋼の 1/30 と小さい）．熱膨張率も鋼の 60 % 程度とゼロではないが，熱伝達しにくく質量が大きいので熱変形は小さい．

（c）**プラスチック**：同じ名前の素材でもマゼモノが多種多様なので，耐薬品性，吸湿性，耐熱性などの特性がまったく異なる．また，素材名は化学的な学術名より米国デュポン社の商品名の方が流通している．金属の JIS 規格とは大違いで，メーカが違ったら別物と思った方がよい．いずれも 1 000 円/kg 以上と高価で，使用温度は大抵 -20 ℃ から 100 ℃ までである．参考として各項に最高使用温度を示す．

[アクリル] アクリルは商品名であって，正式にはメタクリル樹脂（PMMA）である．軽くて透明で，カバーに広く用いられる．板材，パイプ，棒などの素材が揃っている．60 ℃．

[ポリカーボネイト] PC．軽くて透明で，防弾窓に最適である．120 ℃．

[デルリン] これも商品名で正式にはポリアセタール樹脂（POM）である．引張強度は 60 MPa と大きく，耐衝撃性，耐摩耗性，耐薬品性に優れる（図 3.6 の上段 右）．$-50 \sim 100$ ℃ で用いられる．機械加工ならばこれが最適で，丸棒，パイプ，板などの素材が揃っている．

[ナイロン] これも商品名で，正式にはポリアミド樹脂（PA）である．引張強度は 80 MPa と大きいが，吸湿して寸法が変化する．$-50 \sim 100$ ℃ で用いられる．機械加工用に丸棒，パイプ，板などの素材が揃っている．

[ポリエチレン] 100 万以上と超高分子量のものは機械加工できる．110 ℃．

[テフロン] これも商品名で，正式には四フッ化エチレン樹脂（PTFE）である．-200 ℃ から 250 ℃ まで使用可能で，耐薬品性，耐熱性，耐摩耗性に優

れる．280 ℃．機械加工はしにくいが，棒，パイプ，板の素材が揃っている．

[硬質塩ビ] 塩化ビニル樹脂で水用の配管に広く用いられる．70 ℃．

[ベークライト] これも商品名．正式にはフェノール樹脂で，熱硬化性である．電気絶縁体として広く用いられる．170 ℃．

[ポリエステル] 射出成型用であるが，PBT（ポリブチレンテレフタレート），PET（ポリエチレンテレフタレート），PPS（ポリフェニレンスルファイド）など仲間の種類が多い．140 ℃．

[ポリスチレン] PS．射出成型用に広く用いられる．これにゴムを入れて耐衝撃性を改良したのが ABS（アクリルニトリルブタジエンスチロール）である．比重は 1.05 で水に沈む．80 ℃．

[液晶ポリマー] 射出成型用であるが，熱伝導が大きく，サイクルタイム（生産ラインから作り出される製品の生産時間間隔）が短くなる．

[ポリイミド] 400 ℃ 近い高温で使える．集積回路の基板や保護膜に好適（図 3.6 の上段 中央）である．450 ℃．

（d）接着剤：表面を脱脂した後，すき間にはさんで両面を固定する．

[エポキシ樹脂] 2 液混合するものは用途は万能．プリント基板のガラス網と銅板の接合にも用いられる．

[紫外線硬化樹脂] 使い捨てコンタクトレンズのような光学素子にも使える．セラミクスを混ぜた歯科用のものもある．

[シアノアクリレート] 瞬間接着剤と呼ばれる．粘性が低く，$1\mu m$ と薄いすき間にも入っていく．

（e）ゴム：シールやダンパに用いるが，1 000 円/kg 以上と高価である．

[ニトリルゴム] 正式にはアクリロニトリルブタジエンゴム（NBR）と呼ぶが，O リングや U パッキンで普通に用いる．-10 ℃ 以下で用いるときは，ゴムの弾性が喪失するので要注意．1986 年のスペースシャトル・チャレンジャー号もこれが原因で爆発した．130 ℃．

[フッ素ゴム] 高温用のシールに用いる．バイトンが商品名であるが，ニトリルゴムより 10 倍と高価である．200 ℃．

[シリコンゴム] 液状ですき間に流し込む．しかし，ミクロで見ればスカスカで水分が透過する．200 ℃．

［ウレタンゴム］多種多様にある．エーテル系よりエステル系は，油やエタノールに対して膨張しないが，それでも5日間つけておくと0.5％は伸びる．シートや棒，多泡性物質が売られている．80℃．

3.3 鋼の素材を作る

2002年現在，鋼は日本で銑鉄で年間1億ton生産されているが，その7割は図3.7に示すように，高炉，転炉，連続鋳造，圧延の順番で，板や棒として出荷される．本節では，その工程のメカニズム，すなわち還元，精錬，固体化，変形加工を説明しよう．

（a）**高炉**（blast furnace）：日本の製鉄所は海岸に設置されているが，一際高くそびえ立って見えるのが高炉である．熱風を吹き込むからブラストの炉と英語では呼ぶが，日本では高いから高炉と呼ぶ．たとえば，高さ50 m，直径15 mに加えて，炉の上に廃熱循環用の配管があるから，とてつもなく巨大な塔になる．高炉の炉頂から鉄鉱石（iron ore）とコークス（coke）と石灰石（limestone）とを重量比で1.5 : 0.5 : 0.2になるようにコンベアで交互に装入して，1の比率の鉄を作る．炉の羽口から熱風を吹き込み，コークスを燃やして2 000℃近くに加熱する．また，コークスが燃えて発生した一酸化炭素（CO）が鉄鉱石を還元して，溶けた鉄はスラグと共に炉底に溜まる．実際は，炉中心の様子が炉壁から観察できないので制御もできない．溶けた鉄は，1 300℃程度，炭素3％程度の鉄炭素合金で，"銑鉄（せんてつ）"と呼ぶ．装入してから溶け出るまで8時間程度かかると言われている．

炉頂から出てくる高炉ガスは，COが4％，CO_2が12％，残りN_2の高温ガスである．1 000 kcal/m^3の発熱量（都市ガスの1/10）を持つので，吹き込む空気を予熱したり発電に使って，製鉄所の7割の電力を補う．石灰石は，鉄鉱石の中の岩石や粘土と反応して，ノロ（スラグ，鉱滓）として銑鉄の上に浮かぶ．数時間おきにノロ掻きして取り出すが，量は膨大で，日本では銑鉄1億tonに対して，スラグが4 000万tonも副産物として生産される．また，製鉄所で消費するエネルギは非常に大きく，たとえば日本のエネルギの1％を新日本製鐵の君津製鉄所で消費する．鋳物工場で用いられる溶解炉のキューポラ（cupola furnace）も，高炉とまったく同じ形をしているが容量は小さい．

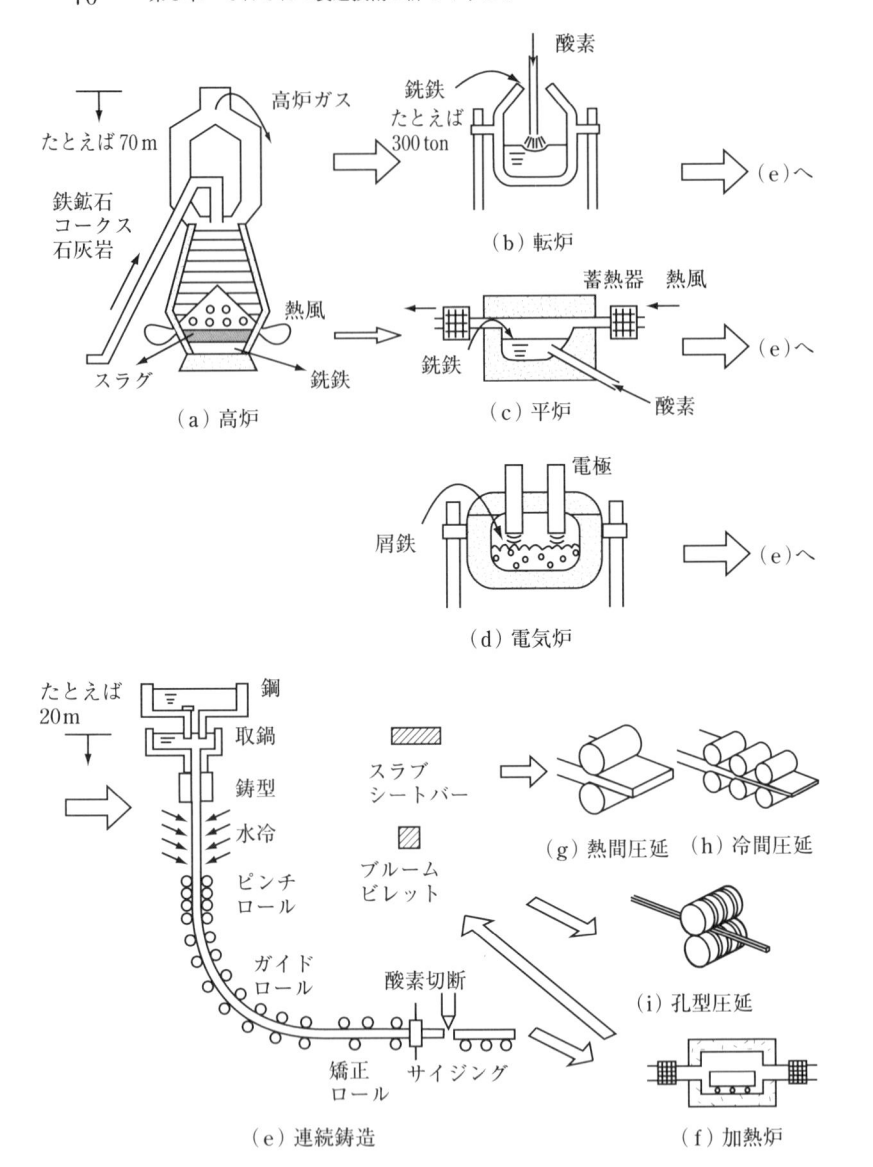

図 3.7　鋼の素材の製作工程

(b) **転炉**（converter, basic oxygen furnace）：炉の上から高圧の酸素を吹いて，溶湯の中の炭素を一酸化炭素として脱酸反応させて泡として除去する．つまり，鉄から鋼に精錬する．

このとき，鉄の酸化反応熱によって1300℃から1600℃に上昇する．さらに，リンやイオウと反応させる生石灰（CaO），反応物のスラグの融点を下げる蛍石（CaF_2），溶湯の過熱を下げる鉄鉱石（Fe_2O_3）を入れる．その後で，脱酸材としてフェロシリコン（FeSi）やフェロマンガン（FeMn）を装入して，酸化反応で残った酸素気体と反応させる．現在，転炉では強く反応させるキルド鋼を生産している．

発明者のベッセマーは，当初，傾斜しない固定炉を用いて炉底から空気を下吹きしていた．しかし，これだと炉底の吹込み口から溶湯が逆流しないように空気を常に流しておかなければならず，その結果，溶湯が冷却される．そこで傾ける炉を作り，出湯時は吹込み口が溶湯面から持ち上がって空気を止められるようにした．300 tonを装入して1チャージが40分程度で完了する．この後で1 Torr程度（1/1000気圧程度）の真空内で精錬を行い，水素や窒素も脱ガスする高級鋼の工程もある．

（c）平炉（open hearth furnace）：転炉と機能は同じで精錬を行う．燃料を燃やしたガスを熱風として炉の中に通す．レンガからのふく射（輻射）熱で金属が溶けるので反射炉とも言う．空気の流入口と流出口とに蓄熱槽を設けて高温の排ガスで流出口のレンガを暖め，次にガスの流れを逆にして，そこを流入口にして空気を予熱する．これを交互に繰り返すと常に予熱できる．鋼の精錬では1チャージが6時間と長いので，日本ではもはや使われていない．しかし，ガラス，セメント，銅などの炉としては，現在も広く使用されている．

（d）電気炉（electric furnace）：日本の鉄の1/3は電気炉で屑鉄をリサイクルして溶解する．炉では，アークをカーボン（黒鉛）と屑鉄との間に飛ばして溶かす．筆者が学生の頃製鉄所で実験したときは，電線にアーク（雷と同じ）のノイズが混入し，いつも蛍光灯が点滅していた．

（e）連続鋳造（continuous casting）：転炉から出湯した鋼を，圧延できるような形に固めなければならない．従来は大きな金型に鋳込んで固めていたが，後述するように捨ててしまう引け巣の分だけ歩留まり（yield，材料利用効率または生産効率）が低下する欠点があった．そこで，続けて固める方法が実現した．日本では，固めた鋼を垂直から水平に湾曲させ，その後で0.03 m/s程度で水平移動する鋼を酸素でブツ切りに切断し，切片を圧延工場に送る．断面は，圧

延用の長方形のものが多いが，もちろん円形でもよく，それは押出しやパイプ用に用いる．

　凝固時に溶湯を急冷しすぎると熱応力が生じるので，鋼では，熱伝導率が大きいアルミニウムや銅と比べればゆっくりと冷却させる．また，電磁かく拌で溶湯を掻き回すが，不純物が集中的に偏析しないように，凝固プロセスの前半の鋳型で，または後半の湾曲部で行っている．最後に酸素で切断するが，これは転炉と同じように酸化発熱反応が生じて，最初は燃料ガスで鋼を過熱させるが，溶け出した後は鋼が燃料になって次々に溶ける．

　操業で最も面倒なのが停電のような緊急停止後の固体化である．切断して引っ張り出さないとならない．操業の始めで空になったすき間に鋼片を通すときは，ダミーバーと呼ばれる始動用のチェーン付きの底板を順に通していく．次工程では再び均質に加熱するために加熱炉に入れるが，そのまま直接圧延する工程もある．また熱間圧延までではないが，形を揃えるサイジングミルが付属しているものもある．

　（f）**加熱炉**：熱間圧延する前に軟らかくするために加熱する．1 200 ℃ に加熱すると，鋼の変形抵抗は常温時の 10 % 程度になる．ここでは，重油を燃やして燃焼ガスを循環させるものが多く，構造は平炉と同じである．燃焼ガスが製品と反応するのを避けるには，邪魔板や筐鉢（こうばち）と呼ぶ箱の中に製品を入れて反射熱で加熱するが，これは窯業の炉と同じである．もちろん，電気炉も用いられ，温度を 1 ℃ の精度で正確に制御できるだけでなく，真空炉やガス雰囲気炉も併用すると化学反応も正確に制御できる．短時間で加熱するには，表面の渦電流を用いる誘導加熱や，ハロゲンライトで加熱するフラッシュライト加熱が有効であり，前者は金属の高周波加熱工程で，また後者は集積回路生産工程で多用されている．

　（g）**熱間圧延**（hot rolling）：加熱炉で 1 200 ℃ 程度に真っ赤に加熱した後，酸素で表面の欠陥や傷，酸化物を吹き飛ばし，圧延機のすき間に送り込む．最初に圧延機を往復させて，徐々にすき間を小さくして薄くする．粗圧延で大体の大きさを作るが，板厚が 100 mm 程度の厚い板状断面のを"スラブ"，それより薄いのを"シートバー"，また一辺が 150 mm 程度で正方形断面のを"ブルーム"，それより細いのを"ビレット"と呼ぶ．その後，スラブを連続して圧延す

るタンデムスタンドを通して数 mm と薄くしてからコイルに巻く．板は，羊羹（ようかん）状の厚板，またはトイレットペーパー状に巻いたコイルの形で出荷される．

（h）**冷間圧延**（cold rolling）：熱間圧延したコイルをまた伸ばして，加熱させずに圧延のタンデムスタンドに通す．コイルがなくなると次のコイルを溶接してつなぎ，連続で操業する．さらに，このコイルをまた伸ばして，連続で亜鉛や錫をめっきしたり，塗装膜を塗布したり，熱処理したりして，再び巻いたコイルや，それを切ったシートで出荷される．高温加熱しなくても，金属では再結晶温度がその加工温度付近にあるので，再結晶と加工度との兼合いで結晶組織や機械特性が巧みに制御できる．

（i）**孔型圧延**（あながたあつえん，caliber rolling）：図 3.13 で後述するように，ブルームやビレットを各種の形に変形させる．ロールに何本か溝を付けて，その溝に順に素材を差し込んで圧延し，形状を徐々に仕上げていく．

3.4 液体を凝固させる

3.4.1 円柱を鋳造で作る

ここからは話を鋼から材料一般に広げて，固体化の方法とその問題点を考えてみよう．一般に，液体を固体にする作業を鋳造（casting）と呼ぶ．どんな形に固めてもよいが，ここでは円柱状の鋳塊（ingot）を固めることを考えてみよう．鋼製の金型（mold）は，円筒と円板で構成されている．

その金型に注湯すると，図 3.8（a）のように，速やかに凝固殻（shell）が金型の側面にできる．なぜならば，最も熱が流れやすい冷却面が金型面だからである．

一方，上面の空気に接する面も空気の温度が低いので冷却できそうに思える．一般に，熱伝導率を比熱と密度との積で割った値（温度伝導率または熱拡散率と呼ばれる）で温度変化が予想できる．空気の温度伝導率 κ は 1.8×10^{-5} m^2/s と鋼の 1.3×10^{-5} m^2/s とほぼ同じだから，湯面上の空気膜と側面の金型との温度差は同じである．しかし，冷却に必要なのは熱流束であって，温度変化ではない．電気の短絡で危険なのは電流であって，電圧差ではないという類推と同じである．つまり，表 3.1 の 8 段目に示したように，空気は熱伝導率が鋼より 3 桁小さいため，温度差が大きくとも熱流束は小さく，溶湯を冷却する

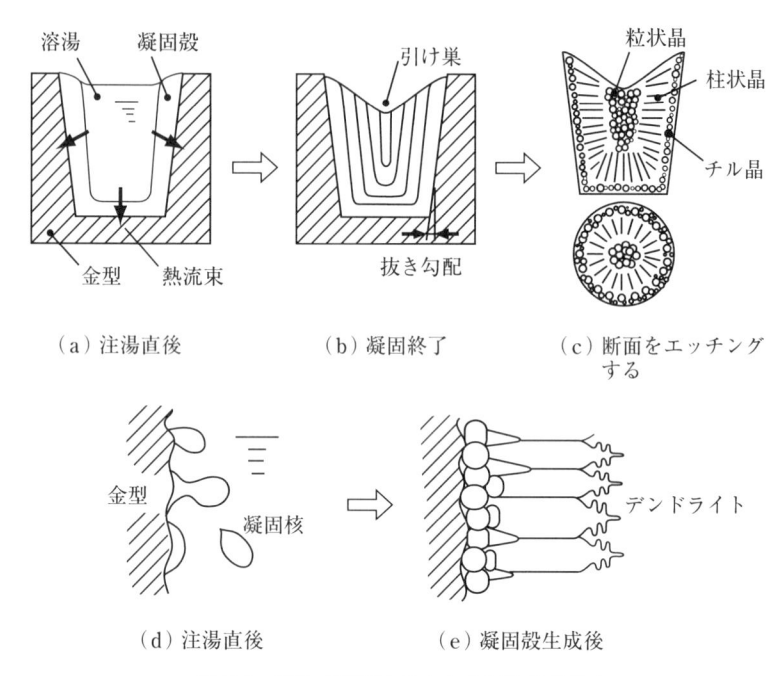

(a) 注湯直後　　(b) 凝固終了　　(c) 断面をエッチングする

(d) 注湯直後　　(e) 凝固殻生成後

図 3.8　液体を凝固させたときに生じること

ことはできない.

また，このときに溶湯を捨てると，凝固殻だけが残ってコップ状の固体ができる．マレーシアの錫のコップはこのようにできており，これは磁器の茶碗や衛生陶器の作り方と同じである．

凝固殻は直ちにできるが，これは熱の到達時間はそこまでの距離の 2 乗に比例するという特性による．つまり，10 mm の殻が固まるのに 10 秒かかる場合，20 mm では 40 秒かかるということである．これは，表 3.2 の熱伝導方程式から導ける．ここでは，t 時間後に表面からの温度変化が浸透した厚さ δ を求める．この微分方程式をまじめに解くと，誤差関数で表される解が導かれるので，別の方法として温度を深さの 2 次関数で近似して，[物体全体から単位時間に減少するエネルギ]＝[表面から単位時間に流出する熱量]を積分方程式で解くと，$\delta^2 = 12\kappa t$ という関係が導かれる．つまり，t は δ の 2 乗に比例し，δ が 2 倍になると t は 4 倍になる．

表3.2　1方向に熱が流れるときの熱伝導方程式

+x方向から-x方向へ熱が流れ，変化分だけ温度 θ が変化したと考える．

$$c\rho \frac{\partial \theta}{\partial t} = \frac{\partial}{\partial x}\left(\lambda \frac{\partial \theta}{\partial x}\right)$$

つまり，熱伝導方程式は，

$$\frac{\partial \theta}{\partial t} = \kappa \frac{\partial^2 \theta}{\partial x^2} \quad \cdots\cdots\cdots\cdots (1)$$

ここで，c：比熱，ρ：密度，λ：熱伝導率，κ：温度伝導率（$=\lambda/c\rho$）

このとき
$x=0, \quad \theta = 0$
$t=0, \quad \theta = \theta_0$

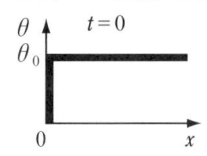

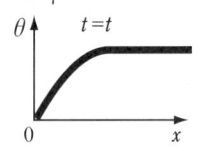

参考に，拡散方程式も同じ形である．

$$\frac{\partial n}{\partial t} = D \frac{\partial^2 n}{\partial x^2}$$

ここで，n：濃度，D：拡散係数

式(1)を解くと

$$\theta = \theta_0 \operatorname{erf} \frac{x}{2(\kappa t)^{0.5}}$$

ここで，erf：誤差関数

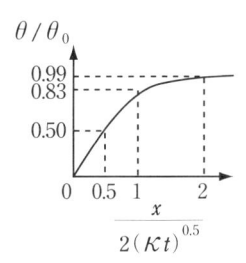

次にプロフィル法を用いて解く．

$\theta = Ax^2 + Bx + C$ と仮定して代入すると，$x=\delta$ で $d\theta/dx = 0$，$\theta = \theta_0$，$x=0$ で $\theta=0$ から

$$\theta = \theta_0 \left[-\left(\frac{x}{\delta}\right)^2 + 2\left(\frac{x}{\delta}\right)\right]$$

ここで，δ：表面から温度変化が浸透した深さ

このとき，物体全体から減少するエネルギは表面から流出する熱量と同じだから，

$$\frac{d}{dt}\left[c\rho \int_0^\delta (\theta_0 - \theta)\,dx\right] = \lambda \left(\frac{\partial \theta}{\partial x}\right)_{x=0}$$

$$\delta \frac{d\delta}{dt} = 6\kappa, \quad \delta = (12\kappa t)^{0.5} \quad \text{または} \quad \delta^2 = 12\kappa t$$

○ 土木工事では，川や海の中を掘るとき，土の中の水分を氷にしてからトンネルを掘る"凍結工法"と呼ぶプロセスを使う．氷は $\kappa = 1.2 \times 10^{-6}\,\mathrm{m^2/s}$ であるが，厚み 10 mm（たとえば冷蔵庫で作るアイスキューブ）が 10 分で凍るとしたら，厚み 10 cm で 17 時間，厚み 1 m で 10 週間，厚み 10 m で 20 年もかかる．実際，1977 年の営団地下鉄半蔵門線 九段下の日本橋川の下を通る工事では，塩化カリウム冷却液で冷やすパイプを約 4 m おきに立坑から水平に打ち込み，川の下の土の凍結に 9 カ月かかっている．また，コンクリートは $\kappa = 5.0 \times 10^{-7}\,\mathrm{m^2/s}$ であるが，厚み 30 cm の壁だと猛暑や厳寒が室内に伝わるのに 4.2 時間かかる．つまり，壁材をメキシコの民家並みに厚くすると，室温が一定に保たれることになる．同様に，水は $\kappa = 1.3 \times 10^{-7}\,\mathrm{m^2/s}$ であるが，厚み 30 cm だと 16 時間かかる．つまり，池の底は一定温度に保たれることになる．また，拡散方程式も熱伝導方程式と同じ形であるため，濃度変化が到達する時間はそこまでの距離の 2 乗に比例する．多くの化学反応は拡散に支配されるので，反応容器を 1/10 にすると反応時間が 1/100 に速くなる．それがマイクロチップの利点である．

さらに，順に凝固殻ができると，図 3.8（b）のように上面に引け巣ができる．なぜならば，凝固させると体積が収縮するからである．鋼で 1～3 ％，アルミニウムで 6 ％，銅で 4 ％ も収縮する．逆に増加するのは，たとえば水は 9 ％ も膨張するが，これは例外で，金属ではビスマス（3 ％）やガリウム（3 ％）のほかには増加するものはない．実物の金属の中には気体が含まれていて膨れ上がるから，実際の収縮率はこの凝固収縮率分より小さくなることが多い．つまり，鋼では転炉の精錬で酸素が除去しつくされないと，カルメ焼きのように膨らむ．アルミニウムでも，水素が含まれていて後で膨らむことがある．筆者らもアルミニウムの注湯の前に脱ガスをしていたが，溶湯に四塩化炭素（$\mathrm{CC}\ell_4$）を入れて塩化水素（$\mathrm{HC}\ell$）を脱ガスするので，排気装置を付けても臭かった．

さて，このように真ん中が凹むと歩留まりが落ちるので，何とか引け巣を小さくしたい．そこで用いられるのは，転炉の精錬でフェロマンガンで軽く脱酸するリムド鋼（rimmed）である．残っている酸素が，特に凝固殻，つまり縁（rim）に閉じ込められるので，そのように呼ばれる．SS 材のような安価な鋼はリムド鋼であり，ガスが残っているのでグラインダで磨くと羽毛状の火花が散る．しかし，酸素の穴があっても，圧延でつぶれるから問題ないとも考えられている．逆に，フェロシリコンで強脱酸するとキルド鋼（killed）になり，引け

巣が大きくなる．転炉で酸素が一瞬のうちに除去されて死んだように静かになるからそのように呼ばれる．歩留まりが悪くなるが，不純物が少ないので，SC材のように素材のどこをとっても強度が保証されるような高級の鋼に用いられる．

さらに凝固すると，中心部に不純物が集まる．これは偏析（segregation）と呼ばれる．モル凝固点降下という言葉で高校の化学で習った性質である．つまり，不純物の凝固温度が低いので，最後にグスグスした汚いのが中心に集まる．図3.5の平衡状態図では凝固終了時に全体が同じ組成になるが，それは拡散が十分に行われるくらいにゆっくり凝固させた場合であり，普通は凝固終了時に組成は1％程度と大きくばらつく．不純物の中心部分だけ除去するために，たとえばタービン用回転軸の直径1m程度の素材では，中心部の直径数十mmは芯抜きされる．

凝固したインゴットの軸方向と半径方向に割った断面をエッチングすると，図3.8（c）のようになる．一般に，外周から順にチル晶（fine grain），柱状晶（columnar grain），粒状晶（granular grain）に分けられる．チル晶は等方性で微細だが，熱の流れる方向に結晶が成長するので，勝ち抜き戦が行われて太い柱状晶に成長する．柱状晶は，ちょうどアイスキャンディの断面と同じである．図3.8（e）のように，ミクロに見ればデンドライト（dendrite）という樹木のような結晶が縦横に伸びていく．そして，中心に粒状晶ができるが，これは図3.8（d）のように凝固初期に生じた凝固核が溶湯の中で舞い続け，最後に固まってできると考えられる．

凝固核は，溶湯の中で過冷却点が突然発生して生まれたというよりも，金型表面の冷却ムラからチル晶の卵がくびれて落ちたと考えられている．注湯温度を高めると，その核が再溶解して粒状晶が皆無になるが，注湯温度を凝固点直上にすると，逆に柱状晶が皆無になる．筆者らは，20年前にこのような凝固現象を注湯時の振動や金型の冷却ムラで制御できないか，と考えて多くの実験を行った．純金属では考えていたような結果が得られたが，合金では凝固核になるような種があらかじめ入れられているので，鋳型を工夫しなくても粒状晶になりやすかった．

細かく見れば，急冷された表面部のチル晶の間から逃げられなかった不純物

や，デンドライトの柱の間や粒状晶の粒界部分で最後に凝固した不純物が偏析として観察される．後述するように，後で加熱して偏析や不純物を拡散させることは至難の業である．表3.2に紹介した熱伝導方程式の解は拡散方程式の解と同じ形をしているが，たとえば常温の拡散係数 D は鉄中の炭素で $0.1\,\mathrm{cm}^2$/day，空気と二酸化炭素で $0.13\,\mathrm{cm}^2$/s である．拡散浸透厚さ δ は，$\delta=(12Dt)^{0.5}$ だから，前者は1日に1 cm，後者は1秒に1.2 cm拡散する．温度を上げれば速くなるが，幅30 cmの鋼片だと，常温で中心の偏析が拡散で端に達するのは200日後である．静置しておけば枯れて均質になるものでもない．

3.4.2 円柱を鋳造で作るときに工夫する

金型からインゴットを抜くには，"抜き勾配（draft）"という2度程度のテーパが必要になる．どうしても製品にテーパが付けられないときは，金型を軸方向に分割するか，製品より熱膨張率が小さい材質を金型に使うか，プラスチックならば無理に引く抜くかなどの方法が必要になる．金型の設計は，この抜きを可能にするための工夫と言って過言ではない．

ここでは，引け巣を小さくして歩留まりを向上させることに注目しよう．一般に，図3.9で示すような方法が用いられる．

（a）**一方向性凝固**：側面を熱伝導の小さい材質（たとえば砂）にして，底を冷やし金として金属を用いれば，溶湯は底から固まり始め，指向的に凝固される．図 2.2（p）で示した結晶方位で強度が異なるタービン翼や，結晶方位で磁場の異方性が生じるアルニコ磁石（Fe-Aℓ-Ni-Co合金）がその好例である．最後に，湯面に不純物が固まり，偏析部分が切除しやすくなる．また，側面のチル晶と中心の粒状晶がなくなるので，均質な組成を得やすい．

（b）**押し湯**：発熱性の枠に湯を多めに入れておけば，引け巣で減少した分がその湯溜まりから補給される．もちろん，その押し湯部分が先に固まると（首吊り状態と呼ぶ），下で固まった間に大きな巣（空間）ができるので，押し湯部分の凝固が最後になるように発熱枠のような工夫をする．

（c）**高圧凝固**：プラスチックの射出成形では，数100気圧（数10 MPa）の高圧をかけてあらかじめ補給分を押し込んでおく．つまり，$PV=nRT$ の P を増やして n も増やす．収縮しても元々の量を多めに押し込んでおけば，常に金型

3.4 液体を凝固させる

(a) 一方向性凝固　砂型／金型(冷やし金)
(b) 押し湯　発熱枠／押し湯
(c) 高圧凝固　圧力／ゲート
(d) 粉末冶金
(e) 上方引上げ　シード引上げ／ヒータ／るつぼ
(f) ゾーンメルティング　ヒータ

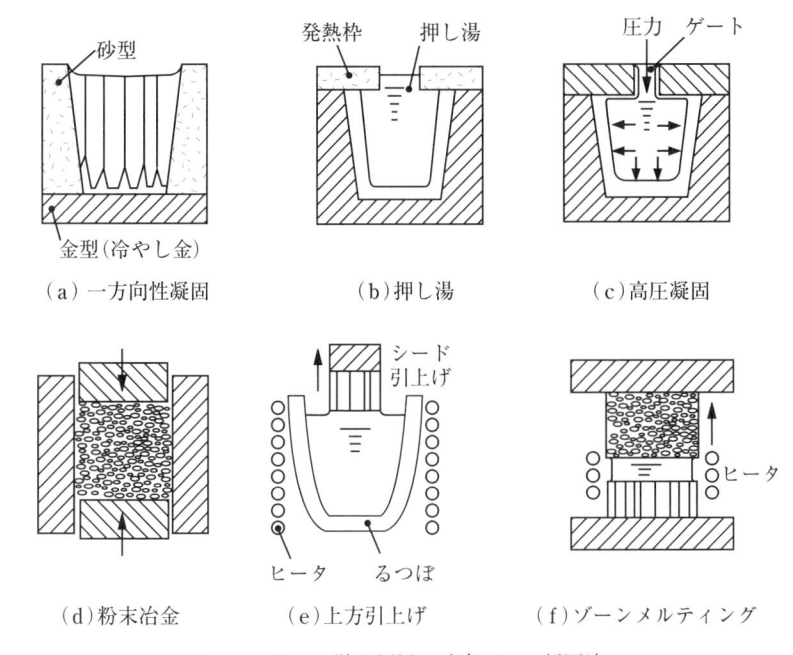

図 3.9　引け巣，偏析を減少させる凝固法

とすき間が生じないようにしておく．完全に凝固終了するまで高圧をかけてもよいが，外周部は固体化してしまうので"アンコ"の部分には加圧できずに無駄になる．そこで，ゲート (gate，細くて狭い流入口) の部分で早めに凝固させて，キャビティ (cavity，ここでは，溶湯が流れて固まるための空間) の中から逆流しないようにシールする．シールするまで高圧を保持しているプロセスを保圧工程と呼ぶ．

(d) 粉末冶金：この方法では，引け巣をなくせるだけでなく，偏析までなくせる．つまり，均質な粉を作成し，それを金型に入れてプレスして仮成形する．その後，これを焼結して固める．このとき，高温下で 1 000 気圧から 3 000 気圧程度 (100 MPa から 300 MPa 程度) の高圧をかけてすき間をつぶすのがホットプレスである．また，高圧のアルゴンでゴムに入れた仮成形品を静水圧 (水の中に入れたときのように全方位から圧縮応力を受けること) でプレスするのが静水圧プレスである．高温下のは High-temperature Isostatic Pressing (HIP)，低温下のは Cold で CIP と呼ばれる．同様に，樹脂と金属を混練した粉

を金型に押し込むのが Metal Injection Mold（MIM）で，射出後に成形品のバインダの樹脂を 100 ℃ 程度の熱処理で蒸発させ，その後で高温で焼結する．

（e）**上方引上げ**：図（a）の一方向性凝固の上下逆転形で，冷却面はシード（種）になる．シリコンや石英は白金るつぼで溶解され，強制対流をうまく制御しながら単結晶を作成する

（f）**ゾーンメルティング**：局所的にある部分だけを溶かして固めるが，その溶かす位置をずらして，既に固めた部分を冷却面として用いる．たとえば，シリコン（Si）やゲルマニウム（Ge）を精錬するのに用いられ，フローティングゾーン（FZ）法と呼ばれた．不純物が含まれる液体は最後に固まるから，何度も溶解部分を移動させると，ゴミを掃くように片方に寄せられる．また，CVD（化学蒸着成膜）で作ったアモルファス（非結晶化）のカーボンにレーザを照射して多結晶化するのもこの方法の一種である．

3.4.3 連続して鋳造する

前述したように，鋳造は，側板と底板とで囲まれた空間に溶湯を上面から注ぎ込むのが基本作業である．しかし，それでは大量生産すると，注いで固めて取り出してという動作を繰り返さなければならない．そこで，底板を下に引きながら湯を継ぎ足すような連続鋳造法に人類は挑戦していった．これは，同じ断面形状で製品を連続して成形するという 1 次元の転写に当たる．

図 3.10 に，各種の連続鋳造法を示す．

（a）**垂直形**：底板を下に移動させる方式で，アルミニウムの半連続鋳造に用いられる．鋳造開始時は，側板の水冷鋳型と，引き下げる底板とのすき間に石綿の紐を巻いておき，そこから溶湯が漏れないようにしておく．

（b）**湾曲形**：底板を下に引っ張りながら水平になるまで徐々に曲げていく．鋼で最も広く使われる方法である．

（c）**引上げ形**：チョクラルスキー（CZ）法と呼ばれ，シリコンや石英の単結晶作成に用いられる．図（a）の垂直形を上下逆転した方法である．

（d）**引上げ・オーバーフロー形**：ガラスの連続固化に用いられる方法で，図（c）の引上げ形のように引き上げたり，樋からオーバーフローして樋の下で溶着させたりする．

（e）**回転形**：銅線やアモルファス金属を作るときに用いられる．回転する水

3.4 液体を凝固させる 81

(a) 垂直形(アルミニウム)

(b) 湾曲形(鋼)

(c) 引上げ形(シリコン)
チュクラルスキー
(CZ)法

(d) 引上げ・オーバ
フロー形(ガラス)

(e) 回転形(銅線,
アモルファス金属)

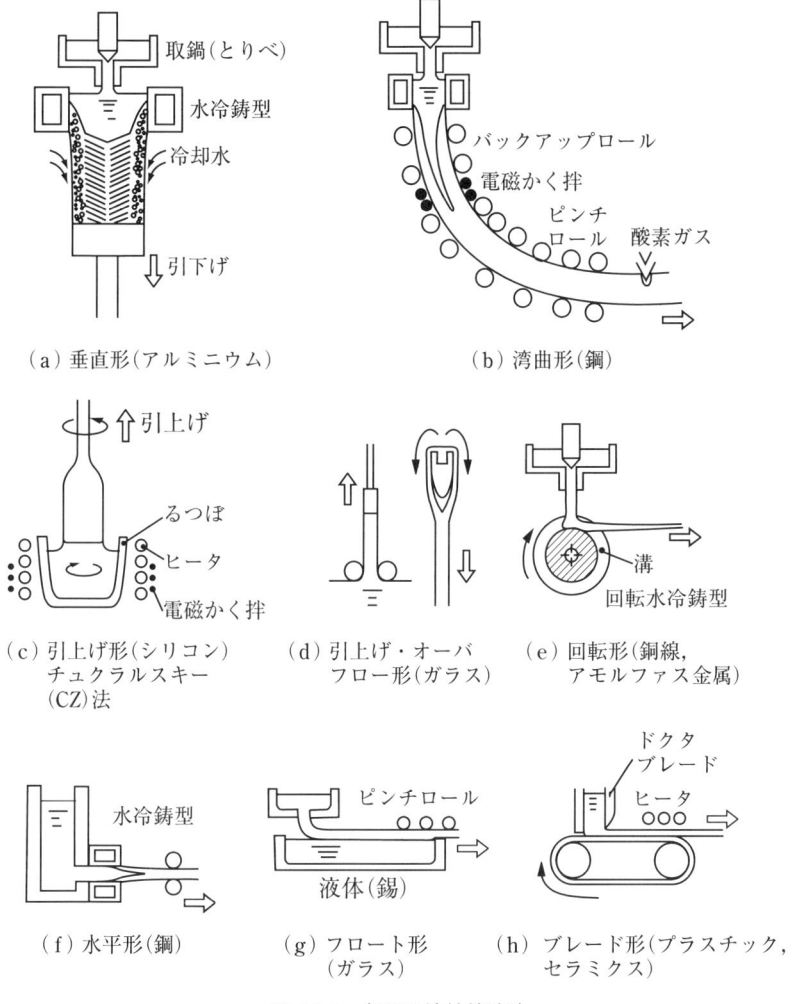

(f) 水平形(鋼)

(g) フロート形
(ガラス)

(h) ブレード形(プラスチック,
セラミクス)

図 3.10　各種の連続鋳造法

冷鋳型の円筒面に金属を注ぐと，瞬時に固まって遠心力で水平に引き出される．

(f) **水平形**：水平連続鋳造と呼ばれる方法で，小規模な鋼の工程に用いられる．水冷鋳型に溶湯が固着・焼付きやすいので引くのが難しい．

(g) **フロート形**：図(f)の水平形の変形版でフロート法と呼ばれる．溶けた錫の上に流したガラスは重力で平らになるので，板ガラスが連続で作成でき

る．しかし，表面張力と重力とが平衡になるのは板厚 6 mm までで，それ以下はピンチロールで引っ張って薄くする．

（h）**ブレード形**：横に動く底板にプラスチックやセラミクスのドロドロした液体を流す方法である．底板からあるすき間を持つように設置した側板をドクタブレード（手術用のメス）と呼ぶ．たとえば，セラミクス配線基板では，そのすき間を 0.2 mm にして，薄いグリーンシートを作成する．図（e）の回転形と似ているが，底板では積極的に冷却せず，流した後にヒータで乾燥させて底板と引き離している．また，ブレードを付けずに，図（g）のフロート形と同じように表面張力で厚みを決定するようなカーテンフローコートという方法も使われる．たとえば，塗装鋼板では冷間圧延鋼板の上に塗装膜を流し，または TAC（トリアセチルセルロース）フィルムの製造ではアルミニウム薄板上に 0.1 mm 程度と薄く流し，カラーフィルムの製造ではその TAC 上にさらに何種類もの感材を流す．

3.5 固体を変形させる

3.5.1 円柱を押してみる

前節では，流体を凝固させるときに熱流束が重要であることを説明したが，本項では固体を変形させるときに摩擦が重要であることを説明する．図 3.11 に示すように，本項でも円柱に注目し，その据込み（細長い棒を短く太くすること，upsetting）を考えてみよう．

図（a）に示すように，円柱の素材を上から強く押すと樽のように真ん中が膨らんで変形する．なぜならば，上下の工具に接する部分は摩擦が働いて接触面と平行に変形しないからである．粘土や餅をたたいたときを思い出せば，変形は直観でわかろう．固体を塑性変形しても体積は一定だから，長さを伸ばしたら直径は細くなり，縮ませたら太くなる．

このとき，固体には応力の方向と 45° の方向にすべり線が入って図（b）に示すようにずれていく．すべり線の長さに比例して変形抵抗が決まるから，変形量に対して押しても引いても変形抵抗はほぼ同じである．円柱を押すときには工具との接触面に摩擦が生じているので，その下の円すい形の部分は動けない．この押しても動かないところをデッドメタル（dead metal zones）と呼ぶ．

3.5 固体を変形させる 83

(a) 円柱を押す （摩擦，樽形）
(b) すべり線を考える （すべり線，デッドメタルゾーン）
(c) クラックが入る （円柱横置き）
(d) 薄い円柱を押す
(e) 長い円柱を押す （座屈，パイプ，速く押す）
(f) 円柱をたたく
(g) 弾性体を円柱で押す
(h) 円柱で板を打ち抜く （ポンチ，ダイス）

図 3.11　円柱を押す

その円すい形より外側は 45°にずれて拡がり，結果として樽形（barreling）になる．

また，円柱を押すと樽の表面は円周方向に引っ張られるので，図 (c) の左に示すように鏡餅のひび割れのように縦方向にクラックが入る．クラックは同図の右のように円柱を横にして押したときにも中心に入る．もちろん中心にクラ

ックの起点が存在しなくてはならないが，鋳造時の気泡，偏析，不純物などが必ず存在するので，引張応力が大きいとクラックが進展して破壊を始める．

同じ円柱でも薄い場合，図 (d) のようにすき間の中にデッドメタルの円すい形がすっぽり入ってしまうので，つぶすのに大きな変形抵抗が必要になる．こういう場合は，同図の右に示すが，のし餅を作るときのように端からしごかないと薄くならない．つまり，変形させたい部分が逃げれる自由表面が近傍に存在しないと変形させるのが難しい．しかし，変形できないことは必ずしも悪いこととは限らず，たとえば材料は四方八方から押されることになり（静水圧が働く），材料内の鋳造欠陥はつぶされて非常に緻密になる．型鍛造では内圧を上げるために，わざと摩擦発生部分を設計し，結果としてバリが発生する．

また円柱が細長いと，図 (e) の左に示すように，押すと座屈が生じてどちらかに曲がる．釘が曲がって打ち込めなくなってしまうのと同じである．座屈が生じるだけならば問題ないが，それが横に弾性的にたわんで横に飛び出すと大きな事故につながる．最近は，自動車が衝突するときの鋼の強さを調べるために時速 60 km (17 m/s) でパイプの圧縮試験を行うが，これくらい変形が速いと，樽状にも座屈状にも変形せずに，図 (e) の右に示すように弾性波の影響で波状にしわを出してグシャッとつぶれる．

さらに，上から軽くたたくと摩擦も小さくなるので，図 (f) の左のように，打面が外側に広がる．実際は，接触面が小さいハンマでたたくことが多く，接触面の脇が上に盛り上がって打面も広がる．

○ 筆者は学生時代にフィールドホッケーをしていたが，野球ボール大の硬いボールが腿などに当たるとドーナツ状の痣ができる．これを図 3.11 (g) に示したように，弾性体を円柱で押すモデルで説明しよう．すなわち，円柱中心部は摩擦が生じるから，弾性体は全体で下に沈むだけで，横に引っ張られず痣にならない．一方，円柱周辺部は，その周りが凹んで横に引っ張られるから痣になる．円柱下面の圧力分布を考えると，周辺部の弾性体の変形が大きく，その反力も大きくなるので，圧力分布も周辺増大形になる．一般に，部材表面を砥粒をしみ込ませた布で磨く加工（ポリシングと呼ぶ）では，被研磨物の角が丸くなる（ダレるという）．これは，図に示すように部材周辺部が布から受ける圧力が大きくなって砥粒が選択的にそこを削るからである．

○ 円柱で板を打ち抜くときも，図 3.11 (h) に示したように，円柱中心部は摩擦が大き

いので周辺部の高い圧力が支配的になる．ポンチがある深さまで入ると，ポンチの角からダイスの角に向かって板にすべり線が走ってポンチ直下の部分が打ち抜かれる．詳細の現象は図4.25で説明する．

3.5.2 連続して圧延で変形させる

鍛冶屋のように，一つ一つの製品をたたいて生産するのでは効率が悪い．そこで，連続して細長く製品を変形させる方法を考え始めた．これも，連続鋳造のように1次元の転写である．

一つは，棒を転がして自由表面に向かってしごく圧延方法で，たとえば，そば粉を練ってから棒で薄く広げるときのそば打ちの作業そのものである．もっとも，棒をころがすよりも，棒を回しながらそばを横に動かした方が楽なので，図3.12（a）のような上下2本のロールではさむ方法が一般的になった．このとき，ロールで垂直に押して材料を水平に引き抜くことが大切で，そうするとロール下の材料が横に伸ばされやすい．

ロール加工では，図（a）の紙面に垂直方向に，つまりロール軸と水平の幅方向に伸ばさないように変形できると仮定する．そうすれば，図（a）の上下左右の2方向の変形だけを考えればよい．ところが，図（b）のように加工力でロールが軸方向に曲げ変形するので製品の端は薄くなる．ロールと板との接線の長さ方向には摩擦が生じて幅方向に変形しないから，両端部と中央部とで圧延された長さが異なってくる．つまり，両端部が薄くなる分だけ長さ方向に長くなり，中心部は両端より厚くなる分だけ短くなる．結局，長さが余った両端部では長さ方向にうねりが生じる．

それを防ぐには，ロールをあらかじめ樽状に中心を太くしておいたり〔図3.12（c），クラウンを付けるという〕，中空ロールの中に高圧の油を入れて膨らましたり，また中心部をバックアップロールで押したり〔図3.12（d）〕，バックアップリールを軸方向にずらして着力点を軸受に近づけたりする〔図3.12（e）〕．また，薄い板をロール加工するときは，ロールの直径が小さい方が狭い部分に力が加わって押しつぶす能力が高くなる．一方，大径のロールは，図3.11（d）で前述したように，摩擦の生じる接触面が板厚より大きくなるので押す力が甚大になる．このように，小径のロールの方が効率的に押しつぶせる

(a) 圧延の素材に働く力　　(b) クラウンが素材に生じる

(c) クラウンロール　(d) バックアップロール　(e) 着力点を軸受に近づける

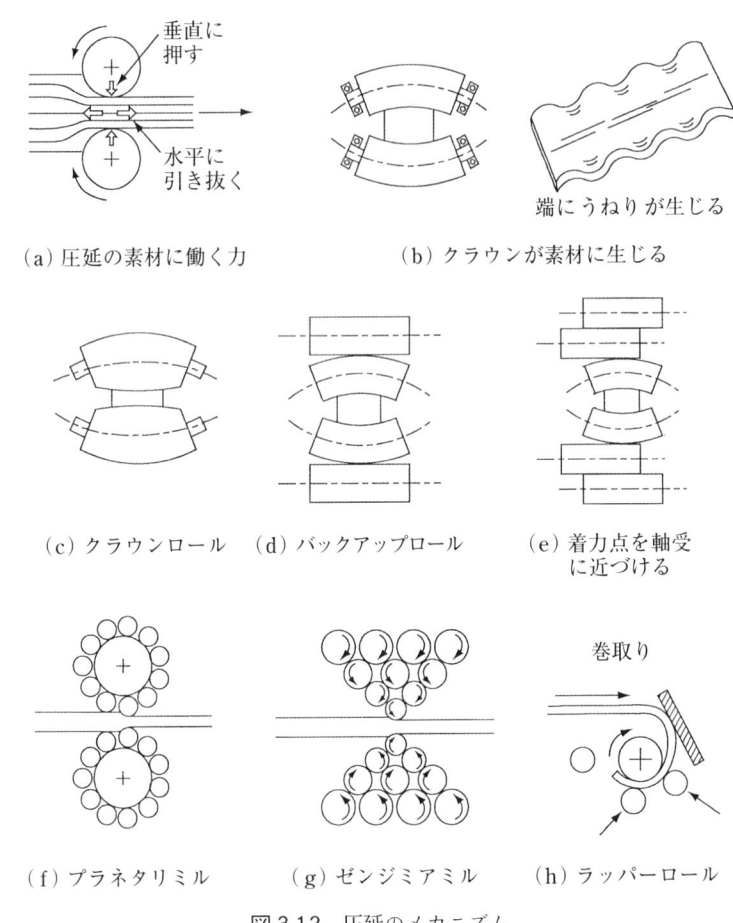

(f) プラネタリミル　(g) ゼンジミアミル　(h) ラッパーロール

図 3.12　圧延のメカニズム

が，ロール自体の剛性が小さくなり，曲がりやすくなるのが問題である．そこで，図 3.12 (f) のように大きなバックアップロールに小さなロールを周りに付けるプラネタリミルや，図 3.12 (g) のように順にバックアップロールを大きくするゼンジミアミルを使う．

　ロール加工の変形具合を表す数値として (圧下率) = (板厚変化量)/(元の板厚) が使われるが，板が厚いときは 5 % 程度で，薄くなるほど 50 % 程度まで大きくする．また圧延機には，板を往復させて加工するものと，ロールをいくつか並べて連続に長い板を通すもの (tandem mill，タンデム圧延と呼ぶ) とが

ある．製品が薄くなるに従って圧延後の板の搬送速度が大きくなり，たとえば30 m/sと目にも止まらなくなる．巻取り機は，図3.12（h）のように，ラッパーロールと呼ばれる3本の補助ロールが高速で流れてきた板を外側から芯との間にはさんで巻き始める．

圧延は，素材を高温に加熱してから加工する熱間圧延と，それよりは低温で加工する冷間圧延とに分かれる．高温にするのは，変形抵抗が室温のそれに比べて約10 %と100 MPa以下に小さくなるからであり，また低温にするのは，伸ばして小さくなった結晶粒を再結晶や変態で回復させないためである．

熱間圧延では，たとえば鋼では1 200 ℃と真っ赤に加熱する．表面が黒いのは酸化鉄であるが，これを高圧水を吹き付けて除去する．高温であるためオーステナイトの状態で変形させるが，加工後は徐冷させ，フェライトとパーライトに変える．

冷間圧延（コールドストリップミル）では精密に加工することが望まれる．特に板厚は，たとえば幅2 mに対して10 μm程度のばらつきに抑えている．アルミニウムは約250 ℃で再結晶するが，圧延による加工度と，その後に続く熱処理とで要求する強度や伸びが実現するように条件が設定される．なお，どんな金属でも絶対温度の融点（K）の約半分の温度で再結晶するが，加工度によってその温度は数十度は変化する．

3.5.3 連続して変形させて各種の形状を作る

素材に要求される形状に変形させる方法として多くの方法が提案されている．ここでは，それらを紹介しよう．

（1）**孔型圧延**：図3.13（a）に示すように，2本のロールにいくつかの溝を付けて，順にそのすき間に素材（図ではアレイ形の断面の棒）を通して要求する形状に仕上げていく．図（b）のように，2組のロールを直角に配して角断面の両対面を押す方法もある（ユニバーサル法と呼ぶ）．パドリング法を発明したヘンリー・コートが孔型圧延機も発明したが，1800年頃に12時間で15 tonもの錬鉄板が生産できたそうである．その量は，鍛冶屋がハンマを振り下ろすだけではとても実現できなかった．

製品として，図（c）に示すように，等辺山形鋼（アングル），溝形鋼（チャンネル），丸棒，線材，角鋼，平鋼，H形鋼，鋼矢板（こうやいた）などがある．素

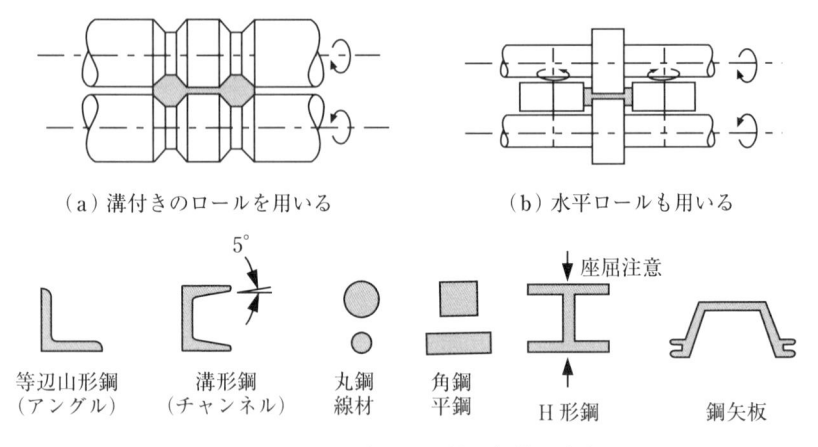

(a) 溝付きのロールを用いる　　　（b) 水平ロールも用いる

等辺山形鋼　　溝形鋼　　丸鋼　　角鋼　　H形鋼　　鋼矢板
（アングル）（チャンネル）線材　平鋼

（c) 孔型圧延で作られる棒の各種の断面

図 3.13　孔型圧延で形状を作る

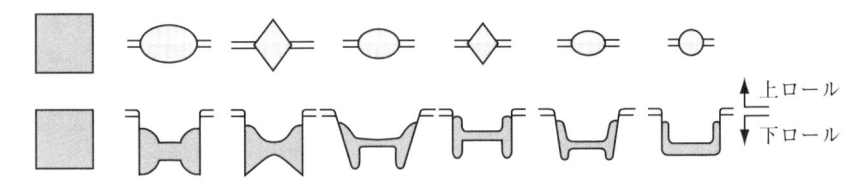

図 3.14　孔型圧延の工程例（参考文献 12 の図から作成）

材として，鋼やアルミニウムが用いられる．熱間圧延で作ったチャンネルは，ロールの凸部の抜き勾配として 5°の傾斜が付いている．だから，ボルトでチャンネル同士を締結するときは，傾斜面にテーパ座金をはさんでボルトの座面が接するように設計する．H 形鋼と鋼矢板は建築で用いる．たとえば，鋼矢板を並べて土留め壁を作り，H 形鋼で崩れないように架台を作る．しかし，図に示したように H 形鋼を押すと座屈して架台が崩れ，1991 年の「さいかちど橋締め切り支保工倒壊事故」や同年の広島の「新交通システム橋桁落下事故」のような大事故が生じる．

　丸棒のような単純な断面でも，図 3.14 に示すように，圧延するときは断面を楕円－菱形－楕円－菱形と繰り返しながら作る．また，チャンネルは H 形鋼を作るように圧延してから片面を平らにつぶす．型鍛造と同じように，仕上げがどんな形なのか，途中の断面からは推定できないほどである．塑性変形の計

算が難しかったときは油粘土（プラスチシン）を用いて模型実験していた．これは，油粘土と高温鋼が，たまたま同じようにひずみ速度の 0.15 乗程度で応力が発生してロールに働く荷重が推定できるからである．

1 組のロールの軸方向にいくつもの孔をあけるのではなく，孔形状を徐々に変化させたロール群を，たとえば 24 組並べて素材を連続的に流すタンデム圧延のシステムもある．主に，アルミニウムやステンレス鋼の冷間圧延に用いられるが，この連続工程に押出し，部品挿入，合板，網掛けなどの別工程を加えて設計できることが特徴である．

（2）押出し（extruding）：ところてんを作るプロセスと同じである．図 3.15（a）のように，コンテナに素材を入れてポンチで押し，ダイスの孔から製品が押し出される．これは前方押出しと呼ばれる．素材として，主にアルミニウムや銅が用いられ，素材と接する部材には，たとえばダイス鋼（SKD 61）が用いられる．ダイスの脇にデッドメタルが生じるが，流れの場の死水領域と同じで，そこの金属は動かない．現場では，押出しに先立って酸化膜を溶かして巻込みを防ぎ，また油，石鹸，ガラス（鋼の熱間押出し用），黒鉛（銅やニッケル用）を付けて摩擦を減らす．潤滑剤を兼ねた液体に高圧をかけて押し出すプロセスを静水圧押出しと呼ぶ．図（b）の後方押出しはダイスを動かす方法である．ビレットの中の素材は動かないから，そこで生じる摩擦を減じることができる．

押出しはセラミクスでも行われ，図（c）のように，自動車の 3 元触媒管用のハニカム材生産で用いられている．ハニカムといっても，六角形でなく 0.1

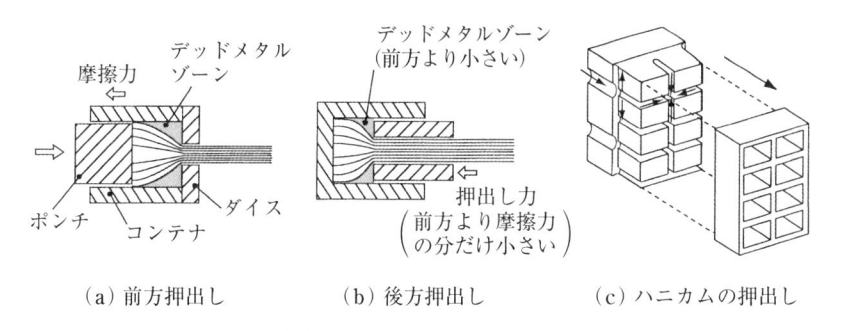

(a) 前方押出し　　　(b) 後方押出し　　　(c) ハニカムの押出し

図 3.15　押出しのメカニズム

mmの板が1mmおきに直角に交差しているもので，交差点のうち，千鳥にあけた孔から押し出されたセラミクスが横に張り出し，鍛接されてハニカムになる．

（3）**引抜き**（drawing）：ダイスを固定して素材を引き出す工程である．線の引抜きは，電線用の銅線，鋼ワイヤ用のピアノ線，電球用のタングステン線などで広く行われている．銅は再結晶を瞬時に行うので，多段連続で引抜きでき，最高100 m/sに及ぶような高速の引抜きが実現している．

3.5.4 各種の方法でパイプを作る

直線状に連続して作成される細長い典型的な素材としてパイプが挙げられる．これまでに，図3.16に示すように，多くの製造方法が変形だけでなく溶接から鋳造まで用いて提案されている．

（a）**マンネスマン穿孔**（せんこう）：継目なし鋼管（シームレスパイプ）を作る手法である．1885年に，ドイツのラインハルト・マンネスマンが考案した．軸を互いに約20°のねじりの位置にある1組のロールで，たとえば1 000 tonで押しながら，雑巾を絞るように丸棒をねじる．すると，丸棒の中心に大きなせん断力が生じて孔があき始める．そこをマンドレルで，たとえば100 tonで押しながら刺す．その後で，拡管・焼入れ・方形ねじ切りして油井管ができあがる．筆者は，こうしたパイプを利用した温泉掘削を見学したが，まず超硬チップを貼り付けた掘進機を回しながら地面に押し付け，掘るに従ってこの鋼管を方形ねじで1 000本程度つないでいた．また，管の中心からベントナイト液（水を吸って膨れる粘土）を流し込み，土砂をかき分けて押し込む．逆に管の中心から土砂を排出するのもあるが，粘土膜が掘った穴の内面をコーティングしていた．いずれにしても，掘削力とトルクは管を通して伝達されるから強いパイプでなくてはならない．また，押しながら掘っていくうちに曲がるのも困るので，真直度は，たとえば1 mに0.5 mmと非常に真っ直ぐになるまでプレスで矯正していた．

（b）**押出し**：マンドレルを押し込みパイプを押し出す．図は後方押出しだが，前方のものもある．ステンレス鋼や銅，チタン合金などの管が作られる．

（c）**UOプレス**：大径鋼管用で，最初にU形に，次にO形にプレスし，最後に継目をサブマージドアーク溶接で接続する．さらに，拡管して内面に圧縮残留

3.5 固体を変形させる 91

（a）マンネスマンせん孔　　　　（b）押出し

（c）UO（ユーオー）プレス　　　（d）鍛接

（e）スパイラル溶接　　　（f）電気抵抗溶接（電縫）

（g）遠心鋳造　　　（h）引抜き

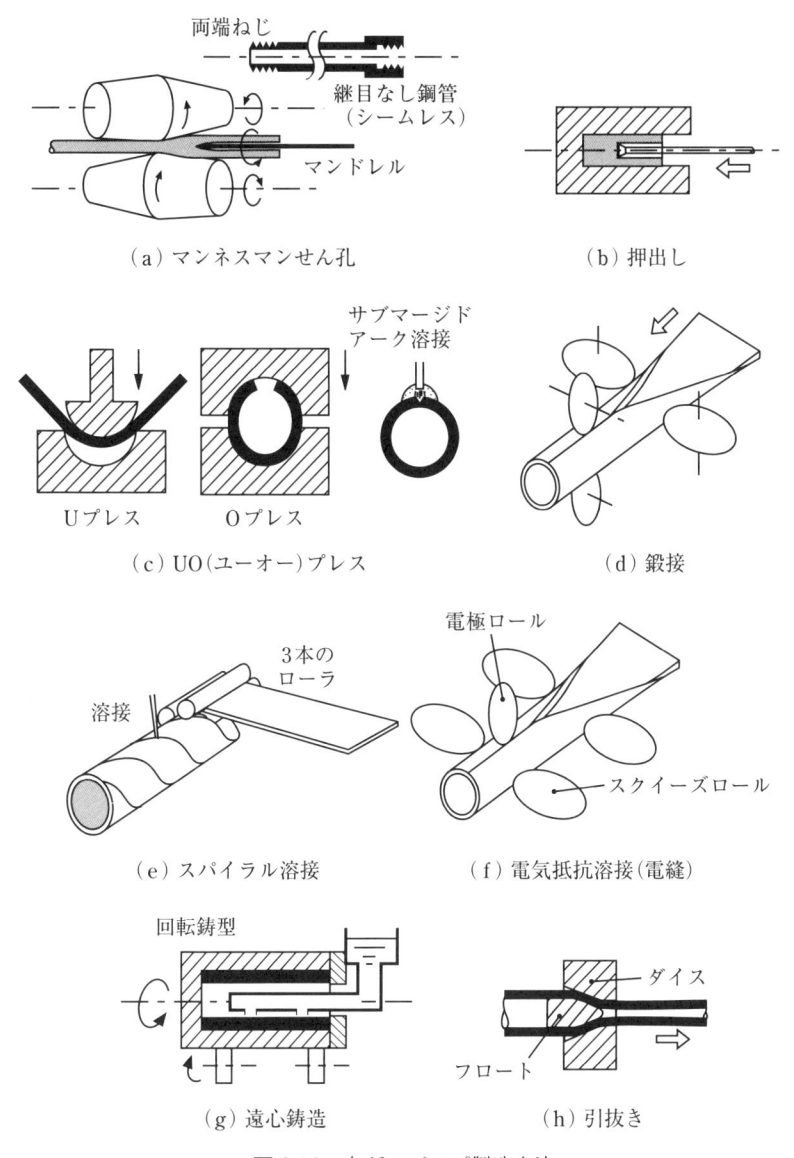

図 3.16　各種のパイプ製造方法

応力を付加する．

（d）**鍛接**：1 400 ℃で板を UO 曲げで丸めてから端面を押し付けて鍛接させる．鍛接鋼管と呼び，外径 100 mm 以下の小径鋼管が 1 分間に 1 本以上のペー

スで高速に生産される．

（e）**スパイラル溶接**：トイレットペーパーの芯のように，板をスパイラルに巻いて連続的にサブマージドアーク溶接で接続する．

（f）**電気抵抗溶接**：ロールでUOに圧延してから継目を電気抵抗溶接する．10Vの低電圧で大電流を流す方法や，高周波で加熱する方法が用いられる．電縫管と呼ばれる．

（g）**遠心鋳造**：回転させた鋳型に鋳鉄を流し込めば，遠心力によって鋳鉄が金型内面に張り付き，水道管用のパイプが製造できる．実際は，端部にフランジが創成できるように中子（なかご）が入れられる．

（h）**引抜き**：鋼管をさらに引き抜いて細くする．各種のマンドレルがあるが，フロートを使って注射針やシャープペン用に内径0.3mmのステンレス鋼管が生産される．

3.5.5　どれくらいの力で変形するか

　まず，変形加工に要する力を予測する前に塑性変形（plastic deformation）を説明する．図3.17のように，上下で押したら変形する加工を原子レベルで考えてみよう．

（a）**弾性**（elasticity）：弾性変形（elastic deformation）では原子をつなぐ手の長さが変化する．縮むと圧縮，伸びると引張になり，図では樽形になる．力を除荷すると元の手の長さに戻る．この手の長さはX線で測定できる．

（b）**双晶**（twin）：双晶を生じる金属は，長い手と短い手の両方で安定する．Ni-Ti合金の形状記憶合金では，温度を上げると，あらかじめ記憶していた安定的な手の長さに落ち着く．また，純アルミニウムを静かに連続鋳造すると，ある瞬間に鋳造組織とは無関係に羽毛晶と呼ばれる双晶組織が発生して応力が回復する．

（c）**塑性**：すべり線（面）上で手をつなぎ変える．ところが，一斉にすべての原子がつなぎ変わると仮定すると，実際のせん断応力の3000倍の力が必要になる．実際は転位（dislocation）が金属の中に存在し，一つ一つ順に手をつなぎ変える．逆に見れば，その欠陥がジッパーのように動いて全体が手をつなぎ変える．転位は電子線顕微鏡で観察可能である．

3.5 固体を変形させる 93

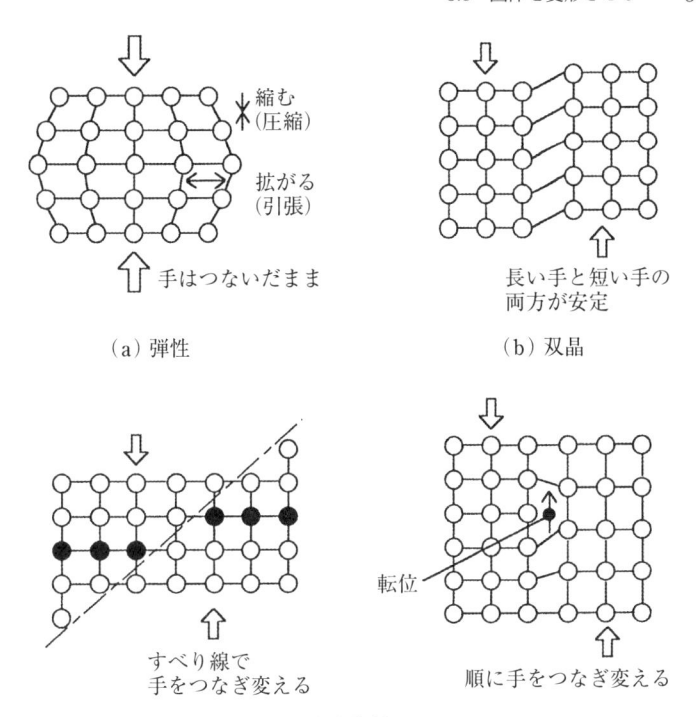

(a) 弾性

(b) 双晶

(c) 塑性

図 3.17　変形のメカニズムで原子を見る

　次に，この塑性変形がどれくらいの応力で生じるかを考える．単に大きな力を用意すればよいというわけではない．たとえば，四方八方から圧縮応力を与える静水圧では，引張強さの 10 倍と非常に大きい圧力を与えても金属は変形しない．問題は，ある方向の応力と別の方向の応力との差である．このときに，図 3.18 (a) に示すようにモールの応力円 (Mohr's circles) を使うとわかりやすい．せん断応力が働かない面の応力を主応力と呼ぶが，x，y，z の 3 方向に垂直にその面が存在すると仮定する．それを横軸が応力で，縦軸がせん断応力である座標の応力軸上にプロットする．次に，三つの点から二つを選び，その二つ通る円を計三つ描く．その最大円の半径が最大せん断応力で，それが降伏条件より大きくなった面（その二つの主応力面から 45°の面）ですべりが始まる．降伏条件として，トレスカ (Tresca) の条件が最も簡単であるが，最大せん断力が一定値に達すると塑性変形が生じるというものである．今，最大せん

(a) モールの応力円

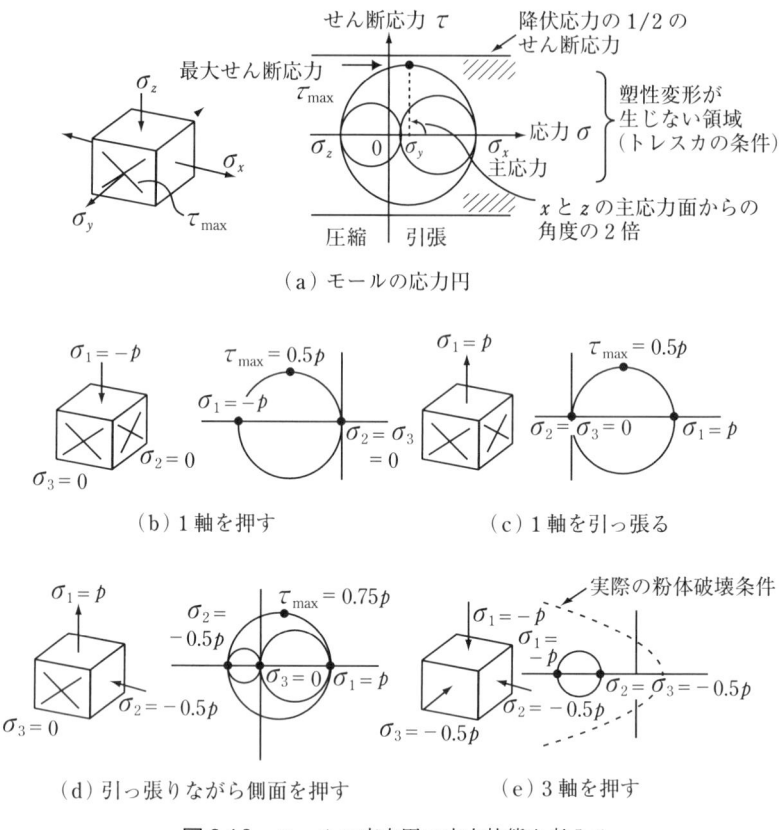

(b) 1軸を押す

(c) 1軸を引っ張る

(d) 引っ張りながら側面を押す

(e) 3軸を押す

図 3.18 モールの応力円で応力状態を考える

断応力が引張試験で得られた降伏応力の半分より大きければ塑性変形が生じると仮定する．モールの応力円で考えれば，降伏応力の半分の高さの正負の2本の水平線に囲まれた領域が塑性変形の生じない応力条件になる．

たとえば1軸だけ押す場合，$\sigma_1 = -p$，$\sigma_2 = \sigma_3 = 0$ であるから図 3.18（b）のようになる．最大せん断応力は $0.5p$ で，主応力から 45°の面に生じる．$0.5p$ が降伏応力より大きいと，塑性変形が始まって 45°の面がすべり面になる．また，図 3.18（c）は引張試験と同じ1軸の引張であるが，図（a）と同じせん断応力が生じて，降伏後の試験片は細く長く伸ばされる．また，1軸は引張応力 $\sigma_1 = p$ で，もう1軸が圧縮応力 $\sigma_2 = -0.5p$ の場合が図 3.18（d）で，これも最大せん断応力は $0.75p$ で，主応力から 45°の面に生じる．これは，図 3.12（a）

のように圧延で板に張力をかけた場合と同じで，せん断応力が大きくなって塑性変形が生じやすくなる．図 3.18 (e) は，3 方向に圧縮応力 $\sigma_1 = -p$，$\sigma_2 = \sigma_3 = -0.5p$ を働かせた場合である．最大せん断応力は $0.25p$ と小さく変形しない．逆に $\sigma_1 = p$，$\sigma_2 = \sigma_3 = 0.5p$ と引張応力を 3 軸にかけた場合でも，グラフが左右対称になるだけで最大せん断応力は $0.25p$ と小さく，変形しないはずである．しかし，中心部は引っ張られているので，クラックが進展する可能性が高い．筆者らは粉体の 3 軸圧縮試験を行ったが，粉体の破断線は図 3.18 (e) の点線である．粉体は引張応力下ではひとたまりもなく壊れるが，圧縮応力下では 3 軸圧縮である限りなかなか崩壊しない．金属の圧縮も同様である．

3.5.6 摩擦を考えて圧力を求めよう

次に，円柱を押してつぶすときの圧力と摩擦を考えてみよう．ここでは円筒座標を導入したくないので，板を長方形のポンチで押すことを考えよう．表 3.3 のように，$X = x$ の部分には圧力 $p\,dx$ と摩擦 $\mu p\,dx$ と，横に広がろうとする張力 $\sigma_x h$ と $(\sigma_x + d\sigma_x)h$ とが働く（実際の応力は負の圧縮である）．横方向の力の釣合いから式 (1) が得られ，またこのとき，塑性変形が生じているのだからモールの応力円を考えると式 (2) が成立する．それを微分した式に，式 (1) を代入すると式 (3) が得られ，これを解くと式 (4) のように p が得られる．端の $x = 0$ では $\sigma_x = 0$ だから，p の最大値は $x = L/2$ で生じて $p = Y \exp(\mu L/h)$ である．つまり表 3.3 の下段に示すように，中心で圧力が最大，摩擦力も最大というフリクションヒル（摩擦丘）と呼ばれる極大値が得られる．μ が一定で L/h を変化させると，L/h が大きいほど，つまりポンチとの接触面に比べて板が薄い場合ほど圧力は大きくなり，$L/h = 10$，$\mu = 0.2$ では圧力の最大値が Y の 7.4 倍になる．もっとも，Y は 200 MPa 程度だが，静的にその 7 倍も出せるような 14 000 気圧のプレス機が存在しないので，これは，普通は加工できないが，実際は機械式の衝撃プレスならこれを実現できる．なお，応力 σ_x は p と同様の形をした圧縮応力であり，内部になるほど応力が高くなるので，仮に鋳造欠陥の穴があってもつぶされる．

圧延の場合の圧力分布も同様に考えるが，すき間 h が x の関数として変化するところが異なる．圧延では，ロールと板との速度が同じになる点を中立点と呼ぶが，それより前方でロールがより速く，それより後方でより遅くなる．つ

表 3.3 工具で板を押したときの圧力分布

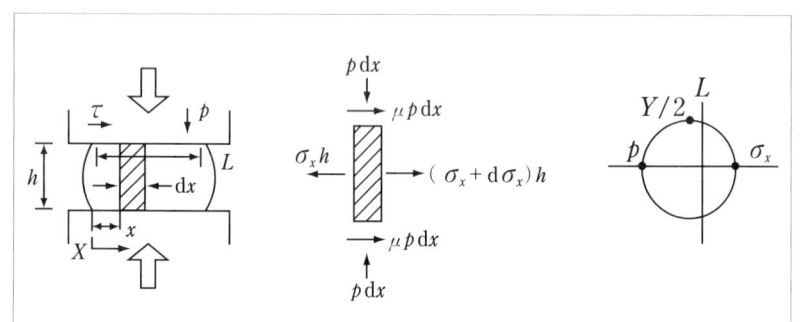

水平方向の力の釣合いから（中心線から x の左半分を考えた）

$$(\sigma_x + d\sigma_x)h - \sigma_x h + 2\mu p\, dx = 0, \quad h\, d\sigma_x = -2\mu p\, dx \tag{1}$$

塑性の条件から（モールの応力円より）

$$p + \sigma_x = Y, \quad dp = -d\sigma_x \tag{2}$$

式(1),(2)から

$$\frac{dp}{p} = 2\mu \frac{dx}{h}, \quad p = C\exp\left(\frac{2\mu x}{h}\right) \tag{3}$$

境界条件として

$x = 0$ のとき，$\sigma_x = 0$，$p = Y$ だから，

$$p = Y\exp\left(\frac{2\mu x}{h}\right) \tag{4}$$

最大を求めて

$$x = \frac{L}{2} \text{ のときで，} \quad p = Y\exp\left(\frac{\mu L}{h}\right) \tag{5}$$

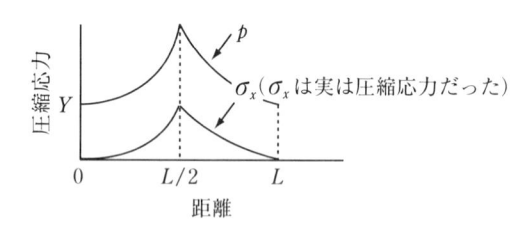

まり全面でスリップが生じるが，摩擦の方向は据込みと同じで，その中立点に向かってしごくように摩擦が働く．また，接触面の両端にはそれぞれ異なる張力 T_1，T_2 が始めから働いている．これは，表3.3の式(4)の境界条件で $\sigma_x = T_1$ と仮定するのに等しい．式(2)に代入すると，T_1 だけ降伏応力が小

さくなるのと同等であるから，表3.3の最下段の p と σ_x のグラフを下に平行移動すればよい．同様にフリクションヒルが存在している．これから，張力が働くと圧力が小さくても圧延できること，つまり圧延機のパワーが小さくても加工できることがわかる．

3.5.7 結晶構造が異なると変形抵抗も異なる

本項では，素材の金属結晶ごとに，または結晶方位ごとに変形抵抗が異なる

表3.4 結晶構造と塑性変形との関係

	体心立方格子 body-centered cubic (bcc) Fe(フェライト，δ) Ba, Cr, Mo Nb, Ta, V	面心立方格子 face-centered cubic (fcc) Fe(オーステナイト) Ag, Aℓ, Au Cu, Ni, Pb	六方最密充てん hexagonal closed-packed (hcp) Be, Co, Mg, Ti, Zn, Zr
原子充てん率 （配位数）	68%(8)	74%(12)	74%(12)
すべり面と すべり方向	[111]方向 4本 (110)面	[110]方向 12本 (111)面 ABCABC	[2$\bar{1}\bar{1}$0]方向 3本 (0001)面 ABABAB
臨界せん断応力， MPa	Fe 28 Mo 50	Au 0.92 Cu 0.65 Aℓ 1.04	Mg 0.77 Ti 14 Zn 0.18
ヤング率，GPa	Fe[111] 290 [100] 135	Aℓ[111] 77 [100] 64 Cu[111] 194 [100] 68	

ことを表 3.4 を用いて説明しよう.

　金属の結晶構造は，体心立方格子 (bcc)，面心立方格子 (fcc)，六方最密充てん (hcp) の三つに主に分けられる．それぞれの金属は表の上段のように三つのどれかへ分類されるが，鉄の α と δ は体心立方格子，また鉄の γ やアルミニウム，銅は面心立方格子，さらにコバルトやチタン，亜鉛が六方最密充てんである．原子充てん率はいずれも高いが，面心立方格子と六方最密充てんが 74 % と，体心立方格子よりも 10 % も高い．一つの原子に注目したときの最近接原子数を配位数と呼ぶが，前者は 12 と，後者の 8 より大きい．砂を適当にバサバサと積んだときは，配位数は 4 とか 6 とかであるから金属の配位数は非常に大きい．

　面心立方格子と六方最密充てんは格子がまったく異なって見えるが，実は球を最密に積層するパターンがわずかに異なるだけである．表 3.4 の中に描いたように，面心立方格子は ABCABC と積層され，六方最密充てんは ABABAB と積層される．つまり前者の C 層の有無だけだから，実は ABCABABC というような積層欠陥がしばしば生じる．

　この層状構造を眺めてみれば，最もすべりやすいすべり面は原子密度最大の層に当たる面である．なぜならば，面同士の面間距離が大きくなるからだと直観的にわかる．同様に，最もすべりやすいすべり方向は，すべり面内で原子間距離が小さい方向であり，それは原子が一緒になってすべるからである．たとえば，面心立方格子ではその座標が層構造に対して斜めに定義されているので，すべり面が (111) 面に，またそのすべり方向は [110] 方向になる．なお，面はその法線ベクトルを ( ) に中に表し，方向は原点からのベクトルを [ ] の中に示す．

　ここで，結晶構造が異なると変形抵抗も異なることを示そう．塑性加工において，金属がすべり始めるときのせん断応力を臨界せん断応力と呼ぶ．格子の中には，上記のすべり面やすべり方向と等価の面や方向があるが，その等価数が多いほどすべる確率が高くなる．表 3.4 の下から 2 番目の段に示したように，すべり面の数が多い面心立方格子と六方最密充てんでは臨界せん断応力が小さく，この二つに比べれば数が少ない体心立方格子では臨界せん断応力が 1 桁大きいことがわかる．また，六方最密充てんのすべり方向の数は面心立方格

子の 1/4 なので，六方最密充てん格子の臨界せん断応力は（チタンを除いて）面心立方格子と同様に小さいが，実は塑性加工しにくい．

なお結晶を見れば，弾性変形も結晶方向で異なりそうである．確かに，表 3.4 の最下段に示したように，鉄では方向によって 2 倍も異なることがわかる．これが，鏡面切削すると結晶粒がよく見えるようになる原因である．引張塑性変形した後の弾性変形分の戻りが結晶粒ごとに異なったのである．

3.6 標準素材を作成する

3.6.1 均質な素材を作る

標準素材として重要なことは，いつ買っても，どこから買っても，どこを切っても同じ性質を持つことである．現在，日本の素材の品質管理はおおむね世界一であり，特に標準的な金属ならば，いつ買っても，どこから買っても同じ性質の素材が入手できる．一方，標準的な金属以外の特殊合金，プラスチック，ガラス，セラミクスは，前述したように，生産量が膨大でもメーカごとに，または生産ロットごとに性質が異なることが多い．

また，いずれの素材でも，普通の機械加工の設計要求ならば，どこを切っても同じ性質が保証できる．しかし，最近は設計の要求が高度になり，図 3.6 の上段に示したように微細形状や特殊環境が要求されるようになった．たとえば，幅 1 μm 程度の溝の寸法精度や，10 ppm 程度の組成成分が影響する電磁気，光熱，腐食などの特性が要求され，品質管理が万全のはずだった標準的金属材料でさえも均質性が怪しくなっている．

均質な素材を作るには，
(1) 最初の固体化のときに，不純物，不溶気体，偏析，不均質組織などの不均質性を作り込まないこと，
(2) その後の熱処理や矯正加工で，固体化とそれ以降の加工で生まれた不均質性を消すこと，

との 2 点が一般的な思考過程である．ここで，(2) の熱処理を強力に行って，不純物の固体原子を拡散させて，(1) の固体化の不均質性を全部消滅させることができればよい．しかし，1 mm 程度と大きな酸化物の不純物や，10 mm 程度と広い範囲で生じている偏析（へんせき）を消すのは至難の業である．これ

は，前述した拡散方程式を考えればよく，過剰の原子を遠くへ拡散させて均質にするには，たとえば1日で1 mmというように非常に長い時間がかかるためである．設計要求が高度になると，液体からの固体化では不均質性が必ず生じるので，もはや均質性を満足する設計解が得られなくなる．

ここでは，図3.19を用いて工程設計者が均質な素材を作るための思考過程を考えてみよう．

（a）**マクロ不均質性**：まず，図の中央下部に示すように，10 mm以上の組織で生じる不均質性を考えてみよう．一つは円柱の鋳込みで，前述したように凝

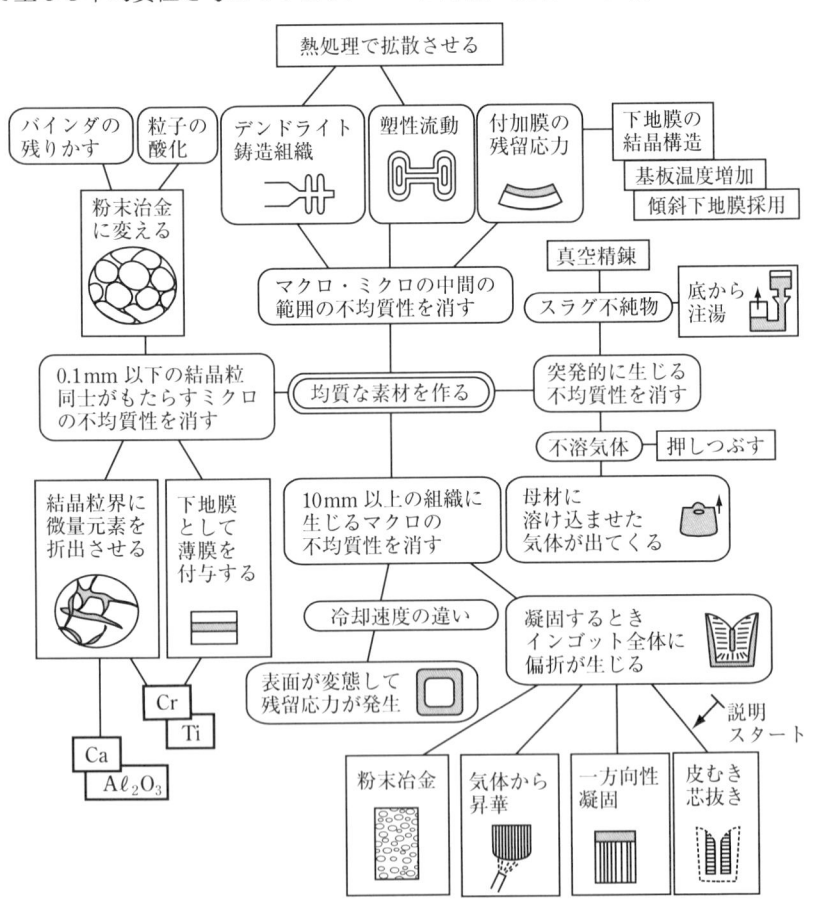

図3.19 均質な素材を作るための設計者の思考展開

固で生じるインゴット全体の偏析である．

○ 筆者は，磁気ディスクの製造の仕事をしていたとき，スパッタリング用ターゲットとして厚み 10 mm 程度の Co‐Cr‐Ta の合金の板材を使っていたが，真空凝固時のインゴットの鋳造偏析が圧延しても残っていた．つまり，インゴット中央に当たるターゲット板の厚み中央では，タンタル (Ta) の濃度が 20 % 程度高かった．それを使って月曜日から 1 週間，磁気ディスクの磁性膜を連続成膜すると，保磁力が木曜日で小さくなり，金曜日で再び増えていくので，スパッタ条件の舵取りが大変だった．このようなインゴットに生じる偏析は，金型の側面を冷却する限り必ず生じてしまう．それがいやならば，凝固後に偏析の大きい表面のチル晶を皮むきし，中心部の引け巣を芯抜きするか，底面冷却で一方向性凝固させるしかない．

これを防ぐ抜本的な方法として粉末冶金が挙げられる．まず，インゴットを 0.1 mm 程度の粉になるまで破砕して，混ぜたり，溶液を気流で飛ばして，表面張力で球状になった液滴を固体化（atomizing）して材料の粉を作成する．次に，それを型に入れてプレスして仮成形（compacting）する．それを加熱して，粉同士の接点が溶けて表面張力で引き合わせて固まりを作る．これを焼結（sintering）と呼ぶ．もっとも，仮成形した後に崩れないようにバインダとして樹脂を入れるが，焼結後に樹脂の燃えかすが残ったり，焼結時に残留ガスによって材料の一部が酸化したりすると，粉末冶金でマクロ偏析が解決できても，新たにミクロ偏析を発生させることになってしまう．

もう一つ偏析を防ぐ抜本的対策として，液体から固体にするのではなく，気体から直接に固体へ凝固させる昇華が有効である．集積回路の生産では，金属を気体に昇華させ，それを冷却基板上に凝固させる加工，つまり蒸着（evaporation）が広く用いられている．これは，原子を 1 層ずつ並べていくので，偏析の起こりようがない．また，光ファイバや石英基板の生産では，$SiCl_4$ や $GeCl_4$ のガスを種結晶の上に凝固させる方法を用いている．ここでも，ガスの純度が 99.9999999 % と高いので不純物の入りようもなく，またケイ素とゲルマニウムのガスの流量比率を変えるだけで自由に組成比率や変化分布が変えられる．

次に問題となるのは，素材が大きくなったときに生じる冷却ムラである．高炭素鋼やジュラルミンは熱処理時の冷却速度によって強度が異なってくるが，

これは前述した熱伝導方程式ですべてが説明できる．つまり，表面から浅い部分では急冷できるが，深い部分は徐冷になってしまう．それだけでなく，変態率が異なるので残留応力も異なる．一般に，マルテンサイト変態して体積膨張する鋼では，表面には圧縮応力が，また内部には引張応力が生じる．

（b）**ミクロ不均質性**：次に，0.1 mm 以下の結晶粒同士の不均質性，たとえば粒界偏析や結晶粒度を考えよう．図 3.19 の左部分に示した．実際は，材料研究者がこの不均質性について膨大な知識を持ち，添加物，熱処理，加工度の手練手管の限りを尽くして均質にしてしまう．それらは，主に結晶粒界に析出する微量元素や，下地膜として付加した薄膜を利用したものである．

○ 筆者の研究グループでは，磁気ヘッド用の酸化物の粉を粉末冶金していたが，その際フェライトの中にカルシウム（Ca）を入れて，快削ステンレス鋼のように粒界破壊を促進させて研削しやすくした．また，チタン酸カルシウムの中にアルミナ（Al_2O_3）を過剰に入れた材料を用いると，磨いて平滑にしてもアルミナが粒界に豆餅の豆のように凸に残るが，結果的にしゅう動時に接触面積を減少させて摩擦力を減少させることができた．

○ 材料を包んで腐食性や基板密着性を向上させるのに，鼻薬としてクロムやチタンを用いる．クロムには 1 価から 7 価まで酸化物があるように，どのような形をとっても酸素や別元素と反応してくれる．クロメートと呼ばれるアルミニウムの表面処理はその性質を使ったものである．また，酸化物の上に金属を成膜する場合，5 nm 厚と薄いクロム膜をはさんでおくと，酸化物からの酸素拡散をクロムが犠牲酸化して防いでくれる．特に，ステンレス鋼ではクロムが粒界に析出して酸素と反応し，結晶粒内を守ってくれる．しかし，粒界にカーボンが多いと Cr-C が析出して応力腐食割れの原因になることもわかっている．また，チタンはゲッター材として真空装置の残留酸素を吸着してくれるし，鋼に金やダイヤモンドライクカーボンを成膜するときの下地膜になる．

○ 粉末冶金はミクロ不均質性にも有効である．高温・高圧で処理すると，たとえば最高 2 000 ℃，最高 200 MPa で黒鉛を金型にしてホットプレスすると，または熱間静水圧プレス，つまりゴム型の中に材料を詰めて全方向から高圧アルゴン（Ar）で押すと，チタン合金，超合金，ビスマス・テルル合金（ペルティエ素子の材料）などの素材をマイクロクラックを含まずに均質に作れる．たとえば，後者の Bi-Te-Sb-Se のような多元系の合金では，破砕時に特定の結晶方位に従ってへき開（劈開，特定な結晶面で割れやすいこと）して扁平状になるが，それをうまく並べてホットプレスすると結晶方位の

揃った素材が無欠陥で作成できる.

(c) その中間の不均質性：これは, 熱処理を高温で長時間すれば, 拡散や変態で不均質性を排除できるが, そうすると素材が有する強度や靱性のような特性までも失ってしまうという大きさの不均質性である. 図 3.19 の上段の部分に記した. たとえば, デンドライトの鋳造組織や塑性流動 (fiber と呼ぶ) の鍛造組織が不均質性である. 図 3.5 の左に示したように, 液体が最後に凝固した結晶粒界部分は不純物を多く含むが, 変態しても最後まで残り, 消すには, 鋳鋼の焼鈍しのように結晶が粗大化するくらいの強い熱処理が必要になる. また, 金型作成では, 自由鍛造で生じた塑性流動の模様を型のどの面に見せるかが現場作業者の腕の見せ所になる. 表面をツルツルに磨いたり, シボ面 (軽くエッチングした凹凸面) にしたりすると, 結晶組織が模様として浮かび上がってくる.

また, 表面に発生する残留応力が問題になる. 溶射, めっき, 蒸着などの表面処理や膜付着によって下地膜に残留応力が発生する. これを緩和するには, 下地と膜との組織が大きく異ならないように多層配列することが重要である.

○ ワイヤボンディングでは金線を配線しているが, アルミニウムの電極から Al-Ti-Pt-Au と積み上げる. 同様に, 磁気ディスクの磁性膜 (前述した Co-Cr-Ta 合金) はニッケルめっき膜から Ni-Cr-CoCrTa と積み上げ, また化粧めっきと呼ばれる鋼のめっきは Fe-Cu-Ni-Cr と積み上げる. 結果的には原子間距離を少しずつ広げるように積み上げられるが, 残留応力を小さくすれば密着性も高くなる. さらに, 密着性を向上させるのに, 基板温度を上げて着陸原子が安定サイトまで動けるようにしたり, 接合部を連続的に組成変化させる (傾斜させるという) ために, プラズマで原子を打ち込んだり, 熱処理で原子を拡散させたりする.

(d) 突発的な不均質性：現在の日本では, 材料の精錬やフィルタリング技術が進んでおり, スラグのような不純物が不良原因になることは非常に少ない. また, 不溶気体が作る穴は鍛造で溶着してしまうので, 鍛造しにくい直径 1 m 超の大形素材を除くと大きな問題にならない. しかし, それでも突発的に欠陥として顕在化し, そこが起点になって膨れや割れが発生することがある. 図 3.19 の右部分で説明する.

○ 筆者は，磁気ディスクの基板として 99.7 % のアルミニウム純度の地金を用いた Al-Mg 合金 A 5086 を最初に使っていた．しかし，残りの不純物の Fe-Si が，アルミニウムと反応して直径 3μm 程度の硬い金属間化合物を作り，それが切削加工時に軟らかい Al-Mg の中からポコッと取れて凹部を作り，結局，磁性膜の欠陥となって製品に現れてきた．そこで，99.9 %，99.99 % と順に高純度を材料屋に要求したし，それを隠すニッケルめっき膜も厚くした．また，酸化物（スラグ）巻込みを防ぐには，脱酸材の FeSi や FeMn で酸化物を作らずに，真空鋳造，真空精錬に変えて酸素を一酸化炭素として排出させることが効果的である．このほかに，溶湯表面に浮かんだ酸化物を巻き込まずに鋳造するために湯道が長くなるが，注湯時に取鍋の底から鋳型の底へ静かに注ぐことも重要である．

○ 不溶気体を巻き込んでも，それを押しつぶして外に排出するためには，圧延と同じように粉末で固体化するときでも混練（こんれん）が重要になる．つまり，陶芸で菊捻り（きくびねり）して空気を出すのと同じように，たとえば 1 日中，混ぜてはひねる．しかし普通は，すき間の中の気体は，直径 50μm 以下だと母材の固体の中に溶け込むことが多い．たとえば，筆者は HIP でアルゴンをセラミクスの組織内に拡散して見えなくしたが，HIP 温度と同程度の高温で熱処理したら，再びアルゴンが溶け出してきて発泡して困った．このときは真空内の処理が重要で，そのために真空混練（ボールミル），真空圧着，真空プレスなどが使われる．真空内だと，圧力が蒸気圧と同程度になって水分でも気化して除去されやすい．たとえば，水の蒸気圧は室温で 0.02 気圧であり，そこまで真空にすると室温で水分が蒸発し，気化熱で全体が冷却される．

○ 一般に，泡がつぶれると $PV=nRT$ の V が小さくなった分，P が大きくなり，つまり異常な高圧が発生し，材料では膨れが観察でき，配管ではキャビテーションと呼ぶ振動が発生する．1998 年の H 2 ロケットの水素エンジンの破壊による墜落や，2001 年のカミオカンデの光電子倍増管破壊伝播は，いずれもキャビテーションが原因である．

3.6.2 標準寸法で用意する

標準素材には標準寸法が存在する．明治以来，機械設計者は，標準寸法で設計しないとプロではないと教育された．だが，もはやそれも死語である．現在は市販品の在庫検索がインターネットで容易になっただけでなく，材料屋が 1 品受注で切断，端面仕上げ，磨き，調質，自由鍛造したものを短納期で準備してくれる．その結果，設計のバイブルの座を降りたのが JIS 規格書である．JIS 規格品は在庫完備するといったような殊勝な素材・部品メーカもないので，あまりにも変わった規格を用いると誰も作っておらず，発注時にパニックになる

可能性が高い．設計し直す手間を避けるために，あらかじめメーカに連絡して生産や在庫をチェックすべきである．

　設計者は，素材の標準寸法を決めるとき図3.20のような一般的な思考過程で脳を働かせる．基本は，要求特性から導かれる寸法は，特注しても実現するべきである．しかし，コストも考えないとならず，むやみに特注するのも問題である．特に現在では分業化が進んだので，後述するように部品の寸法を無視することができない．

　しかし，要求特性に影響を及ぼさない寸法は適当にキリのいい寸法に決めるのが合理的である．たとえば，100 mmと103.45 mmとでは，前者の方が書き間違いも読み間違いも少なくなる．しかし，世の中には歴史的に寸法の数字列が決定されており，奇妙な標準寸法配列を暗記して使わなければならない場合がある．たとえば，メートルねじでは直径3，4，6，8，10，12，16，20 mmの並目が一般的である．もちろん，旋盤でねじを切削すれば，任意の直径・ピッチから逆巻きの左ねじまで自由に製作できるが，市販在庫されているボルトやナット，その工具のタップ・ダイスはこの配列のものだけである．そして，

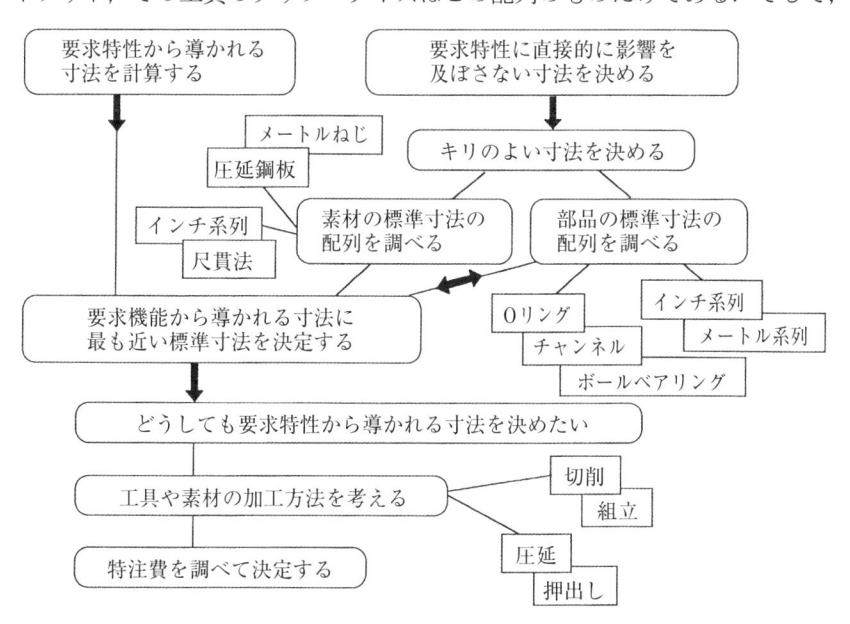

図 3.20　素材の標準寸法を決める

M 7 の細目と設計しても，ハイスを研削してタップを特注で作ってくれるだろうが，高価になることは確かである．

また，圧延鋼板の板厚は 3, 4.5, 6, 9, 12, 16, 20 mm の系列が一般的である．しかし現在は，市中の材料屋でも日本中の同業者の在庫を調べるので，たとえば板は 1 mm ピッチの板厚でも入手できるようになった．しかし，表面を研削した磨き鋼板や磨き棒鋼では，この類の系列を守らないと在庫品が入手できない．もっとも，板や棒を磨くのは時間をかければ町工場でもできるから，いくつで設計してもそれほど高価にはならない．

ただし，間違っても金型を用いる部品は特注してはならない．たとえば，ロールで転写するチャンネルや丸棒，金型で転写する O リングや U パッキンの特注品を作るのは愚の骨頂である．また，絶対に自分で製作できそうもない部品，たとえばボールベアリングやモータを特注するのも問題である．餅は餅屋である．このような判断を下すには，多く製作方法を知ることが不可欠である．

○ 日本にはメートル系列だけでなくインチ系列も存在する．情報機器では，米国で最初に設計されたものが多いため，たとえば六角穴付きボルトや配管ねじとしてインチ系列を用いる．工具もインチ系列のが売られており，これは必需品である．原子力装置はアメリカ生まれの規格品だが，日本ではインチ（1 in = 25.4 mm）をセンチに直して寸法を決めたので，何から何までやたらと中途半端な数値になる．またボイラでは圧力が psi（立方インチ当たりのポンドで，ピーエスアイと読む．1 psi = 0.07 気圧 = 7 kPa）で，温度はファーレンハイト（F，華氏温度）でそれぞれ決められているので，これまたキリのいい数字になっていない．華氏温度は 38 ℃ の体温が 100 F で，零下 0 ℃ が 32 F である．気温と体温だけだったらがまんできるが，製造条件でも使われると感覚がおかしくなる．F = (9/5) ℃ + 32 で変換できるが，計算するのが面倒である．筆者が米国で仕事をしていたときには，高温の華氏温度は，その半分を摂氏温度として概算していた．

○ 配管では "イチブ" や "クオータ" と呼ばれる継手が売られているが，もともとは 1 インチや 1/4 インチの管（くだ）用ねじを基準に標準化されたものである．今や技術の進歩と共に鋳造パイプの肉厚が薄くなったので，イチブ継手のどこにも 1/8 インチの寸法の形状が含まれていない．

○ 建築分野では，尺貫法も依然残っている．不動産では坪単価で売買貸借の基準が形

成されている．ベニヤ板や畳のサブロク（910 - 1820）や，金箔の一辺 109 mm（どこから 109 が計算されるのかは不明．条里制の口分田の一辺は 60 間で 109 m だからこれと関係あるのかも知れない）もそうである．東京大学で最も古い工学部 2 号館は関東大震災中に建築されたが，図面はフィート（1 ft = 304.8 mm）と尺（1 尺 = 303 mm）の併用であった．なお，家屋で使う 2 by 4（ツーバイフォー）建築は，2 インチ × 4 インチの角材を基本に壁を立てかけて組み立てる，インチ系列の工法である．

108

第4章　それぞれの製造技術を詳しく学ぼう
― 全体の形状を創成する ―

4.1　要求形状を創成する

　要求機能を満足させるために，特別な形状を創成することが必要になる．このときは，まず素材を集めてきて，次にそれを各種の製造技術で形状創成する．

変形　　　　　付加　　　　　組立

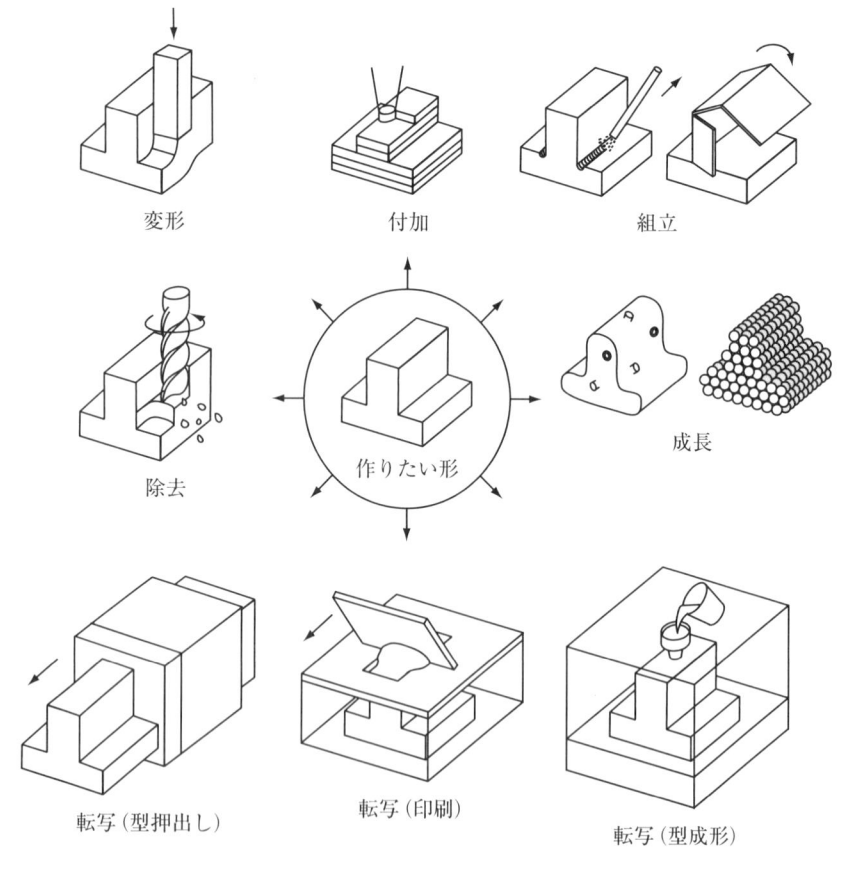

除去　　　作りたい形　　　成長

転写（型押出し）　　転写（印刷）　　転写（型成形）

図4.1　各種の形状創成方法

その製造技術を大別すると，図 4.1 に示すように，形状創成技術として除去，変形，付加，組立，成長，転写の六つが考えられる．さらにそのうち，転写として型押出し，印刷，型成形の三つが考えられる．本章では，これらを順に詳説しよう．

　これらの製造技術はどの製品にも同頻度で用いられているわけではない．1800 年頃の産業革命以来，機械分野で用いられているのは除去と組立と転写であり，特に除去では切削が，組立では溶接が，転写では型成形が多用されている．また，1950 年頃から半導体集積回路や情報機器の分野で用いられているのは除去と付加と転写で，特に除去はエッチング，付加は蒸着，転写は印刷が多用されている．同様に，建設の分野では組立が，食料やプラスチックの分野では型押出しが，金属の分野では型押出しや型成形がそれぞれ多用されている．

　一方，変形（ここでは型を使わない自由鍛造を考えている）は人類が 2 000 年以上使ってきた方法であるが，現在では，陶芸と鍛金（たんきん）という芸術の分野でしか用いられていない．また成長は，現在，実用化には至っていないが，21 世紀に確実に伸びる方法である．DNA を設計図にタンパク質を組み立てて器官を再生させたり，自己組織化（self-assembly）を用いて分子を自発的に設計形状まで成長させたりする．

4.2　除去で形状を作る

4.2.1　各種の除去加工が使われる

　除去を大別すると，図 4.2 のように「切る」と「溶かす」の言葉で表される加工に 2 分される．しかし，その作業時のメカニズムを考えると，次のように細別される．

（a）割る：くさび（楔，wedge）で割る方法である．くさびの先からクラックが生じて，被加工物が割れやすい方法に切れる．木工では，のみ（鑿）やかんな（鉋）で使われているが，素材の木のクラックが進みやすい繊維方向に切らないと表面が平滑にならない．また，液晶ディスプレイの板ガラスや半導体レーザの発光面を割るのにも用いており，数 μm の傷をダイヤモンドで付けてから軽く脇を押して数百 μm 厚の脆性材料を割る．この半導体レーザで用いるガリウ

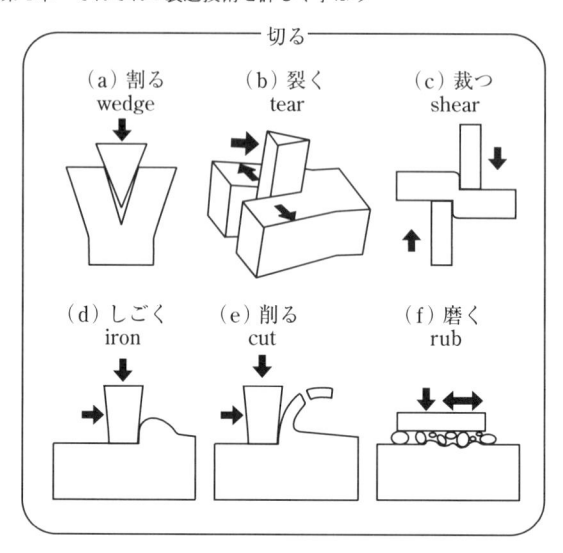

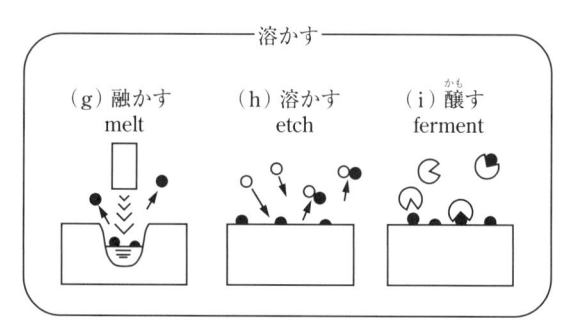

110　第4章　それぞれの製造技術を詳しく学ぼう

```
── 切る ──
(a) 割る   (b) 裂く   (c) 裁つ
   wedge     tear      shear

(d) しごく  (e) 削る   (f) 磨く
   iron      cut       rub
```

```
── 溶かす ──
(g) 融かす  (h) 溶かす  (i) 醸す
   melt      etch      ferment
```

図4.2　各種の除去加工のメカニズム

ム砒素（GaAs）の結晶は，基板表面が（100）面だと，それに垂直な（011）面でへき開（劈開，cleavage）が生じて，原子レベルで垂直に割れる.

（b）**裂く**：割るの一種であるが，積極的に横に引っ張ってクラックに引張応力を加える．外科手術では切開として用いるが，筆者らが力を測定したところ，手術者は左手の親指と人差指で皮膚を横に5N程度で引っ張り，右手でメスを軽く当てて5N程度で引っ張っていた．首のような曲面でも左手を尺取り虫のようにメスに先立って動かすのが手術のコツである．

（c）**裁つ**：はさみ（鋏）のように，二つの工具でせん断（剪断）する．薄板を加工する板金（ばんきん）加工では，せん断加工が7割近くを占め，曲げや絞り

の加工より多い．このようにギロチンで切ると，1本の刀で切るよりも素材が横に動かず垂直に切断できる．また，2枚の刃が互いに内側に凹にたわんでいる（反りと呼ぶ）はさみや，紙に対して刃が斜めに当たる押切りを見ればわかるが，図の紙面垂直の幅方向の1点で刃が交差するように工具が設計されている．

（d）しごく：塑性変形させて伸ばすように切る．このとき，切り屑（きりくず）が出ないことが次の図（e）の削ると異なる．たとえば，バニシ加工と呼ばれる加工がしごき加工で，ローラやボールを押し付けて表面を平滑にする加工である．また，のし餅(もち)を包丁(ほうちょう)で切るようにセラミクスやプラスチックの板は切断されるが，塑性変形は体積一定のため，切断刃を入れる表面が凹んだ分だけ裏面へ凸に出っ張る．このとき，切断面の裏に硬いものを敷くと下に凸に変形できずに横ずれを起こすので，被加工物が皺(しわ)になったり，工具にこびり付いたりする．

（e）削る：素材にくさびを入れて，表面に近い部分を切り屑として排出する．木工でものこぎり（鋸）が削る加工であり，交互に左右に刃を曲げる（あさりと呼ばれる）ことで，削った溝がのこぎりに抱きつかないように（つまり，溝の側面にはさまれてのこぎりが引けなくすることがないように）工夫されている．この加工は金属の加工で多用されているので，次項で詳説する．

（f）磨く：素材を砂のような硬い粒子で磨く．砂を素材に押し付けるために，軟らかい定盤や布を砂をはさんで押し付けたり，砂を噴流，慣性力，電気力などで素材にぶつける．これを研磨と呼ぶ．また，包丁を研ぐのに砂岩を用いるが，同様に，砂を樹脂やガラスで固めた砥石（といし）を工具として用いるのを研削と呼ぶ．ここで生じている現象は図（e）の削るとほぼ同じで，切り屑も排出される．これも金属やセラミクス，ガラス，半導体などの加工で多用されているが，化学反応を併用しているプロセスが多く，一般に加工時に加熱すると除去速度が増加する．

（g）融かす：熱を集中させて被加工物を融かして切る．鋼の溶断では，アセチレンガスを燃料にして鋼を加熱した後で，酸素ガスを吹き付けて鉄の酸化発熱反応で鋼を溶かし，さらに酸素の噴流で鋼の溶融液体を吹き飛ばす．現在では，高出力と高エネルギの熱源を用意して多くの切断方法が実用化されてい

る．これも機械分野で多用するので，項を変えて詳説する．

（h）**溶かす**：化学反応で溶かす．"溶かす"と"融かす"は，音は同じだが，本項では文字を分けて記した．被加工物を薬品で溶かすだけでなく，再付着しないように流し去ることが重要である．液体の中で反応を起こすウェットエッチングと，気体中または真空中で反応を起こすドライエッチングに分けられる．ドライエッチングの方が反応原子の流れを制御でき，切った側面を垂直に溶かすことができる．この加工は集積回路や情報機器の分野で多用されているので，これも項を変えて詳説する．

（i）**醸す**：酵母や細菌が有機化合物をアルコールや有機酸，炭酸ガスに分解することであり，人類はこの方法を使って酒やチーズ，醤油などの多くの食料を作ってきた．世の中には，有機化合物を毒素とアンモニアに分解する腐敗菌や，金や鉄のような金属を食べる細菌，マグマ噴出口付近の高温イオウ環境を好むバクテリアなどのように，"蓼食う虫も好き好き"で多種多様の生物がいる．将来は，それらと被加工物の分子構造とを工夫したプロセスができあがるのではないだろうか．

4.2.2 機械分野は削る加工を用いる

ここでは，機械分野が多用する「削る」加工，特に切削のメカニズムを詳説しよう．

図4.3に示すように，工具として90°程度で開いたくさびを用いる．工具は，微細に見ると刃先は半径10μm程度と丸いので，図（a）のように削り始めに押し込むと，素材に圧縮の塑性変形を起こさせ，表面に近い所では円柱をつぶしたときと同じように，45°の方向にすべり線が入る．このとき，工具を

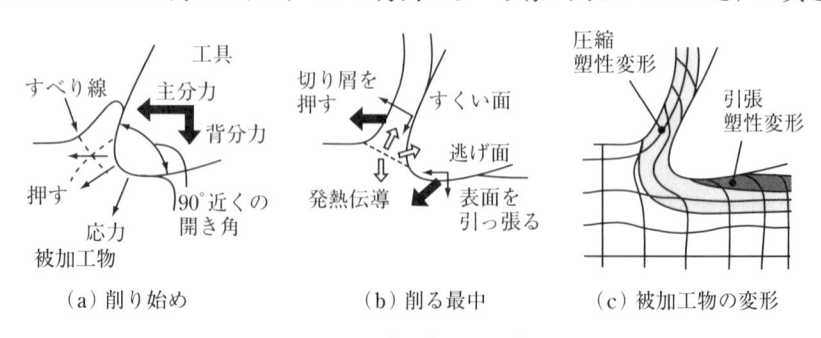

（a）削り始め　　（b）削る最中　　（c）被加工物の変形

図4.3　削る加工の現象

移動させる力を主分力，工具を押し付ける力を背分力と呼ぶが，たとえば，主分力は背分力の 2 倍程度と大きい．また，図 (b) のように切り屑が巻き上がってくると，ブルトーザの排土板のように工具のすくい面で切り屑を押す力も加わるので，ますます刃先から表面に向かって斜めにすべり線が発生するようになる．そこでは，大きな塑性変形の仕事が熱に変化して，熱は切り屑と工具と母材に流れる．このとき，工具を高速に移動させると，工具・母材へと熱伝導する時間余裕がなくなって切り屑だけが真っ赤に加熱される．また，工具の逃げ面の下では，母材が横に引っ張られて，図 (c) に示すように圧縮の塑性変形領域の表面に引張の塑性変形が重畳される．このように，生じる現象が複雑なので，後述するように残留応力も複雑に発生する．

図 4.3 は，主に金属の切削で生じる現象だが，材料を変えると，別の現象も図 4.4 のように生じる．つまり，図 4.2 で説明した別のメカニズムが発生しているが，一見，削れたように見える．たとえば，図 4.4 (a) のように，刃先の前の被加工物にクラックが発生し，それが工具に先行して進展する場合がガラスやセラミクスを切削したときに生じる．これは，かんながけと同じだから，図 4.2 (a) の割る加工に当たる．また，図 4.3 (a) で述べた押し付けた当初の圧縮塑性変形だけで切り屑のすべり線を発生させるのが，図 4.4 (b) の磨く加工である．すくい面が進行方向に倒れた工具，たとえば球を擦って削る現象に該当し，すべって盛り上がった工具前方の凸部を切り屑として排出する．このときの力は，削る加工と異なって，背分力が主分力より，たとえば 5 倍も大きくなる．

機械的には図 4.4 (b) の磨く加工と同じだが，工具を図 4.2 (h) の溶かす加工が生じるように用いると，そこの塑性仕事が励起した発熱で化学反応を促進

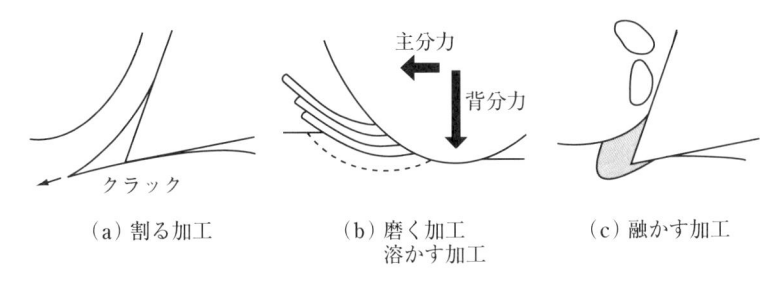

(a) 割る加工　　　(b) 磨く加工　　　(c) 融かす加工
　　　　　　　　　　　溶かす加工

図 4.4　各種のメカニズムが生じて削れたように見える

する．シリコンを削るときにコロイダルシリカや，またガラスを削るときに酸化セリウムが，その工具の典型例である．さらに，図 4.4（c）のように，刃先前面が塑性仕事によって発熱・融解して，図 4.2（g）の融かす加工になっているものもある．プラスチックやゴムの加工は，わざわざ加工液を流さずに融かして削ることが多い．

加工メカニズムを勘違いして間違えると，残留応力の制御や加工能率の向上を目指したときにまったく異なる方向に対処してしまうので，要注意である．

4.2.3 機械で正確に速く形状を切り出す

工具と被加工物との接点で除去加工が行われる場合を考えてみよう．このとき，工具と被加工物とを相対運動させると，工具軌跡の包括面で決定された形状を最終的に素材から切り出すことができる．そして，相対運動の送り精度を高めると正確な形状が創成でき，さらに相対運動の速度を高めると高生産効率で加工できる．産業革命以来，人類が機械加工と称してイノベーション（革新）を続けてきたのは，この正確に速く運動できるメカニズムである．本項では，その加工用の機械を図 4.5 で紹介しよう．

本項では，工作機械を回転軸の数で分類する．工具の並進速度と回転周速度とを比較すると，どの時代でも回転の方が並進よりも 10 倍程度大きい．また，並進ではある方向に工具を加工させたら，次に回送で逆方向に戻さないとならない．そこで，工具や被加工物を回転させて，連続的に加工することを人類は試みた．もちろん，連続的な回転に至らなくても，前段階的に後述するポール旋盤のように不連続的に逆回転するものや，揺動のこぎりのように 1 周回転せずに揺動するものもある．ここでは，それを 0.5 軸として分類してみる．

（1）回転軸が 0 の場合

図（a）の帯のこ（band saw）は木工ののこぎりの自動機である．この機械をコッタマシンと呼ぶが，昔は刃を溶接せずに刃の帯を張らせるために 2 枚合わせて横からくさび（コッタと呼ぶ）を打ち込んだためであろう．のこ刃を往復運動させたり，のこ刃を紙面上方にぐるりと回して溶接し，その輪を連続回転させたりする．のこ刃を総形工具（仕上げたい形状の反転形をあらかじめ創成した工具）にしたのが図（b）のブローチ（broach）である．実際は，刃を 100 枚程度創成して数 m と長いブローチをゆっくり引き抜いて，一度に内歯歯車や

4.2 除去で形状を作る　115

(1) 回転軸が0の場合

　　(a) 帯のこ　　(b) ブローチ　　(c) 形削盤　　(d) ワイヤソー

(2) 回転軸が0.5の場合

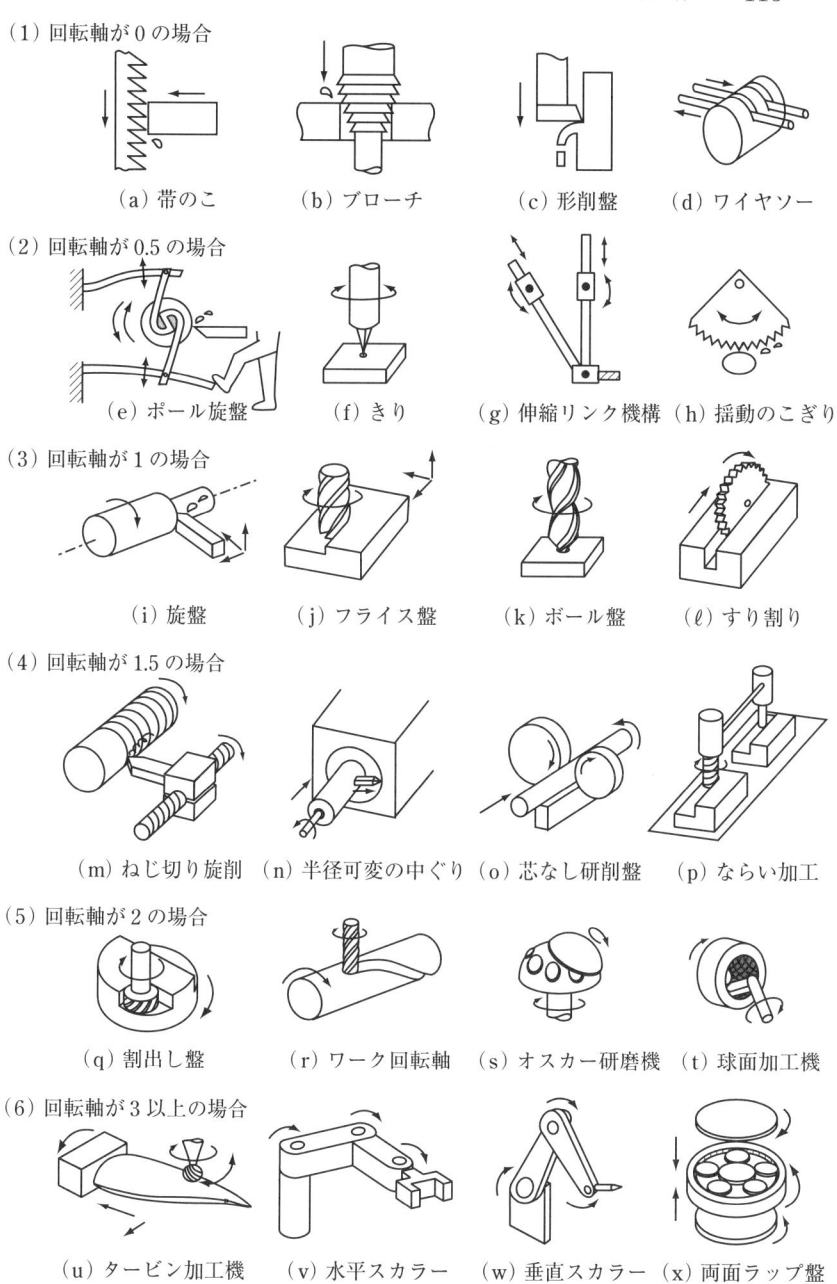

　　(e) ポール旋盤　(f) きり　　(g) 伸縮リンク機構　(h) 揺動のこぎり

(3) 回転軸が1の場合

　　(i) 旋盤　　(j) フライス盤　(k) ボール盤　(ℓ) すり割り

(4) 回転軸が1.5の場合

　　(m) ねじ切り旋削　(n) 半径可変の中ぐり　(o) 芯なし研削盤　(p) ならい加工

(5) 回転軸が2の場合

　　(q) 割出し盤　(r) ワーク回転軸　(s) オスカー研磨機　(t) 球面加工機

(6) 回転軸が3以上の場合

　　(u) タービン加工機　(v) 水平スカラー　(w) 垂直スカラー　(x) 両面ラップ盤

図4.5　各種の加工機械のメカニズム

スプラインの形状を仕上げる．

図（c）の形削盤は木工のかんなと同じである．特に，工具が上下に動くのをスロッタ，水平に動くのを平削盤（ひらけずりばん）と呼ぶ．これらは平面を削るのに18世紀から用いていて，回転運動をクランクで往復並進運動に変えて工具を動かす．このため，戻りは工具が傾斜して逃げるように設計されている．また，振動を吸収するために，工具はヘールと呼ばれるΩ（オメガ）形の曲がりを根元に付けるが，これは化学プラントの配管をある間隔ごとにΩ形に曲げる振動吸収構造と同じ目的で用いる．

なお，形削盤の"盤"は，ドイツ語（またはオランダ語？）のbank（作業台）が語源である．旋盤はdrehen（回転する）を加えてdrehbankになるが，昔は旋盤の切り屑（現場ではキリコと呼ぶ）をダライコと呼んだ．工作機械現場では不思議な言葉が多いが，大体は外来語の日本語なまりである．たとえば，平削盤はセーパ（shaper），直角定規はスコヤ（square），せん断機はシアリング（shearing），milling machineはフライス盤（ドイツ語のFräsemaschineから），旋盤用工具はバイト（ドイツ語のarbeitsstahl（働く鋼）から）などである．

図（d）のワイヤソーは，研磨粉を混ぜた液体の中に被加工物をドブ漬けし，ワイヤを並進させて研磨粉を巻き込みながら削るもので，現在も大径のシリコン単結晶の切断で用いられている．ワイヤの代わりに薄板を用いるがバンドソーで，いずれも数時間かけて100枚以上を一度に切る．

（2）回転軸が0.5の場合

図（e）のポール旋盤は，13世紀に英国で製作された不連続回転機構であるが，伊勢神宮に伝わる火起こしするための弓と同じように，ポールや足踏み板（これをlathという．旋盤latheの語源である）の弾性を蔓（つる）を巻いた回転軸に伝えるのもである．この旋盤では，1方向の回転時だけに工具を被加工物に押し付けて削る．図（f）のきりは木工で用いるものだが，手の中で揉んで不連続回転させる．きりは角断面を有して，両回転方向に刃が付いている．

図（g）の伸縮リンク機構は，現在，宇宙ロボットの分野でも注目されているが，工具の姿勢と位置とが決定できる．3本のリンクの長さと角度を変化させているが，リンクは1点で固定端に付いていて，そこで直動と傾斜の自由度を有している．

○ 図 (h) の揺動のこぎりは，筆者があばら骨の切断手術で見たものである．考えてみれば，美女を胴切りするマジックじゃあるまいし，手術室で円板状の丸のこを回転させたら恐い．切断中は骨の下にステンレス鋼の薄板を敷き，誤って肺に刃が当たるのを防いでいる．また，肺の手術後は切断したあばら骨を針金で再接合させるのだが，針金を通す下穴を開けるドリルが誤って肺に当たるのを防ぐために骨の下に敷いたのは，なんとカレースプーンであった．

(3) 回転軸が 1 の場合

被加工物を回転させるのが図 (i) の旋盤で，フライス工具を回転させるのが図 (j) のフライス盤である．後者で，特にドリルを回転させて穴あけだけを行うものが図 (k) のボール盤で，回転軸を水平にしたフライスが図 (ℓ) のすり割りである．工具を変えて芯出し（原点調整）するのが面倒なので，タレット (tarret) と呼ばれる手動工具交換機構や，Auto Tool Changer (ATC) と呼ばれる自動工具交換機構が使われている．工具を ATC で変えながら，図 (j)，(k)，(ℓ) の仕事を 1 台で行える機械をマシニングセンタと呼び，現在，これに NC (Numerical Control，コンピュータで工具軌跡制御すること) を加えた機械が万能機として，個別に発達してきた多くの工作機械を駆逐している．

図 (j) で描いたエンドミル〔図 4.7 (a) にも拡大図あり〕は，ドリルの底面の刃だけでなく，側面のら旋稜をも磨いて刃を付けた回転工具である．底面を球にしたものは球面エンドミル（またはボールエンドミル）と呼ばれ，曲面の加工に多用される．

(4) 回転軸が 1.5 の場合

旋盤のオプションとして，図 (m) のねじ切り旋削や，図 (n) の半径可変の中ぐりがある．ねじ切りは，親ねじと呼ばれるねじをかみながら工具が送られる．親ねじのナットは二つ割りになっており，早送りで戻った後で再び同じ位相で親ねじをはさみ，工具を少し切り込む．中ぐりは，旋盤作業の中でもねじに並んで難しい作業で，18 世紀から大砲と蒸気機関の性能向上のための国家の必須技術だった．日本でも，ねじ旋削，中ぐり，歯車加工，プロペラ加工の順に国産化していった．中ぐりは，工具切込み機構が材料内径の穴に隠れてしまうので，外周旋削のようにバイトの切込みを見ながら変えるのが難しい．それでも，専用機では，もう 1 軸の切込み送り用に伝達軸や油圧シリンダを組み込

んでいる．

　図（o）の芯（しん）なし研削盤では，2軸の砥石とすべり板との間に丸棒を押し込んで表面を研削する．被加工物は押せ押せで搬送される．片方を素材を回す高速の主動輪にして，もう一方をスパイラル状の総形砥石にして低速で回せば，円すいころのような形状でも1個1個が押せ押せで削れる．

　図（p）のならい加工は，リンクで治具（jigの当て字）に倣って工具を送るものである．彫刻機とも呼ばれ，サインや意匠を削り込むのに多用されている．何かの形状を模倣するときにも便利で，2002年に筆者が中国を視察した際には，数10台を並べて放電金型を彫っていた．また，高価な素材，たとえば飛行機のチタン合金を切削するときにも，NCの暴走を検知するストッパとして用いている．

(5) 回転軸が2の場合

　フライス盤のオプションであるが，加工軸を増やすためにテーブルに図（q）の割出し盤と，図（r）のワーク回転軸を載せることが多い．前者は垂直軸，後者は水平軸を有する．x軸，y軸，z軸は並進軸に用いるので，a軸，b軸，c軸を回転軸名称に用いている．たとえば，図（q）の割出し盤では2面幅加工を，また図（r）のワーク回転軸ではスパイラル加工を施すことができる．

　図（s）のオスカー研磨機はレンズ研磨に用いる．凸形の半球面のテーブルに素材のガラスをセットして，その上から凹形の半球面の研磨皿を被せるようにセットして，研磨皿の凹面をガラスの凸面に転写させ凸レンズを作る．テーブルは軸中心で回転するが，研磨皿はボールエンド（球面座を持った軸受）で支えられて円を描くように揺動する．凹レンズを作りたいときは，逆に凹面に素材のガラスをセットする．皿と素材との間に研磨粉を流せば，適当にすき間（隙間）の中でころがって素材を削り，素材はそのうちに皿と同じ形状に，すなわち馴染む形状に仕上がっていく．粗加工として，皿に砥粒を固めた砥石を貼り付けて研削する場合もある．また，研磨皿の凹面作成やガラス素材の貼付けにはピッチ（アスファルト）を用いる．このように複雑に動かすことで，被加工物と定盤との両方の全面が均一にしゅう動（摺動）できる．研磨や研削では，被加工物が削られるのと同じように定盤や砥石も削られるので，均一に摺ることが好ましい．

図（t）の球面加工機は，ボールジョイントや油圧ラジアルポンプ用のボールを受ける凹球面を作る装置である．工具を回転させながら被加工物も回転させる．これと似たような機構に平行な回転2軸を用いたものがある．たとえば，平面研削盤では，カップ形の砥石を回転させながら中心軸をずらして板状の被加工物も回転させて押し付ける．またレンズの枚葉加工機（1枚ごとに削るという意味）では，研磨皿を回転させながら中心軸をずらして素材も回転させて押し付ける．枚葉加工機では，さらに素材を揺動させて研磨皿と素材が均等に削れていくように設計されている．

（6）回転軸が3以上の場合

図（u）のタービン加工機は5軸加工機と呼ばれ，図（j）のフライス盤に図（q）の割出し盤と図（r）のワーク回転軸が含まれる．プロペラやプレス金型もこれを用いて作ることが多い．

図（v）の水平スカラーと図（w）の垂直スカラーは，産業用ロボットの定番である．回転軸まわりの座標を直交座標に変換する制御システムだけでなく，慣性力も補正するシステムが装着されている．主に，部品組立，スポット溶接，レーザ溶接で用いられる．

図（x）の両面ラップ盤は，キャリアと呼ばれる被加工物の保持具を上下の定盤に対して，外歯と内歯の各々の回転軸を使って公転＋自転を起こすように設計されている．この複雑な動きも，図（s）のオスカー研磨機と同様に被加工物と上下定盤とを均質に削るためである．たとえば，上定盤・キャリア公転・下定盤の周速は$1:-1:-3$と，相対速度が上下で2と同じになるように設計される．さらに，定盤の外周部の方が周速が大きく，砥粒に遭遇して削れやすいので，キャリア内の素材の位置を装置に置いたときに素材が適当に定盤外周からはみ出るように外側にセットする．また素材が円だと，キャリアの穴の中で素材が回転して，そのうちに素材の円周方向の削れ具合のばらつきがなくなるが，回転しない四角だと加工途中にセットし直すような別の工夫が必要になる．それでも，たとえば200mm角の素材では平面度が$1\mu m$程度で収束してそれより小さくならない．

○ 両面ラップ盤は，素材を平坦に加工して仕上げたい機械である．しかし，仮に上定盤が球面状に凹，上定盤が球面状に凸になると，それで安定して素材も上が凸，下が凹の球面状，つまりお椀状に仕上がってしまう．素材が薄いときはなおさらで，筆者は直径 65 mm，厚み 1.3 mm の円板を平坦にしようと格闘したが，ほとんどがお椀状に仕上がってしまい，平均の平面度は 2 μm 程度であった．それで，上下逆にセットし直して少し削れば，逆のお椀状になって平坦になると思いきや，ポテトチップ状に変化して平面度は変わらなかった．このときは，俗に 3 枚合わせの平面創成と呼ばれるが，もう 1 枚定盤を用意して平坦になるように直す．つまり，3 枚の定盤が凸凸凹だったら，凸凸で組み合わせて上下から 1 点で交わるようにセットすれば，中心だけが削れてそのうちに両者が平坦に近い凹凸になる．次に，その平坦に近い凹の 1 枚と先程の残りの凹の 1 枚をセットすれば，両者がさらに平坦に近くなり，それを繰り返すうちに 3 枚とも平坦になる．

4.2.4 機械で複雑な形状を創成する

複雑な形状を創成しなければならないとき，工程設計者は，まず工具を複雑な形状に削っておいて，それを転写しようとまず考える．次に，工具を複雑な経路で動かそうと考える．

最初に，要求形状にあらかじめ創成しておいた総形工具を考えよう．図 4.6 のように，上中下の各段で工具と被加工物との接触部分を点，線，面とに分けて考える．図 (a) は，工具が点で接して旋削しているが，よく見れば工具の送り方向のすくい面で，つまり長さ 100 μm 程度の直線で接しながら削っている．図 (b) では，レンズで絞ったレーザ光で溶断しているが，これもよく見れば焦点の直径は波長程度の 1 μm 程度であるから，面で接しながら溶かしている．図 (c) は，原子間力走査顕微鏡の触針に電圧を印加して狙った原子だけ飛ばす技術である．原子 1 個は 0.1 nm 程度だから，これ以上細かく加工する要求機能はないので点で接していると言えよう．

旋盤で使う固定工具はバイトと呼ばれるが，英語では接点で削るから single-point tool と呼ばれる．切削点は，図 (a) のように英語の意味の点だけでなく，直線，矩形，曲線と切れ刃の形を変えて転写形状を変えることができる．たとえば，仕上がり形状を鏡面にするには，図 (d) のように直線を真直にした平先バイトが必要で，それを可能にするのは真っ直ぐに平先を研磨仕上げでき

(a) 旋削　　　　　(b) ビーム切断　　　　(c) 原子放電

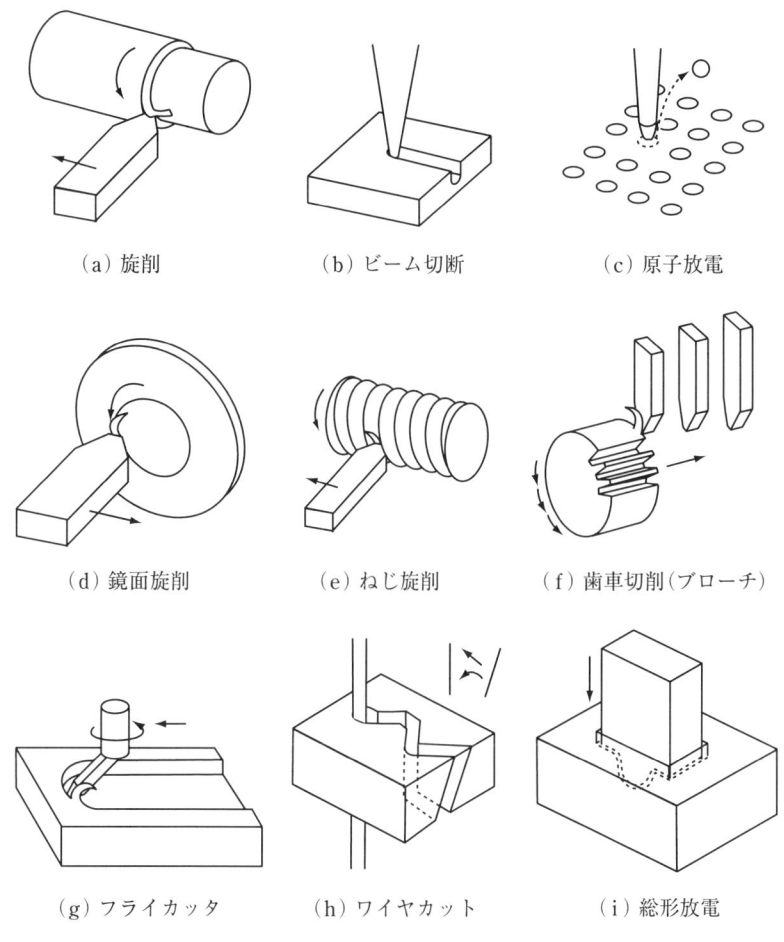

(d) 鏡面旋削　　　(e) ねじ旋削　　　　　(f) 歯車切削（ブローチ）

(g) フライカッタ　(h) ワイヤカット　　　(i) 総形放電

図 4.6　工具転写による形状創成

る単結晶ダイヤモンドバイトだけである．また，矩形の例として，図 (e) のようなねじや歯車の形状創成が挙げられる．

　これが工具の基本であるが，それを並進させると仕上がり面の次元数が増えて，点が線に，線が面になる．並進工具は，固定工具をかんなのように並進させればよいが，図 (f) のように歯形の総形工具をいくつも並べた工具が図 4.5 (b) のブローチである．また回転させても，図 (g) に示すフライカッタのように点が円や面になるが，軸対称面に限るので，曲面を削る場合は工具を自由に

移動させないと創成できない.

一方,放電加工機用の工具は並進で,曲面を創成できる.放電用にはワイヤと総形工具が広く用いられているが,図(h)のように,ワイヤ放電でも被加工物を図4.5(r)のように傾斜させるとねじり面が創成でき,さらに回転させるとスパイラル状の形状でも創成できる.また総形放電では,図(i)のように,工具を押し付けて放電させるだけで曲面形状が転写できる.

次に,工具を移動させても複雑形状が転写できることを示そう.図4.7はキー溝の加工例である.軸では,図(a)のエンドミルによる加工〔図4.5(j)〕が最も一般的である.これを用いると,溝の端部は上から見て円,横から見て角になる.次に用いるのは,図(b)のスライス〔すり割り,図4.5(ℓ)〕による加工である.回転軸が図(a)と直交した工作機械を用いて削ると,溝は上から見て角,横から見て丸になる.一方,穴に対しては並進工具のスロッタを用

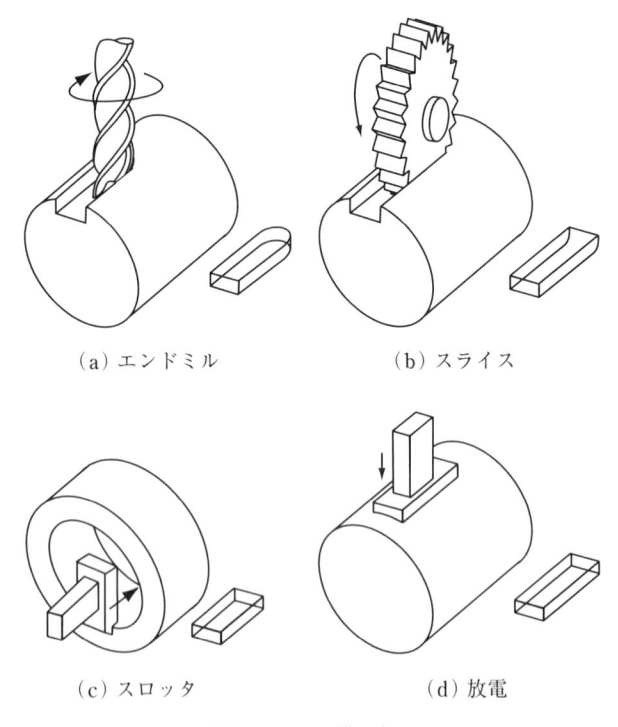

(a)エンドミル　　　　(b)スライス

(c)スロッタ　　　　(d)放電

図4.7　キー溝の加工

いる〔図(c)〕．途中で止めると切り屑が排出できないので，溝は通しにする．ブローチでも削れるが，もちろんブローチ自身が通らないと加工できない．しかし例外の設計だが，穴径が小さくて工具が入らない場合，穴の溝を通しでなくて途中で止めたい場合，またはどうしても軸の溝の端部が横から見ても上から見ても角にしたい場合は，高価になるが，図(d)の総形放電加工を用いる．

　もう一つの例として，図4.8に歯車加工を示す．最もわかりやすい歯車創成方法は，図(a)のラックカッタを用いる方法である．機構学の講義でもインボリュート歯形（involute tooth profile）創成で教わる方法であるが，歯車をあらかじめ創成したラックを並進させながらピニオンを少しずつ回転させれば，ピニオンに新たな歯車が創成できる．このラックカッタをいくつか用意して，それを円周方向に並べると図(b)のホブができる．ホブを回転させながらピニオンの素材も回転させれば，ピニオンに歯車が創成できる．しかし，ホブ工具自身が非常に複雑形状であるから工具加工が容易でなく，さらにホブの回転軸とピニオンとの回転軸との調整が難しいため，1893年にやっと実用化された．それまでは，一つの歯形をした総形工具を図(c)のように回転させたり，図(d)のように並進させたりして創成することが一般的であった．これは，現在でも大径の歯車では用いられている方法である．

　また，図(a)のラックカッタを外側に巻いたのが図(e)のブローチである．この円周上のラックカッタをいくつも同軸状に並べてブローチを穴に通せば内歯歯車が1分程度で加工できる．図(b)のホブと図(e)のブローチは軸と平行の"すぐば"の創成を描いたが，歯の稜が直線だが軸と平行でない"はすば"の創成は，ホブとピニオンの回転をうまく変えてやればよいし，ブローチを引くだけでなく回転させてやればよい．さらに，図(c)，図(d)の総形工具を用いると，稜が曲がっている"まがりば"もできる．

　切削を用いない方法として，図(f)のワイヤカット，図(g)の転造，図(h)の射出成形や粉末成形が一般的である．図(f)のワイヤカットは，加工速度が小さいので量産には向いていないが，図(h)の射出成型用の金型製作に用いられている．たとえば，直径 $30\,\mu\mathrm{m}$ のワイヤを用いてモジュール $70\,\mu\mathrm{m}$ の時計用のサイクロイド内歯歯車も加工できる．図(g)の転造は，ボルトのねじの

124　第4章　それぞれの製造技術を詳しく学ぼう

被加工物

外側に丸くまるめるとブローチになる

円周方向に並べるとホブになる

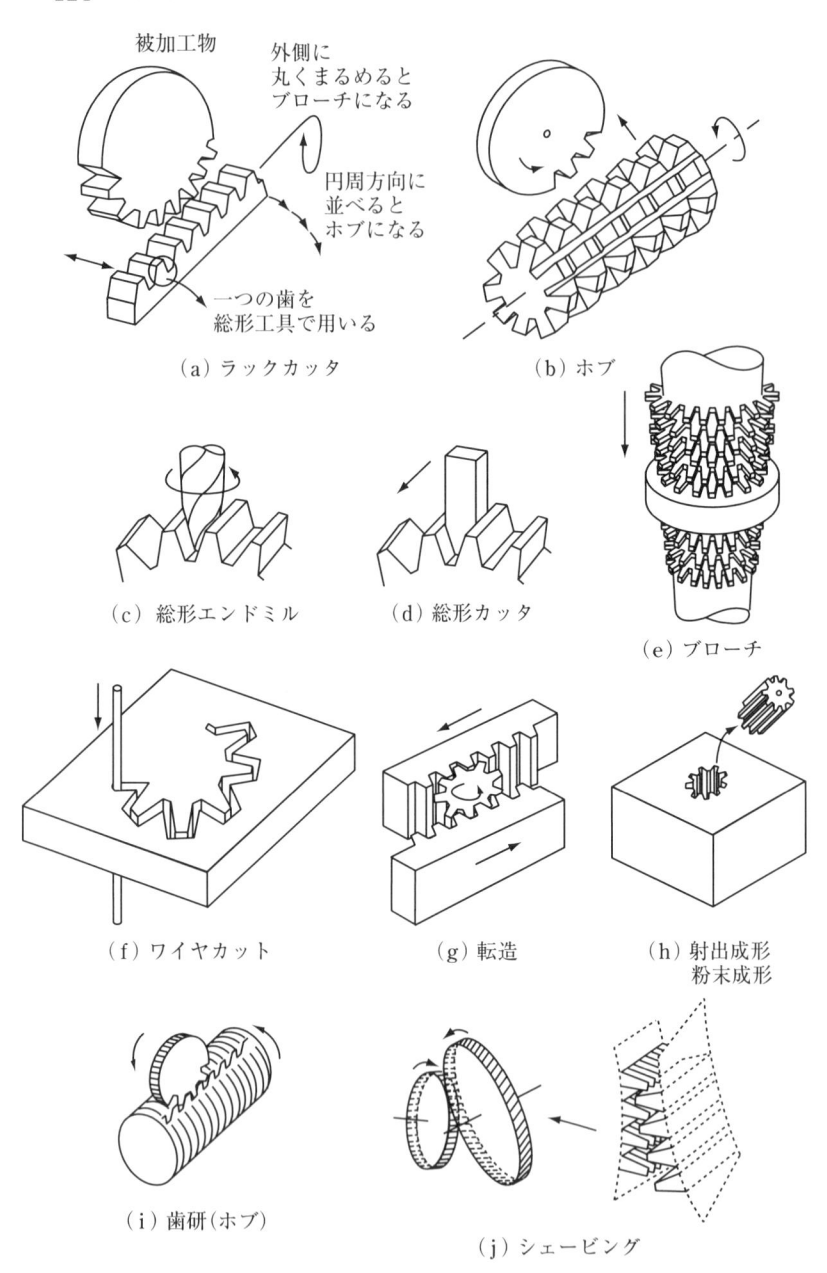

一つの歯を総形工具で用いる

（a）ラックカッタ

（b）ホブ

（c）総形エンドミル

（d）総形カッタ

（e）ブローチ

（f）ワイヤカット

（g）転造

（h）射出成形　粉末成形

（i）歯研（ホブ）

（j）シェービング

図4.8　各種の歯車の作り方

転造と同じ塑性加工であるが，2枚の型に丸棒ではさんでころがせばよい．図(h)の射出成形では，型から成型品を取り出すとき，歯の稜に抜き勾配（後述）があると歯車として使えないので，無理に引き出す方法が不可欠になる．

歯車は，常にしゅう動するので摩耗が問題になる．そこで，歯の表面を焼入れして硬くすることが一般的である．焼入れすると，マルテンサイト変態の体積膨張が不均質になることが多いので，その後で研磨が必要になる．そこで，ホブや総形工具と同じ形の砥石を用いて図(i)の歯研（はけん，歯車研削のこと）を行う．しかし，焼入れ後にまた回転軸を調整して研削盤にチャッキングするのが面倒である．そこで，図(j)のシェービングで焼入れ後の変形を見込んで，焼入れ前に仕上げで削ることが行われている．これは歯の稜と直角に溝を入れて刃を作り，被加工物が"すぐば"ならば工具は"はすば"に，あるいは被加工物が"はすば"ならば工具は"すぐば"にして，歯の稜方向のすべりを用いて薄く切削する．あらかじめ工具を稜方向に凹にしておくと，被加工物はたとえば凸に $10\,\mu m$ のクラウンが創成できる．

4.2.5 機械加工の加工精度を高める

(1) 工程設計者は加工精度向上のために何を考えているか

本項で説明する機械加工の工程設計者の思考展開図を図4.9に示す．

製品を高い歩留まりで生産するには，図の下段の寸法誤差の低減と表面の無欠陥とが常に要求される．前者の方が学術的であるが，現場では後者の泥臭い要求に苦しむことが多い．また歩留まりがよくても，さらにコストダウンのために図の中段の生産効率向上と外注活用を強いられる．

常に考えていることは，大別すると，(a)力変形，(b)熱変形，(c)送り誤差，(d)工具摩耗，(e)残留応力の五つである．最も学術的な思考が(c)送り誤差であるから，これを最初に説明しよう．

(2) 送り誤差の低減

軸受で回転精度と並進精度がほぼ決定されるが，生産機械では，図4.10に示すような軸受構造が用いられている．

まずは回転軸受を説明する．図(a)のV（ブイ）受けは，凹円筒面の加工が難しかった時代に多用された軸受であるが，現在でも直径0.1 mm程度の微小径の軸受として使われている．水車や馬車では，木材を用いたすべり軸受を用

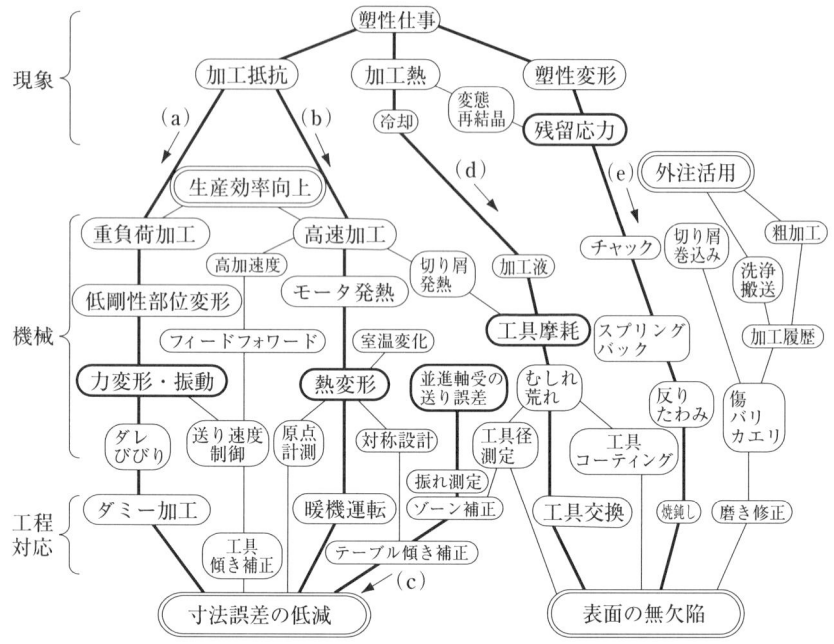

126　第4章　それぞれの製造技術を詳しく学ぼう

現象｛
- 塑性仕事
- 加工抵抗　加工熱　塑性変形
- (a)　(b)　変態再結晶　冷却　残留応力
- 生産効率向上　(d)　(e)　外注活用

機械｛
- 重負荷加工　高速加工　高加速度　切り屑巻込み　粗加工
- 低剛性部位変形　モータ発熱　切り屑発熱　加工液　チャック　洗浄搬送
- フィードフォワード　室温変化　工具摩耗　スプリングバック　加工履歴
- 力変形・振動　熱変形　並進軸受の送り誤差　むしれ荒れ　反りたわみ　傷バリカエリ
- ダレびびり　送り速度制御　原点計測　対称設計　工具径測定　工具コーティング

工程対応｛
- ダミー加工　工具傾き補正　暖機運転　ゾーン補正　振れ測定　工具交換　焼鈍し　磨き修正
- テーブル傾き補正　(c)
- 寸法誤差の低減　表面の無欠陥

図 4.9　機械加工の工程設計者の思考展開図

いており，そこには松脂がベトベトに塗ってあった．現在でも軸受と名の付くものは真空中でない限り，油やグリース（油脂）を供給する給油ニップルを設置したり，シール付きの軸受の中に閉じ込めたりすることが不可欠である．

　図 (b) は，高速回転軸のすべり軸受でジャーナル軸受と呼ぶ．重力が働いて軸が下方に変位すると，すき間が徐々に狭くなり，押し込められた油や空気によって上方に揚力が働く．つまり，円筒すき間の動圧軸受である．

　図 (c) のパッド軸受は，ジャーナル軸受を分割して後ろからばねで押すものだが，蒸気タービンのように高負荷で大径の軸受に用いる．また，ジャーナル軸受のすき間にカラー（円筒薄肉部品）をはさむ軸受もターボチャージャで用いられている．二重円筒すき間の動圧軸受に相当する．

　図 (d) は，ころがり玉軸受で，玉ところとが用いられる．玉の加工は，団子をこねるように上下定盤にはさんでころがせばよいし，ころの加工は，図 4.5 (o) の芯なし研削盤に通せばよい．いずれも 1 μm 以下の直径の精度が得られる．ラジアル用には，玉ところ〔図 (e)〕が市販されているが，スラスト用に

4.2 除去で形状を作る　127

(a) V受け　(b) ジャーナル軸受　(c) パッド軸受　(d) ころがり玉軸受

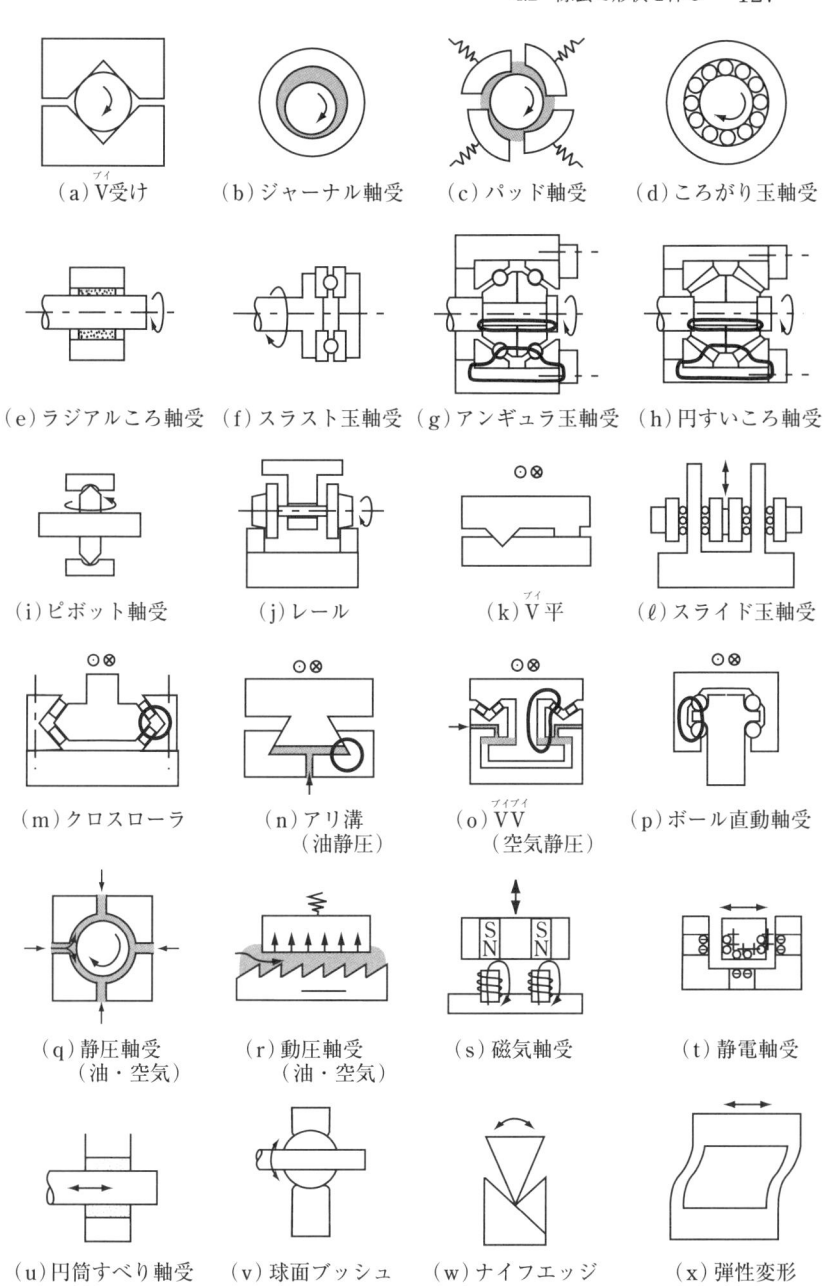

(e) ラジアルころ軸受　(f) スラスト玉軸受　(g) アンギュラ玉軸受　(h) 円すいころ軸受

(i) ピボット軸受　(j) レール　(k) V平　(ℓ) スライド玉軸受

(m) クロスローラ　(n) アリ溝（油静圧）　(o) VV（空気静圧）　(p) ボール直動軸受

(q) 静圧軸受（油・空気）　(r) 動圧軸受（油・空気）　(s) 磁気軸受　(t) 静電軸受

(u) 円筒すべり軸受　(v) 球面ブッシュ　(w) ナイフエッジ　(x) 弾性変形

図 4.10　各種の生産機械用軸受

は玉〔図 (f)〕しかない．なぜならば，スラストを受けるのに円筒ころを使うと，半径ごとに周速が異なってすべりが生じるからである．しかし，円すいころ〔図 (h)〕を用いると，ころ自身が中心軸からの回転半径に比例した半径を有するのですべりがなくなる．

ころや玉を用いる場合，しゅう動面とにすき間があると振動やガタが生じる．そこで，大きめの玉を挿入して接触点に弾性変形を生じさせることが多い（予圧を与えるという）．しかし，確実に予圧をかけるには，軸方向に内周のハウジングと外周のハウジングとを分割したものを軸方向に締め上げるとよい．このようにして，必ず予圧がかかるようにしたのが図 (g) のアンギュラ玉軸受や，図 (h) の円すいころ軸受である．これは，工作機械の主軸の軸受だけでなく，自動車やトラック，電車などに多用されている．図 (g)，図 (h) の太線（力線と呼ぶ）は力の流れだが，閉じているので軸方向に回転軸が振れない．

図 (i) はピボット（pivot）軸受である．軸受はルビーやサファイアが使われており，荷重が極めて小さい時計や電気計器で多用されている．

次は並進軸受を紹介する．図 (j) は，現在でも大形の機械に用いられているレールと車輪の機構である．鉄道のように車輪を樽状に加工しておくと，図の紙面垂直方向の並進方向の振れ（ヨーイング）が収束する．図 (k) の V 平（ブイひらと呼ぶ）は，工作機械では 18 世紀から広く用いられている方法である．V 溝があるのでヨーイングが生じないが，さらに安定するのが図 (o) の VV（ブイブイ）である．両方の溝と突起を平行および同距離で加工するのが難しかったが，現在，$0.1\,\mu\mathrm{m}/200\,\mathrm{mm}$ と最も真直度の優れる機械は，きさげ加工（彫刻刀のような工具で $1\,\mu\mathrm{m}$ 以下と薄く削る）で VV を仕上げている．なお，摩擦力を小さくするため，図 (o) のように溝面や平面にころをはさむことが多い．

図 (ℓ) はスライド玉軸受で，軸と円筒の間に玉をはさんである．射出成形や精密プレスの金型のガイドピンの軸受に用いられる．軸を 4 本立てた後に軸受もそれらに平行に立てる調整が非常に難しい．軸に玉がころがる溝を軸方向に 3 本掘り，軸受が並進方向に動くだけでなく，トルク伝導もできるものをボールスプラインと呼ぶ．

図 (m) のクロスローラと図 (n) のアリ溝（語源は不明）も精密機械に多用

されている．クロスローラでは左右の横に開いた V 溝でテーブルをはさむようにすると，力が閉じて振れが小さくなる．アリ溝でも底から油静圧や板ばねで斜面を押さえ付けると力が閉じる．また，図 (k) の V 平や図 (o) の VV では垂直軸に用いるのは難しいので，図 (o) の VV では空気の静圧でころを押さえ付けて自重による倒れを防いでいる．

　図 (p) のボール直動軸受は，現在，工作機械に最も用いられている機構である．四つのボール列で左右上下に押さえ付けてモーメントによる倒れを防いでいるが，それでも倒れ防止のために，この軸受を 2 条に平行に敷いて用いるのが一般的である．また，スライダにはボールが循環する無限軌道が用いられる．つまり，このボールは溝内をすべらずにころがっていき，スライダの端面で外れて戻りのリターン溝に入り，押せ押せでスライダの前に戻って，再び溝に押し込まれる．

　非接触軸受として，図 (q) の静圧軸受，図 (r) の動圧軸受，図 (s) の磁気軸受，図 (t) の静電軸受を示す．高圧の空気や油を小径の穴から吹き出させて，軸やテーブルを浮かせるのが静圧軸受であり，精密工作機械では広く使われている．動圧軸受は，高圧発生装置が不要なのが特徴であるが，ラッピング加工機のスラスト軸受に用いられている．また，ハードディスク装置で磁気ヘッドを $0.04\,\mu\mathrm{m}$ 程度浮上させるのがこの動圧軸受で，回転するディスクに引きずられた空気流に対して，入り口側に開いたくさび形のすき間を形成させて，図 (b) のジャーナル軸受と同様に揚力を発生させる．図 (s) の磁気軸受は，空気軸受を用いることができない環境下で働く装置，たとえば真空中で作動するターボ分子ポンプで用いられる．図 (s) の磁気力や図 (t) の静電力は，すき間の制御が難しいが，たとえばターボ分子ポンプでは渦電流変位計ですき間を測り，フィードバック制御をしている．

　図 (u) の円筒すべり軸受は，軸受材料として含油焼結金属や低融点金属，プラスチック，セラミクスなどを用いる．摩擦係数は 0.2 から 0.5 程度であるが，摩耗・吸着・焼付きなどが生じると，ひっかき傷が加速度的に伸展してしゅう動面はクラッシュする．これらは，空気圧シリンダ，油圧シリンダ，小形モータ，コピー機，フロッピーディスクなどに広く用いられているが，玉軸受を使いたいがコストダウンのために諦めたという消極的な決定理由であるものが多

い．工作機械では軸受が命だから，現在の機種では，図（u）のような純粋なすべり軸受は用いられることが少ない．また，すべり軸受は極端に大径で，ころがり軸受が作りにくいものにも適用され，たとえば，船の舵の軸受や孔型圧延のロールの軸受にはフェノール樹脂と各種の網との複合材が用いられている．

　図（v）の球面ブッシュや図（w）のナイフエッジは揺動用の軸受である．凹球面の座の加工は 図 4.5（t）の球面加工機で作られるが，一般に加工精度を出すのが難しいので，凸球面を定盤にして研磨することが多い．ナイフエッジはナイフの刃を支点に用いる天秤のような測定機器で用いられているが，図（i）ピボットのように，受け面は宝石で仕上げられている．

　図（x）の弾性変形は，約 1 mm と短いストロークだが，0.1 μm と高精度な振れを要求されている場合に用いる．図のように平行平板で支えると，並進する可動部が倒れることはない．

○ 図 4.9 の経路（c）にあるように，並進軸受の送り精度は，測定してみると真直度がフルストロークで数 μm と振れが大きいことに気付く．さらにテーブルのヨーイングやローリング（正面に向かって走るときの左右方向に傾く揺れ），ピッチング（同じく前後方向に傾く揺れ）が加わると，場所によっては 20 μm もの誤差が生じる．どうしても高精度の加工をしなければならないときは，受動的であるが，ストロークのうち真っ直ぐに進むゾーンだけを選んで使うことが必要になる．もし，誤差が再現性よく生じるときは，逆にその誤差分を補正すればよい．

　筆者らもピエゾ素子を 4 本用いてテーブルの姿勢を制御することを試みた．誤差が再現性よく生じるときは，0.1 μm/200 mm とうまくいくことがわかった．ところが，図 4.10（p）のボール直動軸受は，ボールに予圧をかけるが，リターン溝から戻ってきたボールを押し込んで弾性変形させるときに振動が生じて，それも 0.1 から 0.3 μm と再現性なく生じることもわかった．こうなると補正制御できない．

　再現性が小さい現象として，ガタ，ヒステリシス，ドリフトなどが挙げられる．送りの分解能を測るときは，1 方向にその分解能で何回か間欠的に送り，それから逆方向に同様に戻す．このときの最初の位置とのずれがこれらの不具合である．軸受をハウジングとボルトで締結するとき，現場ではシム（薄板の間座）をはさんで適当に真直度を出すことが多いが，その後にシムがへたったり腐食したりして必ず 0.5 μm 程度のヒステリシスが生じる．また，伝導軸のねじれ変形が生じると，動きにバックラッシュが生じて位置制御できなくなる．特に軸継手のねじれ変形が大きい．

（3）力変形の低減

図 4.9 の経路（a）の力変形を説明しよう．

一般に加工の負荷は，図 4.11 に示すように，駆動モータの出力と回転数とからトルクを，さらにそれと工具や被加工物の直径から加工抵抗を求め，最後にそれを超えないように加工条件が設定される．たとえば，切削機械では 5 kW 程度のモータで，スピンドルを 2 000 rpm（33 rps）程度で回転させると，5 000 ÷ 33 ÷ 6 = 25 N・m（2.5 kgf・m）程度のトルクが得られる．

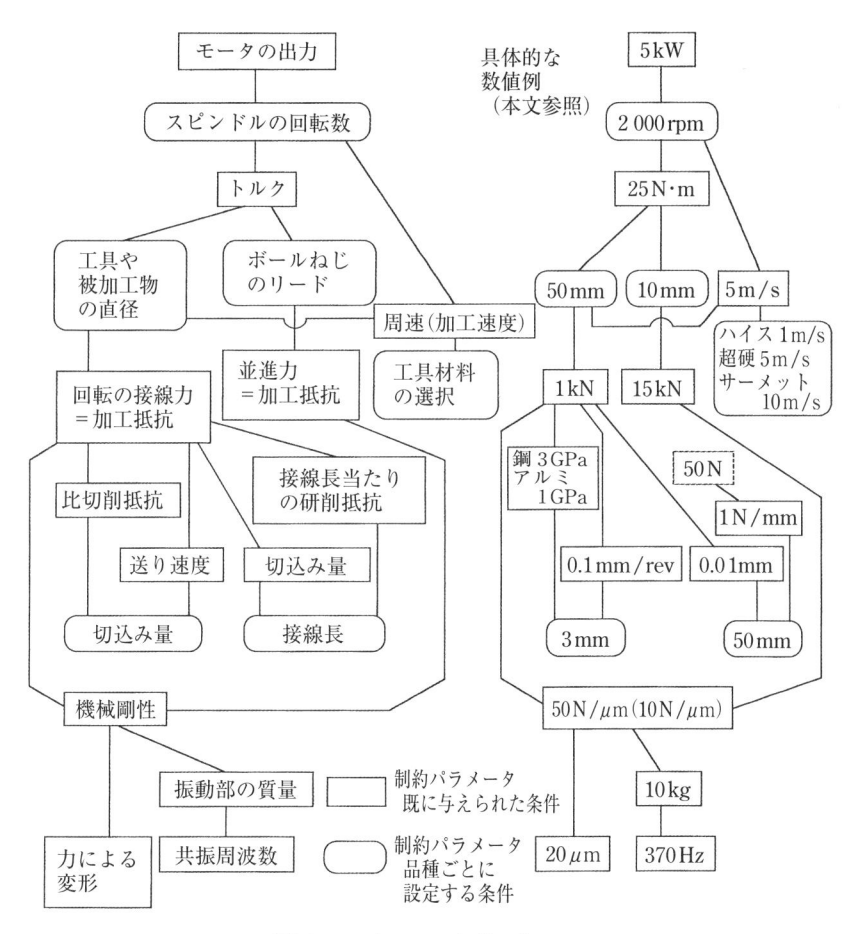

図 4.11　力による変形を求める

○ 現場の設計者は，1 kgf・m，1 000 rpm で 1 kW と暗記する．10 N・m × 1 000 ÷ 60 × 6 = 1 kW と 60 と 6 がうまく相殺される．最後の 6 は 2π であるが概算にはこれで十分である．それより，×6 と ÷6 を間違える方が傷を深くするし，大学院の試験でトルクと回転数から出力を計算させたが，半分の受験者が 2π 自体を忘れていた．

このとき，直径 50 mm（半径 0.025 m）の正面フライス〔図 4.5（q）で描かれているエンドミルのような工具〕で削るか，その直径の炭素鋼の丸棒を削るかすれば，25 ÷ 0.025 = 1 kN（100 kgf）の回転の接線力，つまり，この力まで加工抵抗に耐えられる．次に，鋼の比切削抵抗は 3 GPa 程度で，送りは 0.1 mm/rev 程度と一定にするから，最大切込みは 1 kN ÷ 3 GPa ÷ (0.1×10^{-3} m) = 3×10^{-3} m = 3 mm 程度に決まる．また，周速は 6 × 0.025 × 33 = 5 m/s で超硬を用いれば，後述するように何とか削れる．回転を並進に変えるときはボールねじのリード（ピッチのこと）から，たとえばリード 10 mm でも 25 N・m × 6 ÷ 0.01 m = 15 kN（1.5 ton）と大きな並進力が出る．これは，トルクが 1 回転にする仕事は並進力をリード分だけ進ませる仕事に等しいとおけば導ける．もちろん機械はロスも多いので，切込みを計算の半分程度にしておけば安心である．

素材を変えると被切削抵抗の値が異なってくるが，アルミニウム合金や鋳鉄，銅合金，強化プラスチックのように削りやすいものは 1 GPa 程度である．また，熱伝導率が小さくて，加工硬化が生じて削りにくいものは，許容される周速が小さくなる．たとえば，チタン合金や析出硬化型ステンレス鋼で，このときは周速を 1/10 の 0.5 m/s 程度に小さくする．

工具を変えると耐熱性が変化して周速を変えなければならない．炭素鋼を削るときは，高速度鋼（ハイス）で 1 m/s，また超硬で 5 m/s，そして cBN（キュービック・ボロン・ナイトライト）やサーメット（TiC・W・TaC のセラミクス），ダイヤモンド多結晶や単結晶などで 10 m/s である．研削用の砥石は，最後のセラミクスを用いるが，30 m/s 程度である．

研削では切れ刃がたくさんあるので計算が面倒である．しかし普通は，切込み量を 0.01 mm 程度に設定して砥石が被研削物を削る接線長から研削抵抗を計算する．係数は，被研削物が鋼でもガラスでも大体 1 N/mm 程度で，たとえ

ば幅が 50 mm だと 50 N になり，1 kN だと 1 m の幅でもよい．しかし実際は，同じ砥石でさえも砥石の目詰まりの状態で 10 倍ぐらいはすぐに抵抗値が変化するから，研削抵抗はあらかじめ実測した方がよい．

さて，このように加工抵抗を見積もることができたら，次にその力によってどこかが変形して工具が逃げるときの量を見積もらなければならない．切削機械の剛性は，大体 50 N/μm 程度であるから，1 kN の加工抵抗だと 1 kN ÷ 50 N/μm = 20 μm たわむ．このたわみは加工抵抗の変化時，つまり加工開始時と終了時に生じるが，それが転写されて被加工物端面にダレと称する欠陥が生じる．また，その低剛性部位はほとんどの場合，軸受である．安価な機械だと，軸受に十分な予圧をかけていないので，剛性は 10 N/μm と小さくなる．また，剛性と質量がわかれば共振周波数がわかる．たとえば，振動は 10 kg のスピンドル回転部で生じるとすると，共振周波数は $1/6 \times (50 \text{ N}/\mu\text{m} \times 10^6 \div 10 \text{ kg})^{0.5}$ = 370 Hz 程度である．このとき，回転数がその 370 Hz と同じ 22 000 rpm になると 1 回転に 1 回の切削で振動（びびりと呼ぶが，英語では chattering）し，4 枚刃のエンドミルだと，その 1/4 の 5 000 rpm 程度でもびびる．また，軸受以外にもびびりの原因は存在し，たとえば，素材がハニカム構造の壁のように薄くなると被加工物が振動する．また，切削しなければならない凹部が深い場合，エンドミルの先をつかんで，つまり突出し量を大きくとってチャッキングするとエンドミル自身が振動する．

この切削時の加工抵抗は，旋削やフライス削のような切削の種類によらず，実は 1 kN 程度である．そして，加工抵抗の値は加工方法によって異なるが，その方法の中では大体同じである．たとえば，切削より小さい方法では，研削盤が 100 N，放電加工機が 10 N，精密切削機が 1 N，また大きい方法として並進力が主になるが，せん断プレスが 10 kN，射出成形（小形）が 100 kN，鍛造ロール（小形）が 1 MN である．機械の剛性は，いずれも 50 N/μm 程度で切削機械とほぼ同じである．そうすると，変形量は研削盤では 2 μm，精密加工機では 0.02 μm，逆にせん断プレスは 0.2 mm，鍛造ロールが 20 mm となる．例外は，極大の加工力が生じる熱間圧延ロールで，40 MN の圧下力に対してすべり軸受やバックアップロール，圧下油圧（圧下力を相殺するように油圧を大きくする）などで剛性を 7 kN/μm と高めているが，それでも 6 mm 程度の変

位が生じる．だから，圧延の最初の頭の部分は捨てている．例外は，極小の加工力が生じる超精密加工装置でも起こり，剛性は 1 N/μm 程度で加工力は 0.1 N 程度，変位は 0.1 μm 程度である．究極の原子加工機は AFM であるが，加工力を探針の変形で測定するために剛性は 10^{-6} N/μm とさらに小さくなり，加工力が 10 nN 程度であるから 0.01 μm 程度の変位が生じる．

この変形量は，加工抵抗が変化する開始・終了時に生じてダレを発生させる．これを防ぐには，その開始・終了時にダミーと称するまったく同じ材質・形状の素材を加工したい本物の素材にくっつけて流すことである．こうすると，ダミーから本物に工具が移るときに加工抵抗は変化しない．

また，びびったらその箇所だけ送り速度を落として加工抵抗を小さくする．回転速度を落としてもいいが，主軸モータの慣性力は大きくて制御性が悪いから，テーブルの送りモータで制御するのが一般的である．

機械の剛性で問題になるのは並進方向の剛性だけではない．問題になるにもかかわらず，装置メーカが教えてくれないのが回転方向の剛性である．筆者らは，研削のカップ砥石（茶碗を伏せたような砥石）でガラスを平坦に削ることを試みたが，砥石が切削抵抗で傾いて仕上げ面が円弧状になるのが問題になった．そこで，直径 200 mm の砥石をピエゾ素子で 5 μrad（1 μm/200 mm）程度傾ける機構を付加して切り抜けた．

切削加工では，現在，高速回転・高速並進を用いることが盛んである．たとえば，セラミクスボールと油噴霧冷却で，高速用軸受，または並進用のリニアモータが実用になると，回転で 50 000 rpm，並進で 5 m/s が実現できている．このとき問題になるのは発熱と慣性力である．工具の送りが速くなると 2 G (20 m/s^2) でも角を鋭角に曲がれなくなるが，現在はフィードフォワード制御で曲がり部で生じる慣性力を予想し，それを相殺するように工具を送っている．

（4）熱変形の低減

次に，図 4.9 の経路（b）の熱変形を説明する．

重要な数値は鋼の熱膨張率で，10 cm，1 ℃，1 μm である．工作機械は 1 m 程度のコラム（主軸ヘッドなどを支える柱）を持つが，駆動モータを回転させると 10 分後には 2 ℃程度はすぐに加熱される．すると，工具は 20 μm も変位する．さらに熱膨張でコラムが傾くと，わずかな変形が工具の変位に拡大さ

れる．高級機種の工作機械の主軸のモータは，現在，軸受と一体になっているビルトインモータを使っているが，これは冷却していてもスラスト方向に数μm程度伸びる．

このように工具が伸びると，加工誤差を10μm以下に抑えたい場合は生産はできないはずである．しかし，現場では暖機運転で逃げて実現している．つまり，生産前に1時間程度空回しして，あらかじめ熱の流れを定常状態にしておく．しかし，精密加工機のようにベットに石を用いていると，温度が定常になるのに1日はかかる．また，時には工具が破損すると交換しなくてはならないが，交換中に冷えて10μmは熱収縮してしまう．再度，暖機運転のやり直しである．

それならば，定期的に工具位置を計測して熱膨張を実測して補正するのも一つの対策方法である．大形のプレス金型のように，全面を削るのに数時間かかる場合，スタート時点に戻ってきたら熱膨張して10μmもの段差が生じる．現場では被加工物を多くのブロックに分割して，隣のブロックとの段差が小さくなるように，対角にあるブロックとこちらのブロックとを交互に削る．または能動的であるが，1時間おきに熱膨張をレーザ変位計で測定してリアルタイムで補正する．

工作機械を設計する場合，そもそも並進軸で熱変形を補正できるような構造にすることがまず大事である．つまり，工具が傾くと並進軸では補正できず，結局，仕上がり品の垂直度がでない．最善策は，ハウジングをスピンドル軸に対して対称に設計することである．筆者らは，前述した研削盤で四つ足のコラムを設計して，熱変形による工具の倒れがC形のコラムに比べて約1/10と小さいことを実測した．また，それでもスピンドルの軸受が加工力のモーメントによって変形して，工具が数μradと微小に倒れるが，これはピエゾ素子を用いてテーブルを傾けることで補正した．

(5) 工具摩耗の低減

図4.9の経路(c)の工具摩耗を説明する．

切り屑が工具のすくい面をしゅう動するので，必ずすくい面に摩耗が生じる．また，工具を被加工物にぶつけたり，被加工物内の不純物の酸化物を削ったりしたときに，刃先に衝撃的な加工力が加わって刃こぼれする．さらに，被

加工物が発熱すると母材が刃の周りに固着する（構成刃先と呼ぶ）．ゴムを切るときを想定してみればわかることだが，刃物は刃先の鋭い方が切れる．しかし，余りに鋭いと刃こぼれが生じるので，程よい刃先丸みが必要である．そこで，普通の工具は刃先半径を数 μm と丸くしている．もっとも，超硬は WC の砥粒は最小でも 0.5 μm 程度であるため，それより尖った工具は作れない．最も尖った刃先は単結晶ダイヤモンドであり，刃先半径は 0.01 μm 程度で鏡面切削用に用いられる．

　工具摩耗を放置しておくと，仕上げ面が荒れてむしれたようになり，また摩耗分だけ寸法誤差が生じる．前者は工具を交換しなければならないが，後者は定期的に工具径を測って補正すればよい．たとえば，プリント基板のスルーホールの穴あけ用ドリルは，加工中に折れると被加工物の補修ができず大きな損害になるので，定期的に摩耗を検知して交換する．

　また，工具表面に硬質膜をコーティングすることが広く行われている．たとえば，母材の超硬の表面に酸化物の TiC，TiN，Al_2O_3 などを成膜するのが一般的である．表面が金色になる．

　研削やラッピング，放電加工のように工具も削られながら被加工物を削る加工の場合，工具，たとえば研削砥石や放電電極の摩耗の測定およびその補正は不可欠である．研削砥石では，砥粒を保持する結合材として金属（メタルボンドと呼ばれる），ガラス（ビトリファイドまたはシリケートボンド），樹脂（レジンまたはラバーボンド）などが使われるが，金属，ガラス，樹脂の順で硬度が小さくなる．つまり，樹脂は軟らかく，変形し摩耗しやすいが，傷が入りにくく仕上げ面が平滑に仕上がる．

（6）残留応力の低減

　図 4.9 の経路（e）の残留応力を説明する．

　加工表面に生じた加工変質層によって，表面が反ったりたわんだりして寸法精度が劣化する．また，寸法を劣化しないように形状を拘束すると，被加工物に残留応力が発生する．その例を図 4.12 に示す．

（a）表面を部分鋳造する溶接（後述）のように，被加工物の表面を発熱させて，その状態で平滑面を創成すると，室温に冷却したときに表面が収縮する．しかし，表面から深い部分が表面を収縮させないように拘束するから，表面に

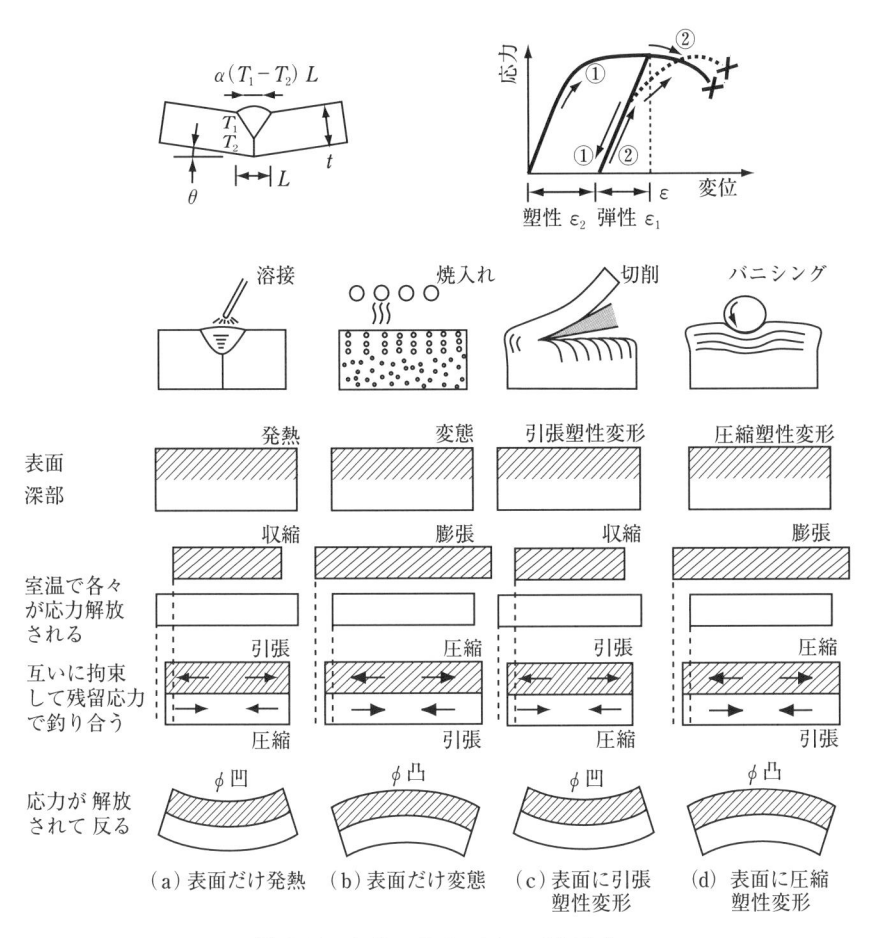

図 4.12 各種の表面に生じる残留応力

は引張応力が，また深部には圧縮応力が生じる．このとき，拘束を外すと表面が収縮して表面は中凹（なかべこ）になる．図の上段に示すような簡単なモデルを考えて，$L = t = 20$ mm，$T_1 - T_2 = 1\,500$ ℃ で計算してみると，反る角度 θ は 1°程度になる．

（b）表面を変態させる焼入れのように，被加工物材質が鋼だと，表面を加熱・急冷してマルテンサイト変態させると体積膨張する．被加工物がジュラルミンの場合も，析出硬化（precipitation hardening，5.2.2 項で詳述する）して同様に体積膨張する．しかし，表面より深い部分が表面を膨張させないように拘

束するから，表面には圧縮応力が，また深部には引張応力が生じる．このとき，拘束を外すと表面が膨張して表面は中凸（なかとつ）になる．

（c）切削のように，工具で表面を引っ張って引張塑性変形を生じさせると，加工後に引張弾性変形分が解放される．被加工物がゴムだと仮定して切削現象を想定してみるとよいが，ゴムは工具で伸ばされて，最後は引きちぎられて戻る．図の上段に金属の変位・応力曲線を示すが，変位 ε と塑性変形するほど長く伸ばした後で，除荷して応力をゼロにすると弾性変形分 ε_1 が戻り，ε_2 の塑性変形分だけが残る．つまり，変形 ＝ 可逆的弾性変形 ＋ 不可逆的塑性変形 である．それから負荷を再びかけると，ε_1 の弾性変形が再び生じてから，全体変形が ε に戻って塑性変形が再スタートする．実際は，除荷から負荷までの短時間に再結晶して転位密度が小さくなって軟らかくなり，点線のように最初の負荷と同じ曲線をたどる．ここで問題になるのは弾性変位 ε_1 である．表面より深い部分がその分だけ収縮させないように表面を拘束するから，図（a）のように表面には引張応力が，また深部には圧縮応力が生じる．

（d）被加工物の表面を急速加熱したり，バニシ加工したりして圧縮塑性変形を生じさせると，加工後に圧縮弾性変形分が解放される．しかし，深い部分が膨張させないように表面を拘束するから，図（b）のように表面には圧縮応力が，また深部には引張応力が生じる．

実際の加工では，これらが単体で生じているわけでもない．切削は，図 4.3 に示したように，加熱〔図（a）〕，引張塑性〔図（c）〕，圧縮塑性〔図（d）〕が複雑に生じて，普通は最表面に引張応力が，その下の表面に圧縮応力が発生する．また，板金のせん断は引張塑性〔図（c）〕が生じて引張応力，溶接は加熱〔図（a）〕が生じて引張応力，研削では加熱〔図（a）〕と圧縮塑性〔図（d）〕が生じるが，後者が大きいので圧縮応力が生じる．さらに，高周波焼入れや溶体化処理では変態膨張〔図（b）〕が生じて圧縮応力，バルジ加工やブラスト加工では圧縮塑性〔図（d）〕が生じて圧縮応力が生じる．一般に，表面に引張応力が生じているとクラックが自然に広がっていくから，疲労，応力腐食割れ，選択腐食，摩耗などが生じやすく，好ましくない．実際，せん断と溶接は切れ目やつなぎ目から，このような不良が発生する．

○ 物理現象を理解するには物理現象を測定することが重要である．残留応力は，X線回折角の変化や超音波による音速変化，表面腐食で応力解放しながらの反りの変化などで測定するが，赤外線による温度分布やひずみゲージによる応力分布のように，金属の残留応力分布は容易に測定できる方法はない．もっとも，透明なガラスやプラスチックは偏光を使うと簡単に測れる．光弾性法は，これを利用して内部の残留応力をシミュレーションする方法である．ちなみに，このほかにも，金属の内部ひずみ，全体の3次元的な微小変形，真空内の残留原子，表面上の付着原子，材料内の微量元素などは重要なパラメータであるのに測定しにくい．

(7) 表面欠陥の低減

図4.9の右隅の表面欠陥を考えよう．

表面欠陥は，図5.9で後述するような汚れや傷の類である．普通は顧客の要求する主機能に影響を及ばさないが，競合商品と並べられると顧客が選択しなくなるという重要な制約条件である．たとえば，冷蔵庫の扉の塗装ムラは，食品の冷凍・冷蔵という主機能に何も影響を及ばさないが，毎日，見ていると腹が立つ主婦も多い．

このほかにも，切り屑の巻込み，洗浄残し，搬送ぶつけ，粗加工の加工ムラ，検査の打痕などが表面に生じると，表面がガサガサに荒れたり局所的に再結晶が生じたりして，化粧的な欠陥になる．

また，切削ではバリ（burr）やカエリ（これも burr）が発生する．切削自体はブルドーザで土を押す現象と似ているが，このとき，排土板の脇から横ずれして出てくる土がバリやカエリである．言い換えれば，拘束していない自由表面に向かって逃げるように変形した意図せぬ塑性変形である．加工では，総じて外形の角に飛び出すように生じた薄板片をバリやカエリと呼ぶ．現場ではこれを防ぐために，バリが発生しても次の送りで除去されるように工具軌跡を決定する．なお，鋳造や鍛造では，図4.24に示すように型の合わせ面に差し込む薄板片をバリ（これは flash）と呼び，また板金のせん断では図4.25に示すように刃のすき間で伸ばされた薄板片をカエリと呼ぶ．

切削加工では，丸棒を輪切りにしただけの簡単な部品でも，また面取りが図面で指定されていない部品でも，顧客が手を切らないように，角を軽くやすり（鑢，file）をかけるか，"糸面取り"（いとめんとり，糸を出すように角をわずか

に切削する．面取りは chamfering) で仕上げるのが最低限のエチケットである．逆に言えば，機能上，ピンカド（コーナ半径＝ゼロを要求する鋭い角や隅を呼ぶ．隅は fillet) が必要な所や，適当にやすりがけされて角がうねったら困る所は，C 0.1 ± 0.05 というように設定どおりに切削せざるを得ないように図面上で指示しておいた方がよい．

4.2.6 素材を融かして切断する

まず，融かすときの熱源を考えてみよう．熱源を風呂に例えると，熱源の出力は湯量に当たり，熱源のエネルギは湯温に当たる．融かす対象が氷ならば湯量を多くすれば大量に融かせるが，ワックスならば少量でも高温の湯が必要で，ぬるま湯だけではどうしようもない．

切断や溶接の場合，加工したい所だけを加熱して，周りに熱の影響を及ぼしたくないので，出力よりは出力密度が評価される．たとえば，図 4.13 に示すように燃料ガスの出力密度は 10^3 W/cm^2 程度であるが，アークやプラズマだとその 1 000 倍，レーザや電子ビームだとさらに 1 000 倍と高密度で熱を集中できる．集中できれば，図 4.12 (a)，(b) に示したような加熱や変態で誘起された残留応力が局所に留まるので，全体の変形が避けられて好ましい．

次にエネルギを考える．ガスやアークで 1 000 ℃ に加熱したら 0.1 eV 程度，10 000 ℃ に加熱したら 1 eV 程度である．温度からのエネルギ換算は，ボルツマン係数（1.4×10^{-23} J/K）× 絶対温度（K）で計算できる．なお，eV（エレクトロンボルトと呼ぶ）はエネルギの単位で，電子が 1 V で加速されるときに得

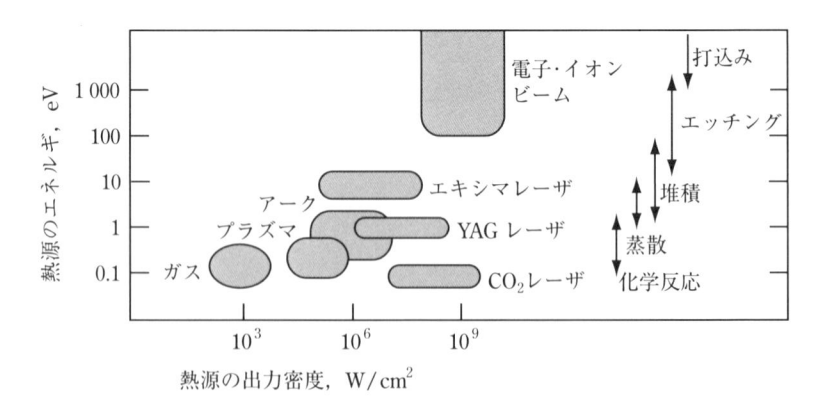

図 4.13 熱源の比較

るエネルギで，1 eV = 1.6×10^{-19} J である．物性を説明するときは，この単位の方が桁が合って好ましい．たとえば，被加工物の原子を熱振動させて液体に変えるのでなくて，いきなり分子間の手を外させて気体に蒸散させるには，金属では数 eV，プラスチックで 1 eV 程度が必要である．加工に要求されるエネルギは，図 4.13 の右部に示すように，化学反応（大体，0.1 eV のオーダ），蒸散（1 eV），堆積（10 eV），エッチング（100 eV），打込み（10 keV）の順でだんだん高いエネルギが要求される．

レーザのエネルギは，プランク定数（6.6×10^{-34} J・s）× 光速（3.0×10^{8} m/s）÷ 波長 で計算できる．すると，炭酸ガスレーザは波長が 10 μm だから約 0.1 eV，YAG（ヤグと読む）レーザは約 1 eV，エキシマレーザは約 5 eV となる．逆に，この順に出力が 1/100 ずつ小さくなるので，厚い鋼板を高速で溶断するには炭酸ガスレーザを，また薄い鋼板を溶接するには YAG レーザを，そして金属箔に直径 50 μm の穴をあけるような微細加工にはエキシマレーザをそれぞれ用いる．

電子ビームやイオンビームのエネルギは，電荷価数 × 加速電圧 で計算できる．加速電圧を大きくすることは容易なので，与える照射エネルギを約 1 000 eV と大きく設定できる．イオンを被加工物に衝突させると，布団たたきでゴミが湧き出るように被加工物の原子をたたき出すことができる．また，イオンを 1 MeV と，その 1 000 倍も大きくしたのが打込み装置で，銃弾が壁に食い込むようにイオンは被加工物の原子列を崩しながら内側に割り込んでいく．

4.2.7 素材表面の薄層をエッチングする

前述したように，1950 年頃からリソグラフィ（写真植字＋オフセット印刷の技術）でマスキングしながら選択的に溶かす集積回路技術が，18 世紀以来の機械切削加工一辺倒の生産技術にジワジワと入り込んできた．この加工の特徴は，表面の薄層だけを加工することである．除去加工としては化学反応で溶かすエッチングが用いられる．これは，図 4.14 に示すようにウェットエッチングとドライエッチングとに大別される．

図（a）の金属のウェットエッチングでは，基本的には金属を硝酸やクロム酸のような酸で溶かす．しかし，これでは除去速度が小さいので，金属を陽極にして 10 V 程度印加する．金属は酸化膜を作りながらボロボロとはがれるだけ

(a) 金属のウェットエッチング

(b) 半導体のウェットエッチング

(c) 半導体のドライエッチング

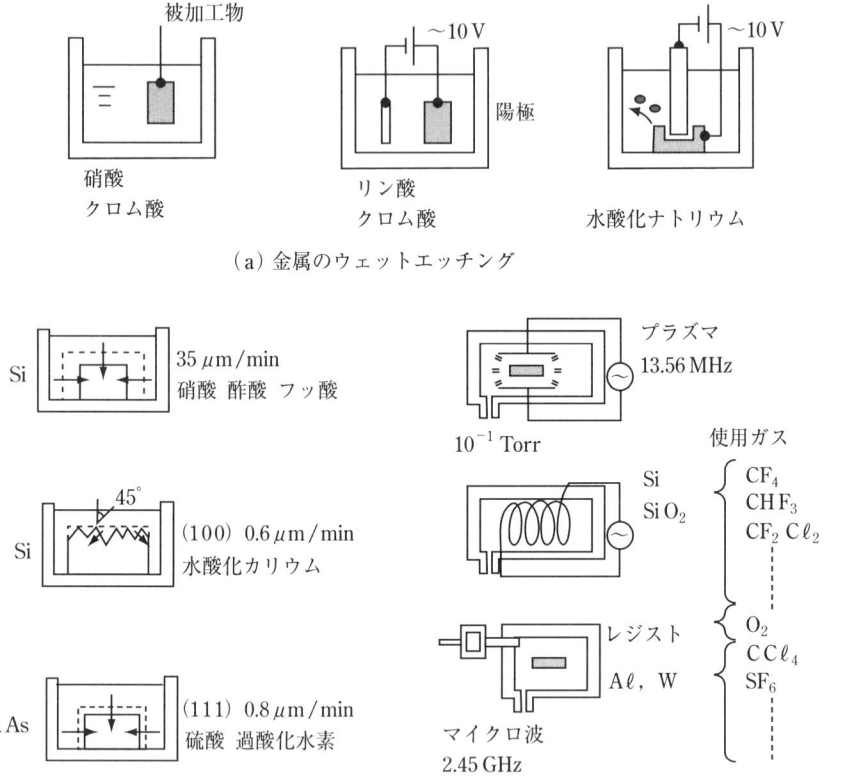

図 4.14　各種のエッチング方法

でなく，一部の金属は陽イオン化して酸に溶け出す．このとき，金属がアルミニウムやステンレス鋼だと，逆に硬質な酸化膜が金属表面を覆うので，耐摩耗・耐腐食被覆として用いられる．これは陽極酸化と呼ばれるが，アルミの場合，アルマイトと呼ばれる．さらに，陰極の砥石でボロボロの素材表面を削り，研削除去速度を高める方法（電解研削）や，タービン材料の鋼に陰極の丸棒を通して穴を開ける方法（電解加工）も使われている．

図 (b) の半導体のウェットエッチングでは，基本的には金属と同様に，シリコンを硝酸や酢酸，フッ酸のような酸で溶かす．これらの酸では，たとえば等方的に $35\,\mu\mathrm{m/min}$ と高速で溶けるが，水酸化カリウムを用いると異方的に

(100)面だけを(111)面より1000倍も高速で溶かすことができる．これを用いると，たとえば凹のピラミッドピットを一面に並べることができる．なお，シリコンと同様に使われるガリウム砒素（GaAs）は，硫酸で等方的に溶かす．

図（c）の半導体ドライエッチングでは，気体をプラズマによってイオンやラジカルに励起して被加工物にぶつける．プラズマは，もともと少量発生した電子やイオンをコンデンサやコイル，マイクロ波などで振動させて作るが，そこでは次々に原子が電子やイオンと衝突して，雪崩現象のように全体が励起状態になる．プラズマは，一見熱そうに見えるが，熱電対で測ると高々100℃程度である．除去速度は最大でも$1\mu m/min$程度と小さいが，もともと除去したい厚みが$1\mu m$程度であるから問題ない．気体としてシリコンや石英にはCF_4のようなハロゲン化炭素を，またレジストには酸素を，そしてアルミニウムやタングステンなどの金属にはシリコンと同様に$CC\ell_4$のようなハロゲン化炭素を用いる．

4.3 変形で形状を作る

型を使わずに，たたいて，しごいて形状を作ることは，前述したように，現在では陶芸と鍛冶でしか行われていない．

鍛冶そのものの技術は，現在，自由鍛造と呼ばれる．蒸気ハンマと素材をつかむはしとを餅つきのようにタイミングよく扱って，たとえば高価な合金鋼の材料歩留まりを高めるために，単品でも大体の形状に仕上げる．鍛冶のうち，装身具を作る細金細工は，3000年も前から発展した古い技術であるが，現在も指輪やネックレスの加工に用いられている．つまり，軟らかく酸化しない金や銀を線や箔にして形状をたたき出し，ろう（鑞）付け・鍛接・リベットで固定する．1600年頃の火縄銃の加工は，現在のパイプの作り方と同じで，鍛冶屋が板をUOで曲げ，さらに外側にスパイラルに巻く．また火縄銃では，不発弾撤去や掃除のために筒底の栓をねじで外すが，1550年頃の種子島では，このねじ加工がわからなかった．結局，雄ねじをやすりで削って型を作り，その上から板を筒状に巻いて，上からたたいて筒内面に雌ねじを現物合わせで転写した．なお，家康が大坂城に打ち込んだという大砲が靖国神社に残されている

が，これは青銅砲と同じような鋳造砲と言われている．

4.4 付加で形状を作る

4.4.1 3次元の形状を積む

図4.6の(c)のように，原子を1個ずつ除去することができるようになったが，同様に原子を1個ずつ積み上げることもできるようになった．しかし，原子を積み上げて肉眼で見えるものを作るのは時間がかかりすぎる．

一方，1990年頃からラピッドプロトタイピングと呼ばれる3次元積み上げ技術が実用化された．3次元CAD（Computer Aided Design）が実用化されると，直接，形状を入力して，たとえば携帯電話のケースならば1時間以内に積み上げ加工されるようになった．

図4.15にその方法を示す．図(a)は，最も一般的なレーザ硬化法である．紫外線硬化樹脂を貯めておいた槽の表面にレーザを照射して，そのスポット部分だけを硬化させる．1層積み上げたら全体を1層分降ろして，次の新しい液体層を流入させた後で硬化させる．

（a）レーザ硬化法（液） （b）レーザ硬化法（粉）

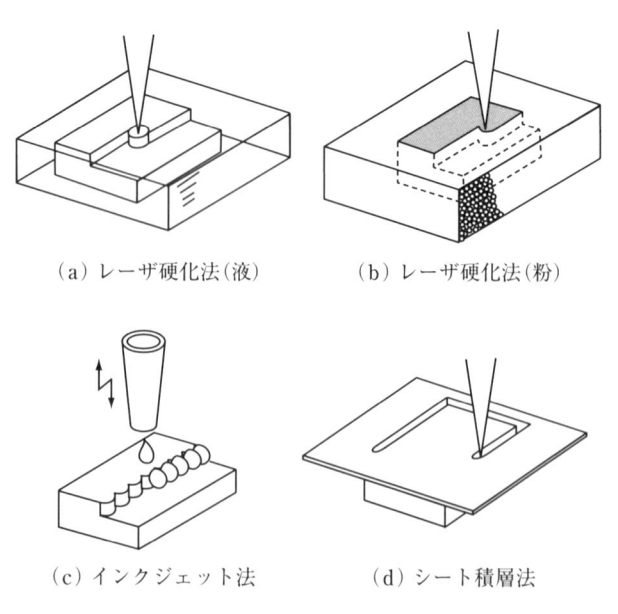

（c）インクジェット法 （d）シート積層法

図4.15 各種のラピッドプロトタイピング

図 (b) は, 同様のレーザ硬化法である. 液体の代わりに樹脂と粉を混ぜておく. レーザ照射部分が融けて固まったら, 1層分降ろして新たな樹脂＋粉の層を薄く敷く. さらに成形後に焼成して樹脂を蒸発させ, 粉を焼結させる. スポット径は直径 $1\,\mu$m から $100\,\mu$m 程度である. 粉を金属粉にすると, 射出成形の金型を直接創成できる. このほかにも, 融けた金属を超音波で飛ばしたり, 金属蒸気を真空中に噴射して断熱圧縮で冷却させたりして, 金属の構造を直接に形状創成することが試みられている.

図 (c) は, インクジェットで液滴を飛ばして層を創成する方法である. 液滴は直径数 $10\,\mu$m である. 液滴を飛ばさずにドロドロしたプラスチックを線状に一筆書きする方法もある. 図 (d) は, 接着剤付きのシートを積み重ねて, レーザでそのシートを溶断する方法である.

これらの方法を用いれば, 設計したものが瞬時に目の前に現れ手で触れられるので, デザインレビューのような設計検査を活発に行うのには実に効果的である. これまでは, 2次元図面を必死に読解して, 3次元構造を自分の頭の中に浮かべられるようになるまでが大変だったが, このような方法の出現によって, 設計結果の確認が脳内の座標変換作業なしでできるようになった意義は大きい.

4.4.2　2次元の形状を薄層ずつ積む

これは, 金属表面加工として, また集積回路技術として広く用いられる方法である. つまり, リソグラフィでマスキングしながら選択的に成膜する. 各種の方法を図 4.16 で説明する.

図 (a) は電気めっきで, 被加工物を陰極にして電気を流す. 厚み $30\,\mu$m 程度の薄層として多くの金属が付与できる. 軸の表面に成膜して, しかもはめあい (嵌合) 寸法に仕上げたいときは, 当然のことながら, あらかじめ成膜厚み分の2倍を減らした直径を指定して削り仕上げしなくてはならない.

図 (b) は陽極酸化で, 被加工物を陽極にして電気を流す. 金属表面に自然と細かい穴があき, 金属が水酸基と反応して酸化物に変化しながら深部に浸透していくので, 酸素の増えた分だけ厚みがわずかに変化する. つまり, このときは削り直径を仕上げ直径に指定しておけばよい.

図 (c) は電気を通さない無電界めっきである. 商品名のカニゼンと呼ばれ,

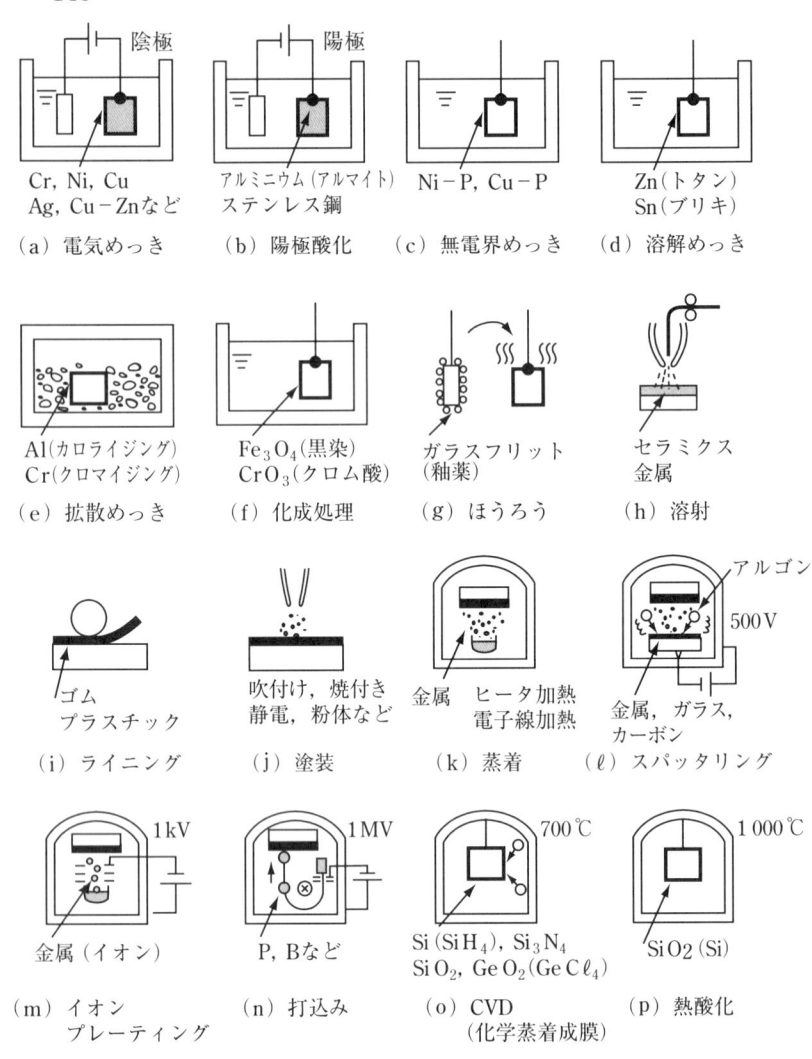

図 4.16 各種の薄層付加加工

Ni-PやCu-Pの膜が付与される．Ni-P膜はアモルファス構造を有するが，300℃程度で結晶化して磁性が発生する．

図(d)は溶融めっきで，溶かした金属を付着させる．鋼に亜鉛を付与したものはトタン，錫(スズ)を付与したものはブリキと呼ばれる．なお，配管に錫めっきしたものは"シロ"と呼ばれ，純銅製の配管は"アカ"と呼ばれる．図

（e）は拡散めっきで，アルミニウムやクロムの粉の中に被加工物を入れて加熱する．図（f）の化成処理は，特に鋼を濃 NaOH で煮沸して酸化鉄を付けるのが黒染（くろぞめ），アルミニウムをクロム酸の中に数秒漬けて酸化クロムを付けるのがクロメート（黄色になる）である．

図（g）はほうろうで，金属をガラスフリット（粉）にまぶしてから焼成する．タイルやセラミクス配線基板を作るのに用いる．図（h）は溶射で，プラズマで溶かした金属やセラミクスを吹き付ける．表面が加熱されるので，図 4.12（a）で示したように表面に引張残留応力が生じるが，さらに液滴をぶつけて成膜するので，滴と滴とのすき間が塞がるときに引張残留応力が生じる．つまり，液滴が母材にくさび形に差し込めるように面を荒らしておく前処理と，液滴と母材とを反応させて合金化させる高温処理とが必要である．

図（i）はライニングで，ローラでゴムやプラスチックを金属の上に貼り付ける．図 2.2（d）に示したように，飲料缶ではあらかじめ PET を両面に貼った金属板を用いて，潤滑液なしで絞り加工される．図（j）は塗装だが，粉を吹き付けたり，静電気で粉を固着させたり，それを焼き付けたりして強固な膜を生成する．自動車のボディは 4 層の塗装膜を有する．

図（k）以降は，半導体の集積回路技術で用いられる方法である．図（k）は，固体を加熱して昇華させて気体を作り，それを被加工物表面で固体化させる蒸着である．図（ℓ）は，プラズマで作成したアルゴンイオンをターゲットにぶつけて，飛び跳ねた原子を被加工物表面で固体化させるスパッタリングである．

図（m）は，昇華した原子をイオン化させ，それを電界で加速して被加工物表面で固体化させるイオンプレーティングである．固体化直前の原子は，順に 0.1 eV，1 eV，10 eV 以上と大きくなり，強固に付着する．

図（n）は打込みで，イオンを 10 kV 以上の電界で加速し，被加工物に衝突させると深部まで拡散しながら打ち込まれる．図 5.7 に示すように，シリコンにボロンを打ち込めば p 形半導体に，またリンを打ち込めば n 形になる．

図（o）は CVD（Chemical Vapor Deposition，化学蒸着成膜）で，被加工物表面で化学反応を起こして固体を成膜させる．たとえば，モノシラン（SiH_4）で多結晶シリコンを作成し，$SiCℓ_4$ から SiO_2，$GeCℓ_4$ から GeO_2 を同時に作って光ファイバを作る．図（p）は熱酸化で，シリコンが図（b）の陽極酸化の

ように酸化シリコンに変わる．図5.7では，窒化膜（Si_3N_4），ポリSi（多結晶シリコン），PSG（リンシリコンガラス）をCVDで成膜し，フィールド酸化やゲート酸化で熱酸化させている．

4.5 組立で形状を作る

4.5.1 3次元構造を組んで固定する

3次元構造を作るときは，建築，自動車，船舶，航空機などでわかるように，部品を小さく作って大きく組み立てた方が楽である．もっとも，時計，携帯電話，ノートブック形コンピュータ，液晶テレビのような小さな製品でも，機械加工で部品を作成した後，それらを組み上げる．それは，部品に分割して並行に生産した方が生産効率が高くなるためである．

人類は長く組立を用いていたが，その技術は固定方法の発明や改良に多大のエネルギが費やされた．重力によって接合面に摩擦が生じて固定できればよいが，それを押したら動いたり，地震で動かされたりすると，何か別の固定方法が必要になる．図4.17に各種の固定方法を示すが，現在でも主力なのは，図(a)のボルト締めと図(d)のアーク溶接である．

図(a)がボルト締めで，2枚の被固定物に穴をあけてボルトを通してナットで締める．図に示すように力が流れ，ボルトに引張の弾性応力（軸力と呼ぶ）が，また被固定物に圧縮の弾性応力がそれぞれ生じていることが重要である．たとえば，ボルトやナットの座面が荒れて摩擦が大きかったり，通し穴の側面にボルトの側面が当たって摩擦が生じていたり，被固定物が反っていて平坦にするのに力が必要だったりすると，大きなトルクでボルトを締めても摩擦力や被加工物の弾性変形力に消費されて，ボルトの軸力は大きくならない．図(b)は六角穴付きボルトでの締結であるが，合金鋼を用いているので軸力を大きくできる．これは，図のように座ぐっておいて，ボルトの頭を沈める方が見栄えがよい．

図(c)はリベットで，第二次世界大戦前は締結に広く使われていた．戦後は，溶接がこれに変わり，現在では航空機やロケットの生産で用いられるのみである．似たものは，図(p)の"かしめ"と呼ばれるもので，カメラの絞りやはさみの支点のような回転揺動部の軸の固定に用いる．相反する機能，つまり

4.5 組立で形状を作る　149

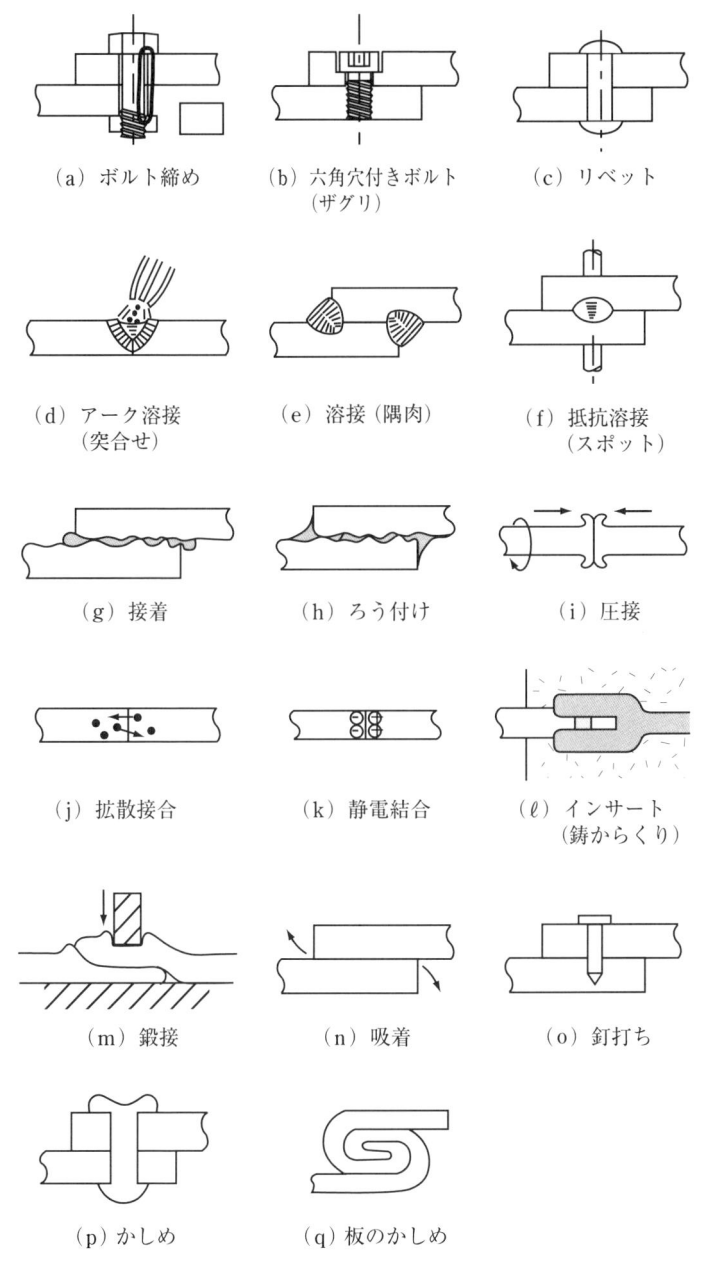

(a) ボルト締め　(b) 六角穴付きボルト（ザグリ）　(c) リベット

(d) アーク溶接（突合せ）　(e) 溶接（隅肉）　(f) 抵抗溶接（スポット）

(g) 接着　(h) ろう付け　(i) 圧接

(j) 拡散接合　(k) 静電結合　(ℓ) インサート（鋳からくり）

(m) 鍛接　(n) 吸着　(o) 釘打ち

(p) かしめ　(q) 板のかしめ

図 4.17　各種の固定方法

軸と垂直方向にゆるくしゅう動するが，軸方向に堅く締めることを名人の作業者に期待したので，次第に用いられなくなった．

図 (d) はアーク溶接で，被固定物と溶接棒との間に電圧を印加して，電気炉のようにアーク放電を飛ばし，溶接棒を融かして被固定物と一緒に鋳造する．図 (d) が被固定物の端面を合わせる突き合わせ溶接，また図 (e) が隅に溶接金属を盛る隅肉溶接である．後者は，接触面全体が固定されているように見えても（機械図面では溶接金属を盛ったようには描かない）固定部が小さいため，溶接部分が疲労破壊することが多い．現在，信頼性が必要な機械は，同じ厚みの板を突き合わせて溶接される．図 (f) は電極間に電流を流し，そのジュール熱で被固定物を溶かして溶着する方法である．スポット溶接と呼ばれ，自動車の鋼板の固定に用いられる．

図 (g) の接着は，プラスチック材料の接合には広く用いられている．しかし，被固定物と接着材とが化学反応して，溶接のように融け合うことはない．機械加工では，飛行機の機体接合に使われたり，ボルトのゆるみ止めに用いられたりする．図 (h) はろう付けで，電気配線に用いるはんだ付けがこれに当たる．表面だけだが，ろうと被加工物とが合金になる．高温処理の溶接だと，酸化物も油脂も融けてスラグとなって浮くか蒸発してしまうが，それが融けない低温処理の接着やろう付けでは，前処理で油脂と酸化物とを完全除去する．

図 (i) は圧接と呼ばれる．たとえば，図の左軸を回転させて，静止している右軸に押し付けると，摩擦熱で表面が融けるだけでなく，酸化物は周辺に押し出されて，軸同士は強固に図 (j) と同じように拡散接合する．たとえば，継目なし鋼管と両端のねじ部との接合に用いられていた．またプラスチック同士，金同士の接合には超音波が用いられる．図 (j) は拡散接合と呼ばれ，端面を高速原子線などでエッチングして清浄にした後で，真空中で圧接する．実際は，原子同士が接合するのに圧力は必要ないが，表面を変形させて全面密着させるのに圧力を用いる．図 (k) は静電接合，または陽極接合と呼ばれ，ガラスを陽極に，シリコンを陰極にして近づけると静電結合で強固に接合する．その後，熱処理してさらに拡散接合させる．また，ガラスは，オプティカルフラットと呼ぶように，可視光で干渉縞が生じないくらいに平坦・平滑面に仕上げてプレス加熱すると，表面層が拡散接合して固着する．

図（ℓ）は鋳からくりと呼ばれるインサート部品の接合である．鋳ぐるみとも呼ばれる．鎌倉の大仏の鋳からくりは胴体内で見られるが，たとえば時計用モータのロータの射出成形でも，軸と永久磁石とを金型にセットしておいて，射出したプラスチックで両者を固定している．

図（m）は鍛接で，日本刀や火縄銃のように鍛造でたたいて接合する．鍛接すると，拡散接合して両者は強固に接合される．図（n）は吸着で，物理的に固定される．油を塗った定盤の上で磨いた部品が付いてしまうのはこの吸着である．はがすのに摩擦係数で10程度のせん断力を必要とする．

図（o）は釘打ちで，釘との摩擦で被固定物を固定する．現在でもピンやくさびを用いて位置決めを兼ねて2枚の被固定物を固定する．図（q）の板のかしめは，板を折り込んでたたいて摩擦で接合する方法である．

4.5.2 金属を溶接する

図4.17（d）で説明したように，溶接は一種の局所的な鋳造現象であって，接触面を母材を含めて融かして接合する．熱源は，図4.13で述べたように燃焼ガス，プラズマ，アーク，レーザ，電子ビームがある．

図4.18は，アーク溶接のメカニズムを示す．2枚の被固定物の角を大きく面取りしてから突き合わせて，開先（かいさき）と呼ぶ三角溝を作る．溶接棒を陽極に，また被固定物を陰極にして（逆の場合もあるし，交流の場合もある），80V程度の電圧を印加して電気炉のようにアーク放電を起こして数百Aの電流を流し，溶接棒を溶かして被固定物と一緒に鋳造する．アークによって5 000 Kから50 000 Kの発熱が生じ，供給される溶接棒や母材を融かす．また，二酸化炭素（CO_2）やアルゴン（Ar）のシールドガスや，ケイ酸カリウムで有機物を固めた被覆材で，アークを保護して安定させ，また，融けた金属の精錬を行い，スラグを溶融池の上に浮かせる．

○ 第二次世界大戦の頃から，船や橋を作るのに工法がリベットから溶接に変わっていった．当初は，この精錬が不十分で，スラグ巻込みや酸素や水素の残留が生じて，溶接部分にクラックの起点として巣（す）を作り，また素材そのものが低温脆性しやすいリムド鋼であったことも災いして，クラックはあっという間に成長して破壊に至った．米国のリバティ型の戦時標準船に溶接構造を採用したが，何隻かが脆性破壊で沈没した話が有名である．

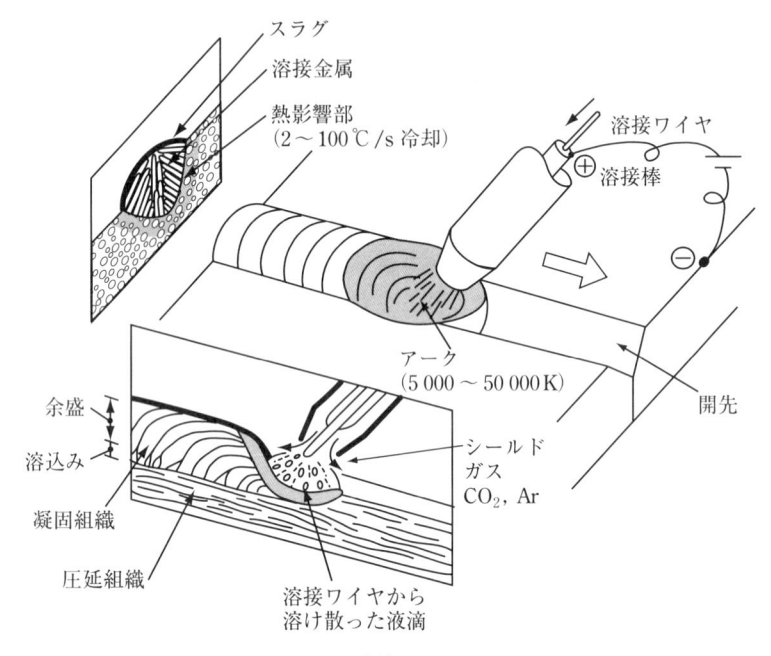

図 4.18　溶接のメカニズム

　日本でも昭和8年に全溶接構造の軍艦「大鯨」を製造したそうである．210 m の船を下向きの溶接でブロックをつなぎ合わせていくと，キールが船首・船尾とも 100 mm 近く反り上がったそうである．図 4.12 (a) の発熱による残留応力の解放現象と同じであるが，このときは，応力解放のために，ガス溶断で船体を輪切りに切開して，その後でリベットでつぎ直したそうである．

　溶接作業では，初めに溶接棒を母材に近づけてアークを点火し，アークが安定するまで遠ざけて，次に一定速度で送る．それを真っ暗な保護眼鏡を付けて，ゴワゴワした手袋をはめて行うから，素人には難しい作業である．溶接中は融けた溶接金属が振動し，さざ波のようにビートが凝固する．また，図 4.12 (a) に示したように2枚の母材を固定していないと，溶接後に中凹に反るから，溶接前に母材をクランプで固定しておく．溶接は，接着と異なり，作業後に完全固定されるので，そのときにどちらかの母材をたたいても，母材は既に固定されて動かず，姿勢を微調整することはできない．"点付け 1 ton"と言われ，ちょっと付けるだけで重量物でも固定できる．そこで，まず点付けで仮溶

接して，たたいて微調整，その後でビートを引くという方法も行われるが，反るのが嫌だから点付けで終わらせるいい加減な溶接が建築の仮構造物には多く，トラブルの原因になっている．

図4.18に示したように，溶接金属の結晶は鋳造組織と同じで，柱状晶が熱流束に沿って成長する．母材の圧延組織に比べて結晶粒は粗大化しているが，溶接棒の金属は母材より合金成分が添加されている分，高強度になっている．母材はアークが通過すると加熱され，遠ざかるに従って冷却されるが，その冷却速度は2℃/sから100℃/sであり，鋼がマルテンサイト変態することはない．しかし，S55Cのような高炭素鋼では焼きが入る可能性が高く，変態による体積膨張で割れが発生することもある．

4.5.3 部品をはめあいで組む

設計者は，組立だけでなく，使用後に分解することも考えなくてはならない．また，エンジンのピストンとシリンダのように，使用時が高温でスラスト軸受が設置できない場合は，しゅう動できるようなすき間を持ったはめあい（嵌合，fitting）が必要である．

英国のジョン・ウィルキンソンは，1774年に，その時代で最高の中ぐり盤を製作し，内径50インチ（1 250 mm）のシリンダを1 mm程度の誤差で加工した．すき間の加工精度は1/1 000程度である．図4.19に，現在のはめあいの公差の例を示す．H7のような大文字は穴の公差列で，またg6のような小文字は軸の公差列である．一般に，普通のしゅう動に用いるゆるみばめH8 f7では，直径100 mmのすき間は18 μmから62.5 μmであり，すき間の加工精

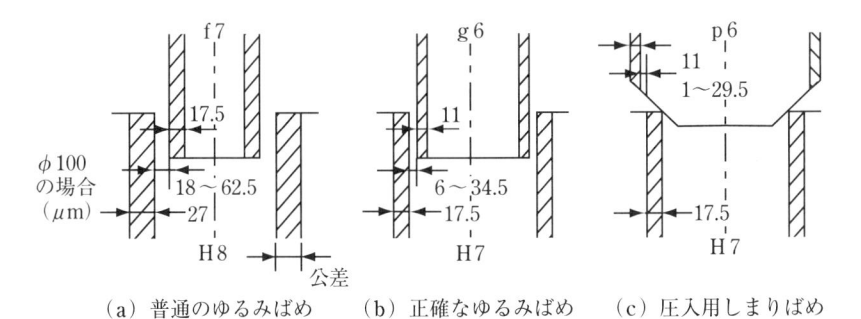

（a）普通のゆるみばめ　　（b）正確なゆるみばめ　　（c）圧入用しまりばめ

図4.19　はめあいの公差の例

度 44.5 μm は 4/10 000 程度に当たる．さらに正確なゆるみばめ H7g6 では，すき間の加工精度で 2/10 000 程度である．次いで圧入用のしまりばめ H7p6 は 1.5/10 000 程度である．一般に，1/10 000 より小さいのは加工が難しい．

○ 加工した軸と穴に対して完全交換性，つまり組合せを自由に選択できることは，近代的な工業管理では重要な観点である．日本軍の零戦は戦地で 3 機の故障機から 1 機の良品を作ることが難しかったが，グラマンではできたという．日本のは現物合わせで，火縄銃と同じように軸と穴の組合せは一定だったのである．実際に穴の加工は難しく，おシャカ（不良）にせず H7 を連続して 5 個生産できるような職人は，つい 1980 年頃までは名人だった．現在は，NC 加工機と空調工場とで再現性がよくなったから，1 個良品が出れば定常状態を堅持して 100 個連続でも可能である．しかし，町工場で作ろうとなると，1 個ずつ測定しては次の加工を補正していくが，それでも加工中に図 4.9 で示した要因が時間的にランダムに発生し，定常状態が保てなくて不良品を作る．たとえば，作業員は加工液の流れを見て，よかれと思って頻繁に流れの方向を変えるが，そのたびに冷却条件が変わるし，一所懸命に働く作業者自身が動くたびにクーラの風の流れが変わって熱変形が変わる．

○ 現在でも，直径の 1/10 000 程度のはめあいは，歩留まりの向上を優先させて完全交換性を実現していない．自動車のエンジンの直径 80 mm 程度のピストンのすき間は 10 μm 程度であり，燃料噴射装置の直径 20 mm 程度のピストンのすき間は 1 μm 程度である．いずれも 1/10 000 程度であるが，前者は選択はめあいで，後者は現物はめあいで作られる．自動車のピストン軸やコンロッド穴には，3 段階以上の直径グループが刻印されており，たとえばタイヤと同じように分解後にピストンをエンジン内でローテーションすると回りにくくなる．現場では，加工しにくい穴を全数検査して，すき間が 10 μm 程度になるピストンをグループ分けした棚から取ってきて「お見合い」させたのである．図 2.2（n）で示したボールベアリングのボールも，インナレースとアウタレースとの 3 者のお見合いで選択して組み立てられている．

4.6 除去・組立しやすいように形状を設計する

前述したように，歴史的に除去のための生産機械や組立のための固定方法が決定されてきた．これらの確立された手法を用いると，安価で信頼できる製品を作ることができる．もちろん，設計では顧客の要求する機能を実現することが最優先されるが，顧客の要求していない部分では，これらの手法を駆使してうまく設計すべきである．

4.6 除去・組立しやすいように形状を設計する　155

　ここでは，図4.20を用いて具体的に設計者の思考過程を考えよう．図(a)が思考過程，図(b)が具体例としての反応容器，図(c)が送り装置をそれぞれ

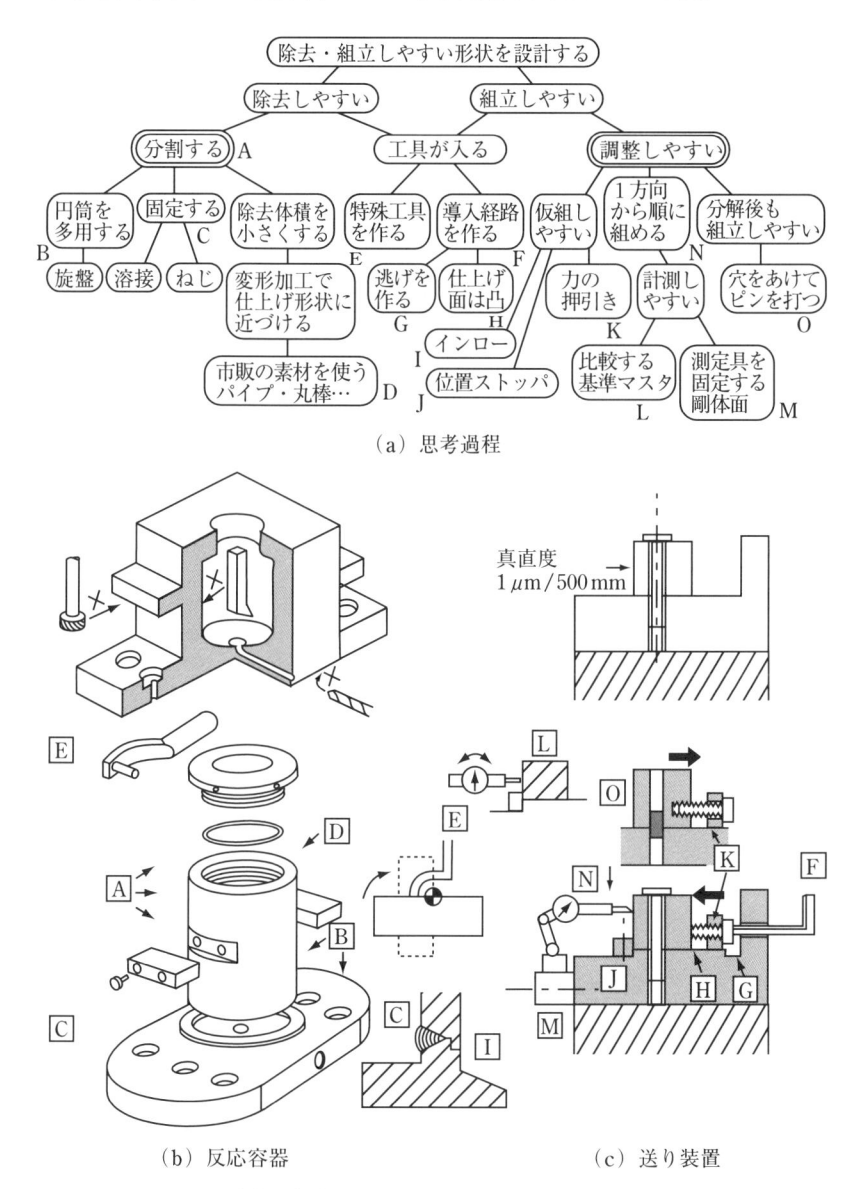

(a) 思考過程

(b) 反応容器　　　　　　　　　　　(c) 送り装置

図 4.20　除去・組立しやすい形状を設計するときの思考過程

示す．アルファベット大文字が思考過程に対応する対処部分である．

除去しやすくするのに最も頻繁に行う手法は分割である〔図（a）中の A〕．たとえば，図（b）の上方に示すように，反応容器を顧客の希望するとおりに図を描くと，角張った外形に取っ手が付き，牛乳瓶のような内形がくり抜かれ，ロート状内面の底面からドレインが円弧状に脇に伸びている形状になる．しかし，これは除去加工するのが難しい．たとえば，内形のロート状底面を切削する中ぐりバイトが中で動けない，ドレインを円弧状にあけられるようなドリルがない，フランジのボルト穴の座ぐりをするエンドミルが左右の取っ手の出張りに干渉するなどの問題が生じる．

そこで分割する．まず，外形を円筒や板で分割し（B），分割した部品同士を互いにねじや溶接で固定する（C）．円筒で加工すれば，旋削できるだけでなく市販素材のパイプや丸棒を使うことで除去体積を減らす（D）ことができる．また，工具が加工や組立する部分にアプローチできるように，特殊工具を作ったり（E），工具の導入経路を作る（F）．すなわち，反応容器の蓋は O リングでシールしながらねじで，また底板はインロー（印籠のようにはめること）はめあいで仮組みしてから（I），突合わせ溶接でそれぞれ固定する（C）．底板は，側面を旋削した後でフライスで 2 面幅（中心から割り振った対面）を取り，取っ手は円筒外面の弦状の溝に板をねじ止めする．蓋は，側面の穴にピンを引っかけて回すような特殊工具を作る（E）．また，底面の円弧状の穴は，円弧状の放電工具を特別に作って（E），その周りに底板を回転させてあける．もちろん，ドレインごときでこのような凝った設計をするのはナンセンスで，底面からと側面からのドリル穴を直交させるのが普通である．

一方，組立しやすいというのは調整しやすいというのと同義であることが多い．図（c）の送り装置では，紙面垂直に伸びる送り用の角棒，たとえば図 4.10（p）のボール直動軸受のレールを高い真直度で組立することを要求されていると仮定する．たとえば真直度 1 μm/500 mm は，フライス加工では実現できない．そこで，仮置きのストッパに沿ってレールを仮締めして（J），押し用のボルトと引き用のボルトでレール位置を調整した（K）後で本締めする．このとき，レールを固定する面は平面に仕上げておかないと，ボルトで押し引きしてもレールはシーソーになってしまう（どこか 1 点だけが当たって，そこ

を支点に遊具のシーソーのように端部が上下する)．

　そこで，平面研削が少なくとも必要だが，凹面だと砥石が入らないから，その仕上げ面を凸面にして (H)，また，素材の脇の山 (このような出張りを総じてフランジと呼ぶ) と砥石が干渉しないように隅に逃げを作る (G)．また，調整には計測が不可欠であるが，その測定具を固定する剛体面が必要になる．本例では，側面に仮置きの剛体面を付け (M)，真直度が既知の基準マスタで測定後を補正する (L)．なお，押引き用のボルトに六角穴付きボルトを用いるときは，レンチが入るような穴をフランジにあらかじめ開けておく (F)．さらに，分解も考えて，ボルトで固定する仮置きのものはすべて上方向から順に組立・分解できるようにしておき (N)，分解後の再組立で元の位置に戻れるように，合わせて穴を開けてピンを打っておく (O)．ここで，押引き用のボルトに細目ねじを用いても，たとえばピッチが 0.5 mm だと，1 μm は 0.7°の角度調整が必要になるはずで，そのような微妙な回しを要求されている場合は，ピッチの異なる左ねじと右ねじを使った差動ねじが有効である．しかしこの場合は，押引きでレールや反力台の低剛性のどこかが変形するため，普通は 0.7°回しても 1/10 の 0.1 μm 程度しか変位しないことが多い．

○ 設計では，計画図から部品図を描いた後に，その部品図を用いて仮想的に加工・組立しながら組立図を描く．そのときに，上記のような問題は考え尽くされてしまい，仮に後で思っていたとおりに問題が顕在化してもすぐに対策できるようになる．しかし，多くの設計者は計画図を書き終わった時点で緊張が解ける．バラシと呼ばれる部品図描きを部下に投げて，「組立図は計画図が兼ねる」と注記して終わりである．もちろん，計画図を描く段階で加工・組立の仮想演習が終わっていればよいが，人間はそれほど賢くない．

4.7　要求形状を転写する

4.7.1　各種の転写技術が使われている

　大量生産には転写技術が不可欠で，歴史的に多くの手法が発明され実用化されている．製品と工程の設計者は，まず既知の工程に適合する製品設計を考え，次に既知の工程を融合して自社の製品設計にマッチングする独自の手法を編み出し，最後に他社が真似できないようなまったく新しい工程を発明する必

要がある．

　ここでは，各種の転写技術として，図 4.21 の左に型押出し，右に型成形を示す．表は固体化すべき素材ごとに整理した．つまり，液体，粘性体，粘性体＋粉体，粉体，固体（板），固体（バルク）の六つである．素材ごとに説明する．

（a）**液体**：いわゆる金属の鋳造である．鋳造は，工業的には連続鋳造（図 3.10）とバッチ（batch，1 束，1 回分の量）ごとの鋳造に分かれ，後者は液体を押し込む圧力で，重力鋳造，低圧鋳造，ダイカストに分けられる．重力鋳造は，鉄鋼で用いられ，型として金属や砂を用いるが，図 4.23 で詳述する．低圧鋳造とダイカストは，非金属，特にアルミニウムで用いられる．製品が複雑な形状，あるいは薄板状である場合，途中で凝固しないように，たとえばダイカスト（英語に直すと die casting で型鋳造である）では，10 ms 程度と短い間に液体を 100 MPa（1 000 気圧）程度の圧力で押し込む．これまで，液体だけでなく，空気も巻き込んで巣のような欠陥を内蔵してしまうのが欠点であったが，現在は型の中にシールを設け，あらかじめキャビティ内を真空にして欠陥を防止する．

（b）**粘性体**：粘性体とはドロドロしたもの，つまり加熱したプラスチックを指す．プラスチックの素材は，あらかじめ押出し・切断で作ったペレットと呼ばれる直径と長さが 2 mm 程度の円筒としてホッパから供給される．上述したダイカストはピストンで押し込むが，プラスチックの場合は，先にいくほどピッチが狭くなるスクリュを用いる．プラスチックは，シリンダから加熱されるだけでなく，せん断で発熱させられて 200 ℃ 程度の粘性体になる．その後でピストンで押す機構もあるが，普通はスクリュが前進してピストンと同じように金型へ押し込む．金型を変えることで多くの手法が考えられているが，閉じたキャビティを有する射出成形，スリットがあけてある押出し，スリットから押し出されたシートをロールで密着する 2 色押出し，同様に円周上のスリットから押し出すが，中から空気を吹き出して円筒を風船のように膨らませて，ある距離ごとに袋閉じしてビニル袋を作るバルーン加工（正式にはインフレーション法と呼ぶ）などがある．プラスチックは，流動速度が増すと粘性率が減じるチクソトロピ（thixotropy）性のものを用いるので，高速で押し出すと変形抵抗が減じることが多い．

4.7 要求形状を転写する

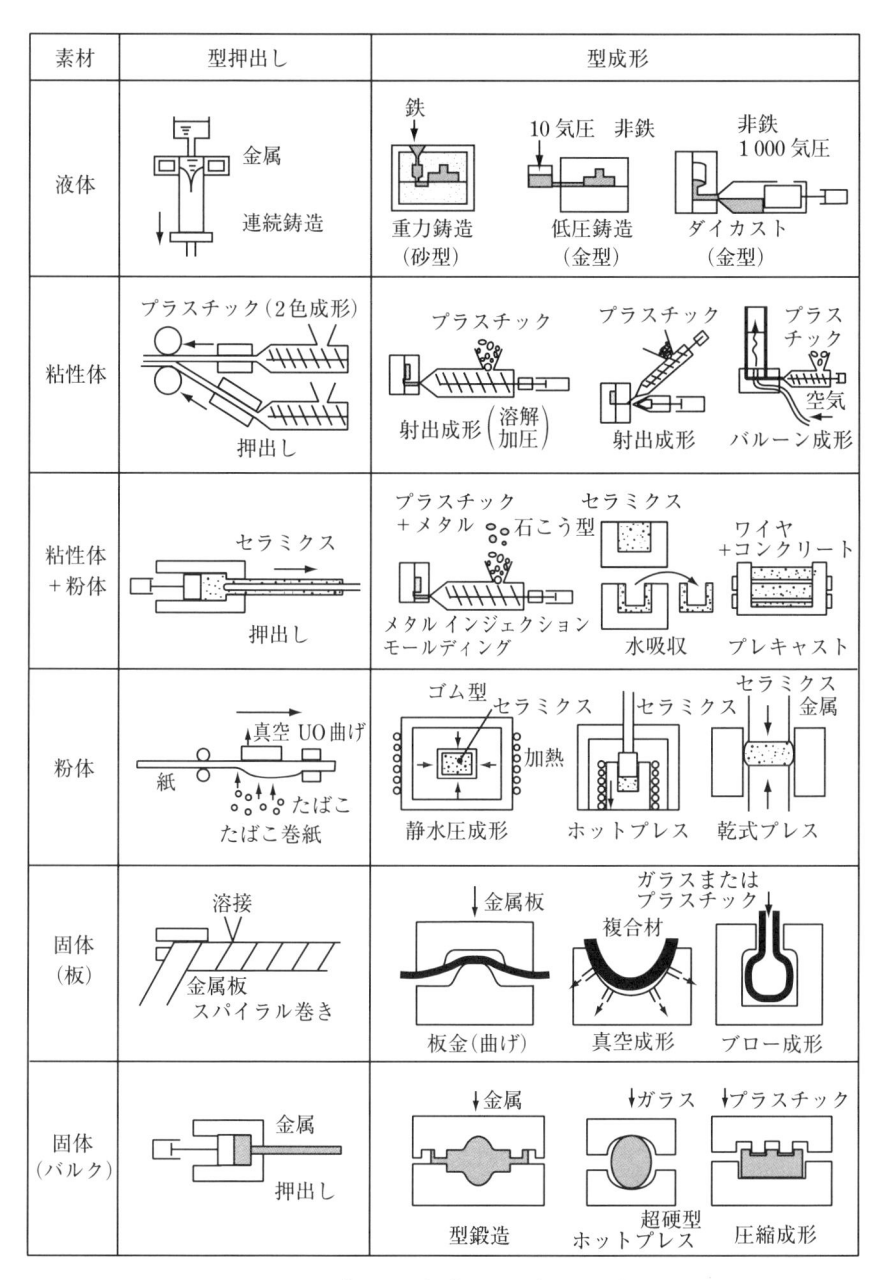

素材	型押出し	型成形		
液体	金属／連続鋳造	鉄／重力鋳造（砂型）	10気圧 非鉄／低圧鋳造（金型）	非鉄 1000気圧／ダイカスト（金型）
粘性体	プラスチック（2色成形）／押出し	プラスチック／射出成形（溶解加圧）	プラスチック／射出成形	プラスチック／空気／バルーン成形
粘性体＋粉体	セラミックス／押出し	プラスチック＋メタル／メタルインジェクションモールディング	セラミックス 石こう型／水吸収	ワイヤ＋コンクリート／プレキャスト
粉体	紙／たばこ／たばこ巻紙／真空 UO曲げ	ゴム型／セラミックス／加熱／静水圧成形	セラミックス／ホットプレス	セラミックス／金属／乾式プレス
固体（板）	溶接／金属板／スパイラル巻き	金属板／板金（曲げ）	複合材／真空成形	ガラスまたはプラスチック／ブロー成形
固体（バルク）	金属／押出し	金属／型鍛造	ガラス／超硬型ホットプレス	プラスチック／圧縮成形

図4.21 各種の型押出し・型成形の方法

（c）粘性体＋粉体：粘性体はプラスチックであるが，その中にセラミクスや金属を混ぜておく．金属を入れたものは MIM（Metal Injection Molding）と呼ばれる．射出成形後に加熱してプラスチックを融かして蒸発させた後で，昇温して金属を焼結させる．陶器では，水に溶かしたセラミクスを石こう型に注入した後で，残りを捨てて，水分が吸い取られて半乾きになった殻を取り出す．また鉄筋コンクリートは，あらかじめワイヤを引っ張っておいた型にコンクリートを流し込む．固化後にワイヤを解放してコンクリートに圧縮応力をかける．工場で凝固させたものをプレキャスト品と呼び，ビルやトンネルの壁に多用されている．ロケットの固体燃料は，アルミニウムの粉体と酸化剤とを混ぜてから，真空中でスラリーを複合体の筒と花びら状断面の中子との間に充てんする．

（d）粉体：粉末成形と呼ばれ，粉末には，金属，セラミクス，食料品などが挙げられる．たばこは，図 2.2（c）に示したように，葉を発酵させた後に，切断してファイバを真空で紙の裏から引き付けて連続的に UO 曲げに巻く．粉をゴム型に入れて気体や液体で等方的に押すのが静水圧プレス成形であり，また粉を加熱して押した後で焼結させるのがホットプレスである．室温で 300 MPa（3 000 気圧）程度で押す乾式プレスより，いずれも製品内部の粉と粉とのすき間がつぶされて緻密になる．

（e）固体（板）：金属の板を型で成形するのは，一般に板金（ばんきん）と呼ばれて多用されるので，図 4.25 と図 4.26 で詳述する．板状の素材を上下の型にはさんで押す方法だけでなく，型にあけた穴から真空引きして複合材の素材をはわせて翼を作るような真空成形，また筒状の中心から気体や液体で加圧して素材を型の内面にはわせてペットボトルや牛乳瓶を作るブロー成形なども多用されている．

（f）固体（バルク）：いわゆる鍛造であるが，金属だけでなく，レンズを作るガラスや，コンパクトディスクを作るプラスチックにも使われる．いずれの方法でも，製品の体積とキャビティの内容積とが一致していないと，押してもすき間が生じて製品に内圧が働かない．数 kg の素材を 1 g 程度の精度で揃えて一致させることも行われているが，それよりは余分の量をバリとして押し出す方法（図 4.24）が一般的である．

4.7 要求形状を転写する　161

　印刷の方法を図4.22に示す．図では，マスク製作工程，印刷工程，後工程，製品と分けて，各種の方法を展開した．

　図の左側が歴史的に古い技術であるが，機械加工で創成した凹凸マスクの凸または凹にインクを付けて，そのインクを紙に転写する．凸に付けるのが活版印刷で，鋳造で作った活字を拾って版を組む．凹に付けるのがグラビア印刷で，カレンダーの絵や紙幣が作られる．現在，新聞・雑誌・書籍と，最も広く用いられているのが図の経路（a）のオフセット印刷で，図2.2（h）でも述べたように，陽極酸化したアルミニウム板に水となじむ親水性表面を作り，さらに，レーザ描画してインクとなじむ疎水性の樹脂パターンを作り，その刷版と呼ぶ板をロールに貼って水そしてインクを付けてパターンを紙へと転写する．

　図の中央の経路（b）が，いわゆるコピー機の技術である．紙の白黒パターンを鏡で反射させて，光が当たると静電気が発生する膜を塗布したドラム表面に

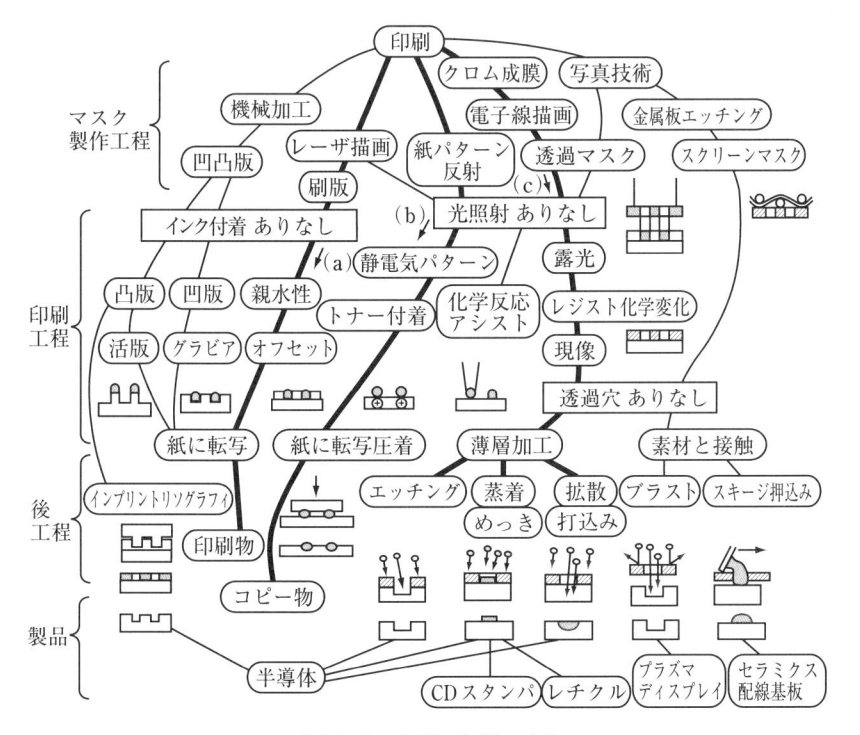

図4.22　各種の印刷の方法

静電パターンとして転写する．このとき，レーザでドラムに直接描画するのがレーザプリンタである．次に，帯電した樹脂コーティングカーボンのトナーを静電パターンを有するドラムにばらまいて，トナーパターンに転写させる．さらに，それを紙の裏からコロナ放電で強い電場を与えて紙に転写し，最後にロールでトナーを紙の中に擦り込み，熱圧着させる．

図の右側の経路（c）が半導体集積回路で用いる技術である．ガラスの上にクロムを蒸着して，その上に光反応レジストをコートした後で，電子線描画で配線パターンを作る．そのパターンをマスクにクロムをエッチングすると，クロムのパターンに転写される．それを透過マスクにして集積回路の基板に光を縮小露光して，その基板の上にあらかじめ塗布しておいたレジスト（感光性樹脂）に反応を起こさせる．反応によって光を当てた所が現像で除去されるのがポジ，また当たらない所が除去されるのがネガである．とにかく，これでレジストの通過穴のパターンに転写され，そのマスクを基にエッチング・蒸着・拡散のいずれかが行われる．

この経路（c）の左が，直接に光照射で構造パターンを作る方法である．図4.15のラピッドプロトタイピングや，ウェットエッチング中に，または金属ガス雰囲気中に光照射して，そこだけに反応を励起する化学反応アシストなどで用いられている．また経路（c）の右が，スクリーン印刷または謄写版印刷と呼ばれるものである．ステンレス鋼に写真製版して配線部分に穴をあけた板を作り，それに補強用の網をめっきで付着させてスクリーンマスクを作る．たとえば，このマスクを基板に接触させて，透過穴から砥粒をぶつけるのがプラズマディスプレイの発光部隔壁を作るブラスト加工であり，透過穴からはんだや銅のペーストをスキージで押し込むのがセラミクス基板の配線工程である．

いずれも転写を繰り返して，設計されたパターンを製品構造のパターンに写し取っていることがわかる．

4.7.2 型の中に液体を注入する

ここでは，図4.21の最上段の鋳造に注目して，歴史的に古く，かつ単純なプロセスから説明しよう．

図4.23（a）は，砂型の鋳造の基本的なプロセスである．木を削って作った木型や湯口の型を定盤に置き，その周りに枠を置いて中に砂を詰める．弥生時

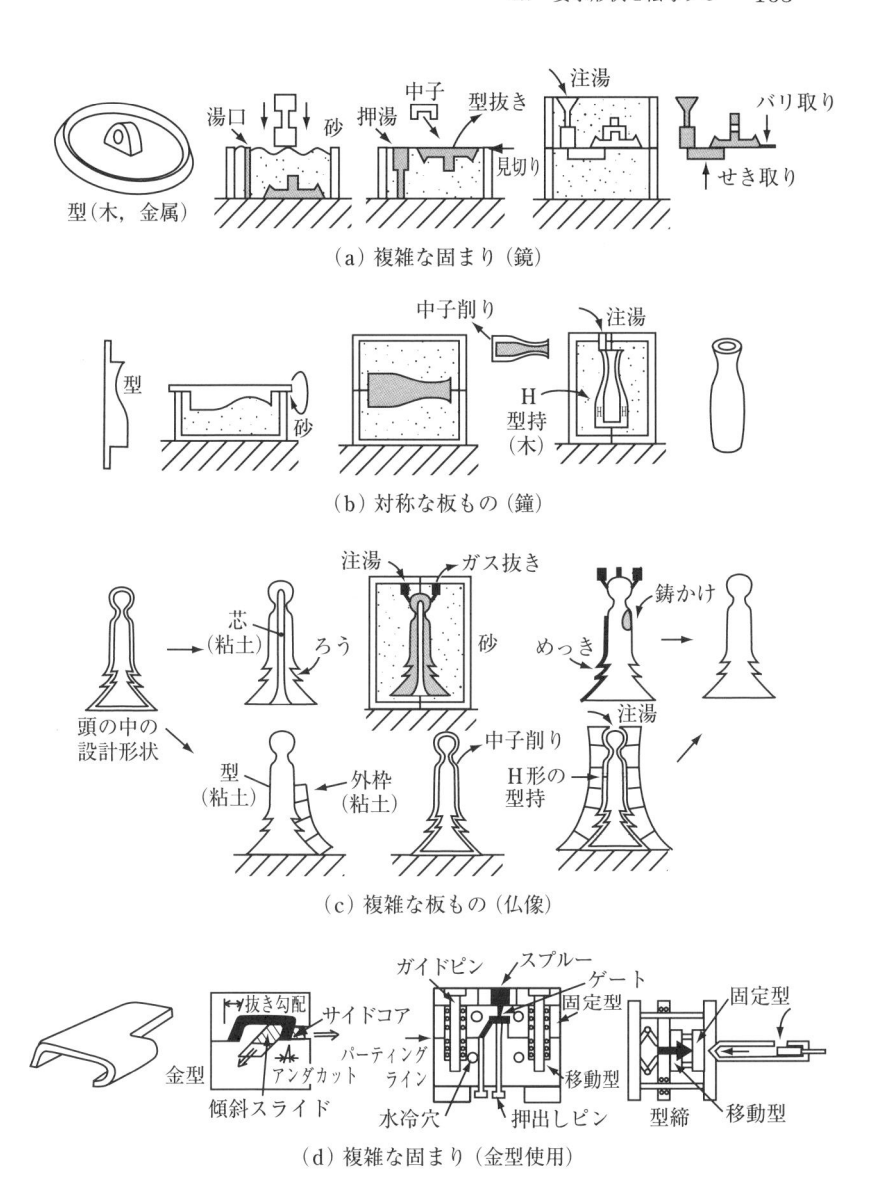

図 4.23 各種の鋳造の方法

(a) 複雑な固まり（鏡）
(b) 対称な板もの（鐘）
(c) 複雑な板もの（仏像）
(d) 複雑な固まり（金型使用）

代に中国渡来の金属鏡を複製したが，そのときは，木型の代わりにその鏡自体を用いた．砂は，たたいたら固まる程度にほどよく水分や油分が含まれている

ものである，たとえばギュッと握って手を開いたら砂が三つに割れる程度がよい．砂型は，上下二つ作り，湯口や押湯の部分も付けて，木型を抜き，キャビティ（cavity，空洞のこと）を作る．どこで型を上下に分けるかが設計のコツであるが，分かれ目を鋳造では見切り，また射出成形ではパーティングラインと呼ぶ．パイプを鋳造するときのように，内筒部分の砂を保持したまま型のパイプが抜けないときは，中子（なかご，core）と呼ばれる砂型を別個に作っておいて，それを型に設置する．またこのとき，上下砂型や木型と砂の境界には，そばや餃子を作るときのように，あらかじめほどよく石灰の粉を蒔いておいて，互いに固着しないようにしておく．次に溶湯を注湯して，固まったら砂型を振動でばらし，金属の固まりからバリ取りやせき折りして製品を取り出す．

　図（b）は，三次元の木型を使わないで板ものを鋳造する方法であり，軸対称の鐘や壺や断面一定の箱を鋳造する．つまり，板から規型（きがた，またはおもがたとも言う）と呼ぶへらを作り，それを回転したり並進したりさせて砂型の中に製品の外形空間を作る．次に，その空間に砂を詰めて中子を作り，製品の厚みの分だけ砂の外形を削る．そして，この中子を溶湯で燃えて流出するために木材で作った型枠で支えながらキャビティ内に組んで，そのすき間に注湯する．

　図（c）は，複雑な板ものを作る方法で，約1500年前に仏像を作る方法として日本に伝わった．上段は消失型プロセスで，現在はロストワックス法や精密鋳造法と呼ばれ，ターボチャージャのタービンやゴルフヘッドが作られる．つまり，芯にろうを塗って外形を仕上げ，それを砂型に入れる．注湯すると，ろうが溶湯で溶け，ろうが金属で置換される．ろうは融けてスラグやガスに変わるが，それを金属に巻き込まないように加熱して，あらかじめろうを融け出させておいたり，ガス抜き穴を付けたり，砂のすき間から強制脱気させたりするのがコツである．ろうの代わりに発泡ポリスチレンを使うのがフルモールドと呼ばれる方法で，現在のプレス金型の素材〔図2.2（o）〕や工作機械のコラム，大形歯車の素材などは，あらかじめ発泡スチロールを削ったり，発熱ワイヤで切ったりして作り，それを砂型に入れる．図（c）の下段は奈良の大仏を作った方法であるが，基本的には図（b）の中子削りを適用したと考えられている．もちろん，ろう型でも製造できないことはないが，そうしたら日本からはちみ

つを奪われた蜂が絶滅していたかも知れない．

図(d)は，複雑な形状を金型で作るダイカストや射出成形の方法である．砂型においても砂を崩さずに木型を抜くために，抜き勾配（draft）が必要になるが，金型では製品を抜き出すのに不可欠である．鋳造や射出成形では2°程度，型鍛造だと7°程度である．しかし設計上，どうしてもアンダカットと呼ばれる逆勾配や，側面にあけておく穴を転写しなければならない場合に，コアが横や斜めに動くようなからくりが必要になる．ダイカストや射出成形で金型の周りに多くの空気圧シリンダが飛び出しているが，これは，そのからくりの駆動源である．このほかにも各種の工夫がなされた．たとえば，ねじを鋳造するときは，一般に型を回しながら抜く．ねじ同士の同軸度が $10\,\mu\mathrm{m}$ 以下と精密にしたいときは中子をスライドさせる．また，カメラの鏡筒のように内面に雌ねじが付いているものは，中子を円周方向にいくつかに分割して，それらが半径を小さくしながら軸方向に抜けるようにテーパで設計する．そして，歯車のように，どうしても抜き勾配を付けたくないときは，製品を弾性変形させながら抜いたり，製品の軸付近の肉を盗んで内周に向かって収縮させたりする．

図 4.23 に示したように，金型は連続して生産するために共通して各種の機構要素が付与されている．たとえば，製品を取り出すときに分割した金型が再び型組されるためのガイドピンを初めに上下型をトグル機構や油圧シリンダで締めておく型締め機構（一般に型締め何トンで機械の性能を代表する），また金型を一定に冷やす水冷穴や湯口を局所的に熱するバーナ孔，さらに製品をキャビティから押し出す押出しピンなどが複雑に設計されている．

4.7.3 型に合わせて固体を変形させる

図 4.21 の最下段に示した固体の型転写では，製品形状に仕上げる場合，液体の型転写のようにキャビティ空間と金属との置換を1回で済ませることは難しい．なぜならば，変形抵抗が大きすぎて，置換しようと過大な力をかけると金型が変形するからである．一般に，型を押し付ける圧力は 300 MPa（3 000 気圧 = $3\,\mathrm{ton/cm^2}$）が限度である．目安として，この圧力 p に摩擦係数 μ をかけた摩擦応力が金型の臨界せん断応力を越えると摩耗が生じて型の寿命が短くなる．つまり，図 3.18 (d) のモールの応力円を参考にすれば，p で圧縮して μp で側面を引っ張れば，$\mu = 0.3$ とすると $0.65 p$ が臨界せん断応力を越えると塑

性変形を始める．金型は高級鋼を用いるが，それでも臨界せん断応力は加熱・冷却を繰り返すと 100 MPa 程度に小さくなり，結局 摩耗する．

そこで孔型圧延で説明したように，いくつかの空間を通しながら徐々に変形させるのが普通である．図 4.24 はコンロッドを型鍛造する例であるが，丸棒からつかみ部を作り，それをつかんで据込み，荒打ち，仕上げ打ち，バリを取るトリミングと，何回も変形加工させる．このとき，製品中の塑性流線が急激に折れることなく滑らかに外形に沿って流れることが重要であるが，これまでは工程設計者が計算することなく勘だけで金型形状を決定していたから驚きである．また，内圧を高めるために，キャビティ内容積以上の余分の素材体積分をバリ（flash）として横に張り出させる．つまり，そのバリの長さの部分（フラッシュランドと呼ぶ）に生じる摩擦によって，バリの外端の大気圧から型内の 100 MPa（1 000 気圧）程度まで圧力変化させることが大切である．つまり，表 3.3 で示したように，摩擦と圧力から長さ L を計算すればよい．

実際の工業界では，型鍛造より板金プレスの方が広く使われている．家電製品のハウジング，自動車のシャーシ，台所製品の鍋や釜，食料品のビール缶と，見渡せばいくつも例が見つかる．その板金の中でも最も使われるプロセスは図 4.25 のせん断である．ポンチとダイスの間に薄板の素材をはさみ，ポンチが下がって塑性変形を始める．最初は，ポンチとダイスとで図 3.11 で示したように 1 軸圧縮するのと同じであり，45°斜めに向かってすべり線がジグザグと生じる．そして，ついにポンチからダイスへすべり線が貫き，割れが発生すると，途端にせん断力は減少する．切られた薄板のせん断端面には，図 4.25

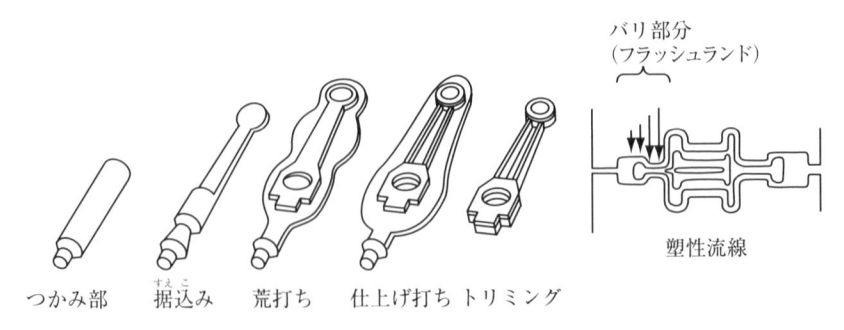

図 4.24　型鍛造の工程（コンロッド）

の右に示すように，塑性変形で伸ばされた後のダレ（roll over）を伴うせん断面，その下のジグザグに滑った後のき裂（crack）を含む破断面，ダイス側面に沿って伸ばされたカエリ（shear drop）面が生じる．せん断面にクラックが伸展しやすい引張残留応力が生じるだけでなく，破断面のき裂はクラックの起点になるので，一般にせん断端面は疲労破壊の起点になりやすい．

図 4.26 に各種の板金加工を示す．図（a）は図 4.25 で説明したせん断打抜きであるが，打つときに薄板が斜めに傾き，摩擦でせん断部分に吸い込まれる

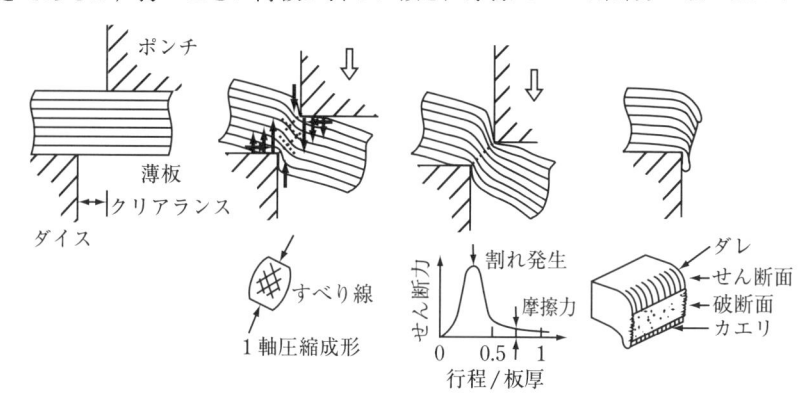

図 4.25　板金（せん断）の現象

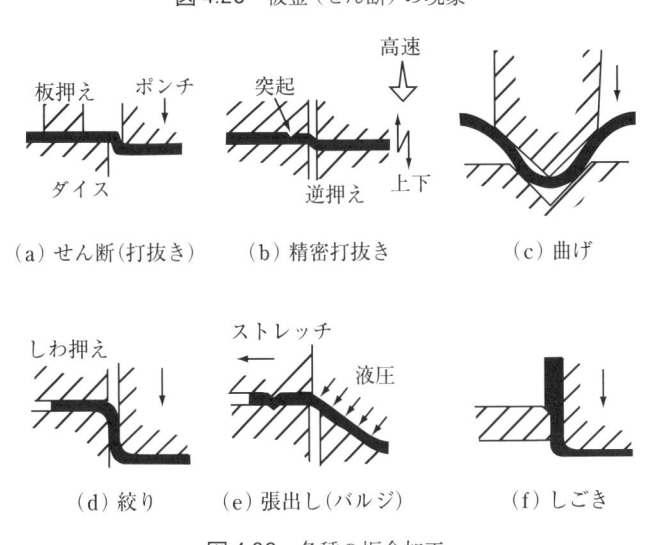

（a）せん断（打抜き）　（b）精密打抜き　（c）曲げ

（d）絞り　（e）張出し（バルジ）　（f）しごき

図 4.26　各種の板金加工

こともあるが，打抜き寸法を正確にするために，板押さえでダイスと横方向の動きを防ぐ．

図 (b) の精密打抜きであるが，図 4.25 の右のダレとカエリとき裂を防いで垂直壁のせん断面だけにすれば美しい製品ができるので，ダイスと板押さえだけでなく，突起で左部分の横方向の動きを拘束し，さらにポンチと逆押さえとを使って右部分の薄板を押さえる．薄板をあらかじめ板厚方向に圧縮すれば図 4.25 の応力線も変化するが，塑性加工のすべり線が薄板に垂直に入り，寸法精度が向上する．さらに，上下に動かして塑性流動を小さくし，高速で動かして変形抵抗を小さくする．高速せん断は，高速切削と同じように塑性仕事の発熱を伝導させないから好まれているのであろう．筆者らもセラミクスシートの高速せん断を行ったが，数 m/s になると，すべり線発生速度を超えるようになり，ポンチの軌跡どおりにせん断端面は垂直になった．

図 (c) は曲げ，図 (d) は絞りである．現在では材料内部の応力計算ができるようになったが，材料内部に欠陥があるとクラックが伸展して割れてしまう．材料の均質性が低いと欠陥の確率が高くなるが，現在の冷間圧延鋼板では均質性が高く，欠陥が非常に少ない．また，飲料缶のような円筒を作るときは円板から絞るが，ダイスの部分の円周が長いので円周方向にしわが生じる．それを防ぐのがしわ押さえである．図 (e) は張出しで，バルジ加工 (bulging) と呼ばれる．図 4.21 に示したブロー成形 (blow molding) と同じように，液体，粉体，気体などで全体を押し，型にはわせる．図 (f) はしごきと呼ばれ，板厚をへらで絞るように薄くする．飲料缶は絞りの後でしごいて，最初の板から最も薄いところで 1/3 の板厚まで薄く加工される．

4.8 転写しやすいように形状を設計する

転写しやすいように形状を設計することが大量生産の工程設計者の使命である．前述したように，金型を複雑に工夫することも競争を勝ち抜くキーテクノロジであるが，実は，それよりもその工夫をしないように設計段階で転写を考慮することが大事である．

図 4.27 に，工程設計者が考慮しなければならないことを列記する．型押出し，印刷，型成形のいずれも，面内寸法のゆがみ，転写欠陥，製品内部の均質

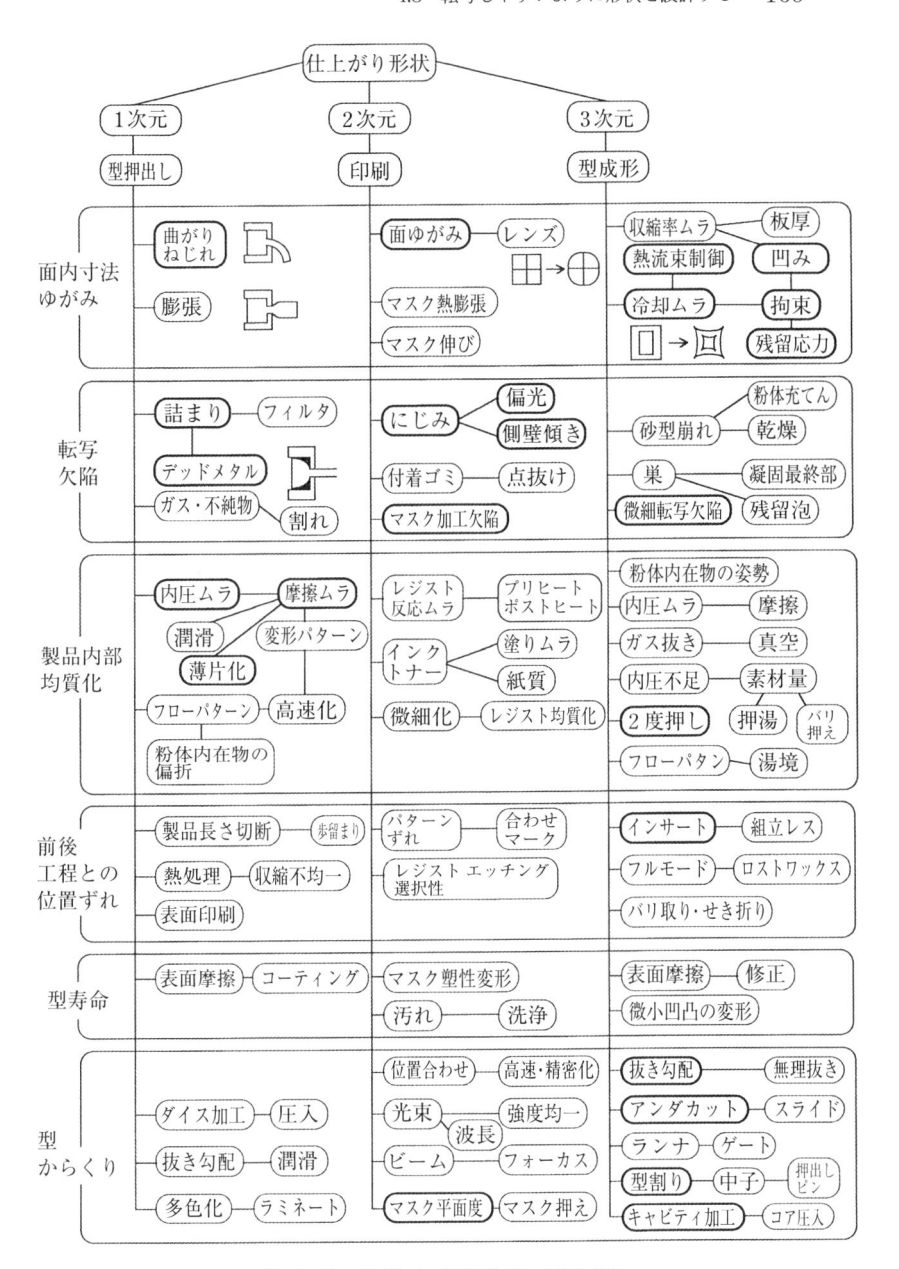

図 4.27 転写の工程設計者の思考過程

化,前後工程との位置ずれ,型寿命,型からくりを考慮しなければならない.しかし項目が煩雑なので,図 4.27 の筆者らの最近の研究から特に考慮した観点を太線の楕円で囲って述べてみよう.

図 4.28（a）は,薄片の粘性体＋粉体の押出しである.摩擦の制御ができずに薄片の幅方向に押出し流量が均一でないと,同様に厚み 50 μm 程度の製品が 図 3.12（b）の圧延板と同様に波打ってしまうし,図 3.15（a）と同様のデッドメタルゾーンで固まった部分がはがれて詰まりを起こすと,さらに均一性が劣化する.薄片を作るには,材料の均質化だけでなく,型内の摩擦や流れを可視化して検討することが不可欠であり,今回はガラスの金型を作って流れを動画で観察して,はじめて現象が理解できた.

図（b）は,近接場光と呼ぶ場から漏れ出してくる光を用いたフォトリソグラフィである.440 nm の光を全反射角で斜めから照射して,波長の 1/8 の 50 nm の線を露光することができた.しかし,光の偏光で近接場の大きさが異なり,露光状態が 2 方向で異なって転写欠陥を生じてしまった.しかし,現在ではマックスウェルの電磁方程式で近接場光をシミュレーションする CAE も開発されており,実験結果も,その計算結果と等しかった.科学の進歩である.

図（c）は,配線をダマシン（damascene,象嵌）で作る試みである.つまり,超硬の凸型を作り,それを高温プレスしてガラス板に凹溝を転写し,その凹溝に銅を蒸着した後,ポリッシュして溝の中の銅だけ残して平面を作る.実際に設計どおりに微細な多層基板ができた.しかし,超硬の凸と凸との間はブラスト加工で凹になるように除去したので,高さ 1 μm 程度の凹凸ができ,それがガラスの凸部に転写されて銅線の端部がジグザグになって,幅 1 μm のにじみが生じてしまった.逆に,ガラスは 0.1 μm のすき間にまで入り込んで転写されることがよくわかった.

図（d）から図（f）は射出成形の例である.図（d）は,深さ 1 μm の三角溝の微細構造が転写できるかどうかを調べるためにリング状の回折格子を成形したが,実際に金型どおりにポリスチレンが 0.1 μm の形状精度で転写できた.このとき,コアをピエゾ素子で 2 度押ししたり,熱流束センサで測定しながら冷却水の流量を制御したりしたが,冷却ムラが生じて直径 12 mm のリングが 5 μm 程度,ポテトチップ状にたわんでしまった.局所的な熱制御が必要であ

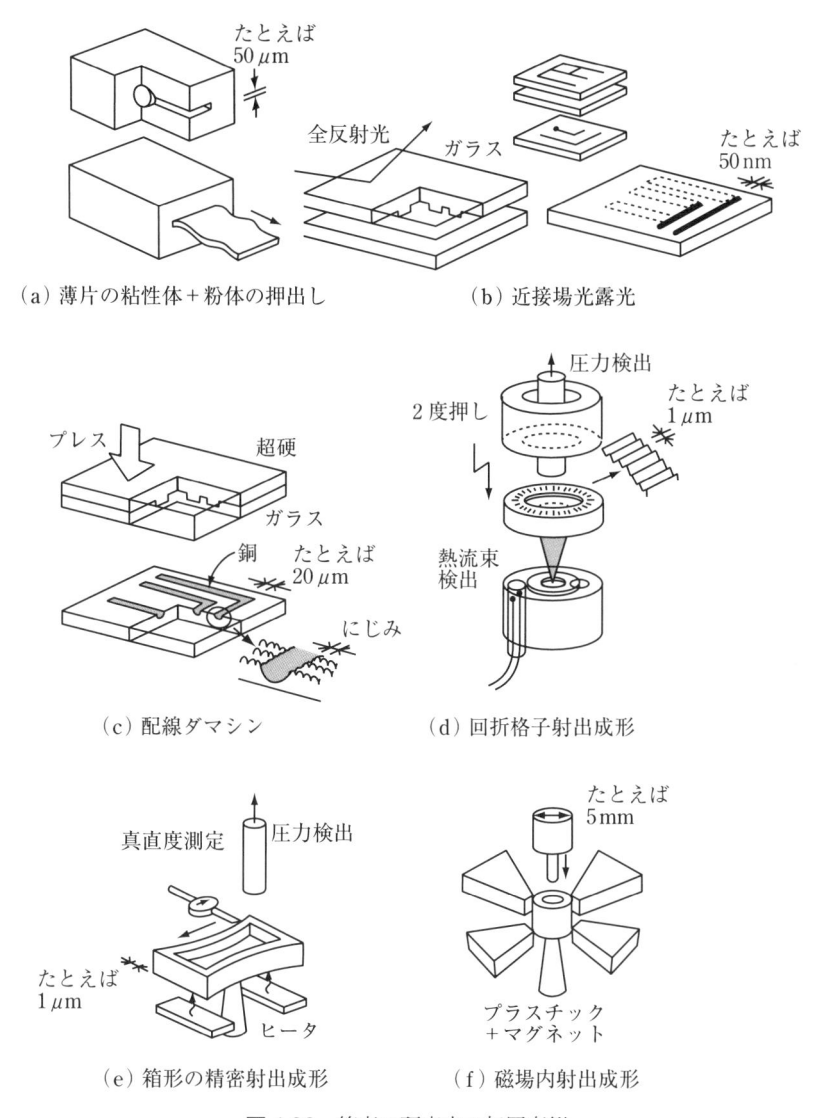

4.8 転写しやすいように形状を設計する　171

(a) 薄片の粘性体＋粉体の押出し　　(b) 近接場光露光

(c) 配線ダマシン　　(d) 回折格子射出成形

(e) 箱形の精密射出成形　　(f) 磁場内射出成形

図 4.28　筆者の研究室の転写事例

る．
　図 (e) は，箱を 1μm 以下にそらさずに精密に射出成形するために，熱流束センサで測定しながら部分的にヒータで加熱したり，水冷して冷却したりし

て，リアルタイムに 1 W/cm^2 程度の熱流束を制御した．一般に，箱のかどは冷却しやすくなり，先に固まってしまい，後に固まる部分を引っ張って反りが生じる．ここでは，箱のかどを局所的に加熱して，反りを 20 μm から 1 μm と小さくした．しかし，箱の長さが 20 mm と小さいために，ヒータや水冷穴を始めに多くのからくりを入れるのが難しくなった．

　図（f）は，プラスチックの中に磁石の粉を混ぜて射出成形する例である．現在，始めたばかりで小径円筒の製品に対する実験結果がでていないが，やらずとも現象の問題点がわかる．つまり，磁石は球状ではないので，射出成形で摩擦が小さくなるように並ぶ磁石の向きと磁場をかけて並ぶ向きとは異なるのである．つまり，図 2.5（n）のフロッピーディスクのように，摩擦を小さくする方向と磁化を大きくする方向とは異なるので，何か両者を等しくさせるような別の工夫が必要になる．また，粉体の充てん率が体積で 60 % 以上と大きいので，壁との摩擦が非常に大きくなり，射出成形というよりも粉末成形に現象が近くなることがわかった．

　図 4.27 に示したように，転写技術と型製造技術とは連動していて，型設計者でさえもこれらの知識を同時一括に考えている．このように，製品設計と金型設計と，その製造技術開発の三つの知識を駆使するナレッジマネジメント能力は，日本の製造業が中国に対して優位に保つための大きな力である．

第5章 それぞれの製造技術を詳しく学ぼう
―表面に機能を付与して，最後に商品を仕上げる―

5.1 表面に機能を付与する

　前章までに，素材を作って準備し，それを設計どおりに形状創成することを説明した．本章では，その表面に注目して，設計どおりに機能を作り込むことを図5.1で説明しよう．この機能とは，多くの機械が有するような力を発生・伝導・支持することを構造全体で行う機能以外のものである．

　さて，表面に与える機能は，機械的な機能と電気的な機能に大別される．図5.1の左は機械的な機能で，主に耐摩耗と耐疲労のために表面を硬くすることと，耐腐食のために表面を覆うこととに大別される．前者の耐摩耗性・耐疲労性は，熱処理で表面を変態させることと，熱処理や研削，バニシングとで表面に圧縮の残留応力を与えることとに分けられる．いずれも機械設計では重要なので，次節以降にそれぞれ詳説する．後者の耐腐食性は，ほとんどの場合，金属酸化を防ぐことであり，図4.16 (j) の塗装で対処される．

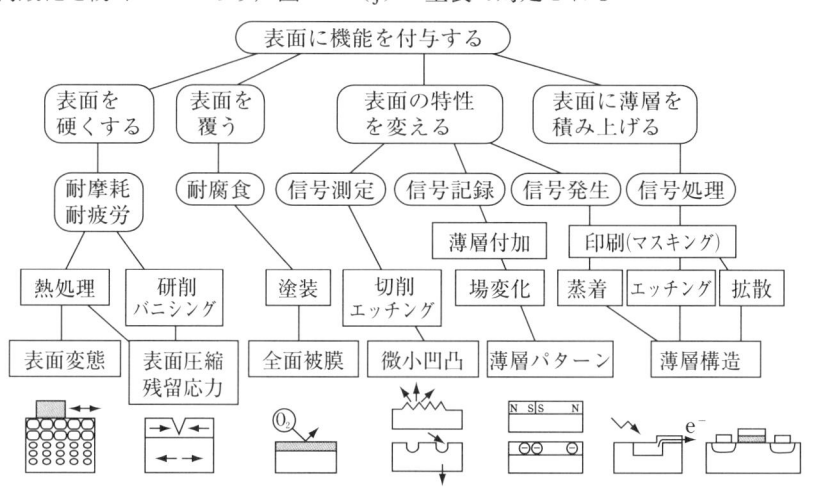

図5.1 表面に機能を付与する

図5.1の右は，電気的な機能，つまり最終的に電気信号に変換する機能である．これは，表面の特性を変えて信号を測定・記録・発生させる機能と，表面に薄層を積み上げて信号を処理する機能とに大別できる．後者は，いわゆる半導体の集積回路で実現でき，それはフォトリソグラフィの印刷技術でマスキングしながら蒸着，エッチング，拡散で薄層を構造化して作る．これも情報処理機器の設計に重要なので，後で詳述する．

前者の信号測定・記録・発生用の表面は単機能表面である．切削，エッチングで微小な凹凸を作り，たとえば光信号の測定素子として回折格子やマイクロレンズアレイを生産する．また，信号記録として，薄層を付加して，そこに信号として場の変化を与えるが，たとえば，磁気ディスクでは磁化を，また感光ドラムでは静電荷を変化させる．また，信号を発生するセンサとして多種の機能膜が考案されている．たとえば，圧力，pH，酸素，光量，磁気などの変化によって電気信号を創出する．

いずれにせよ，これらの電気的な機能は，結果的に厚みが $10\,\mu\mathrm{m}$ 程度以下の表面構造で実現されている．日本では情報機器の生産が盛んだが，いずれも設計の心臓部はこの表面であり，多くの主機能が実現されている．

5.2 金属を熱処理する

5.2.1 鋼を熱処理する

鋼は熱処理で力学的特性が変化する．その処理として大別すると，次の(a)から(g)が知られている．実際は，多くのパラメータによって，熱処理条件は記憶できないほど多岐に設定されている．つまり，鋼種，形状，重量，残留応力，結晶粒度，熱処理炉などによって熱処理条件が異なるので，何でそのように決めたのか素人にはさっぱりわからないことが多い．ここでは，一般的なことを記述しよう．

図5.2に鋼の受ける熱の履歴を示す．製鉄所で，連続鋳造・熱間圧延で A_3 変態点（図3.5のオーステナイトからフェライトに変態する温度）を超えるが，冷間圧延はそれ以下で作業される．さらに，製鉄所や材料問屋で圧延や鋳造のひずみを除去するために，後述する焼鈍しや焼ならしのような熱処理を行う．その後，機械工場で切削して，高炭素鋼では表面を硬くするために焼入れ・焼

5.2 金属を熱処理する　175

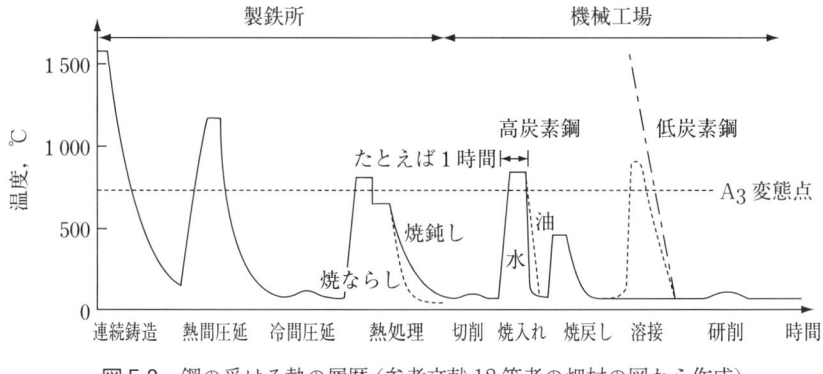

図 5.2　鋼の受ける熱の履歴（参考文献 12 筆者の畑村の図から作成）

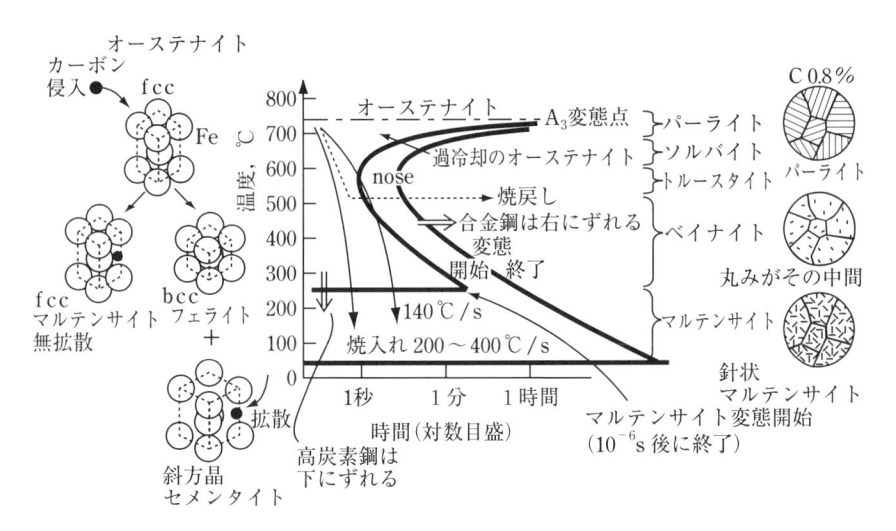

図 5.3　鋼の TTT 線図（S 曲線）（参考文献 12 の筆者の畑村の図から作成）

戻しの熱処理を行い，研削で仕上げる．また，低炭素鋼では溶接して溶接金属を鋳造する．

（a）**焼入れ**（quenching）：A_3 変態点まで加熱してから急冷すると，250 ℃ 近辺でオーステナイトからマルテンサイトに変態する．冷却速度と温度との関係を定量的に説明する図として図 5.3 の TTT 線図が使われる．Time Temperature Transformation の略であるが，200 ℃/s 以上で急速に冷却すると，変態開始点の左を温度履歴線が通りマルテンサイトに変態される．変態開始線はノー

ズ（nose, 鼻）と呼ばれているが，500℃近辺で左に曲がり，それに温度履歴線がぶつかるとパーライトとマルテンサイトとの複合組織ができあがる．たとえば途中まで急冷しても，図の点線のように500℃近辺で保持すれば，トルースタイトと呼ばれる組織，つまり針状のマルテンサイト組織がやや丸みを帯びたような組織が生じる．

　焼入れは，図の左に示すように，オーステナイトのfcc組織に侵入していた炭素が拡散して融け込まないうちに結晶の中に過飽和に残されてしまう処理である．変態時間はわずか1μs程度である．マルテンサイト組織は，割り込まれた炭素によってゆがめられ約1％も体積膨張する．一方，徐冷すると，過飽和の炭素はセメンタイトFe_3Cへ拡散していき，拡散した結果，炭素がいなくなったフェライトのbcc組織との層状組織が生じる．

　焼入れ後に，変態で発生する応力が解放されないと焼割れが生じる．図5.2に示したように，水で急冷するのを水焼入れ，油で急冷するのを油焼入れと呼ぶ．油焼入れの方が1/3と冷却速度が小さくなるが，いずれも図5.3のノーズの左を通って250℃近辺でマルテンサイト変態する．しかし，そこに達したら，水や油の槽から出して冷却速度を小さくするのが焼割れ防止のコツである．また，溝や穴がある部材では，水に入れる角度を考えないと水が回らずに，底まで焼きが入らない．このため，焼きが入った表面との間に応力が生じて，水焼入れだと割れることもある．

　また冷却速度は，表面でしか大きくならないことを忘れてはならない．図5.4は水焼入れ後の硬度分布を示したものだが，図(a)のS45Cでは直径25mmの丸棒でも硬くなるのは高々深さ5mm程度である．そして直径が大きくなると，熱容量が増えてさらに急冷しにくくなって，表面だけでなく全体に硬度が小さくなる．しかし合金鋼になると，図(b)のクロム・バナジウム鋼のように中心まで硬くなり，深焼きできるようになる．つまり，図5.3のノーズが右にずれるので，小さな冷却速度でもマルテンサイト変態する．

　焼入れは鋼の多様性を決める大きな要素である．高価な高炭素鋼を焼入れしないで"ナマ"で用いると，エンジニアとしてバカにされるので要注意である．

○ 筆者らは刀鍛冶の焼入れを夜まで待って見たことがある．夜にやるのは750℃程度

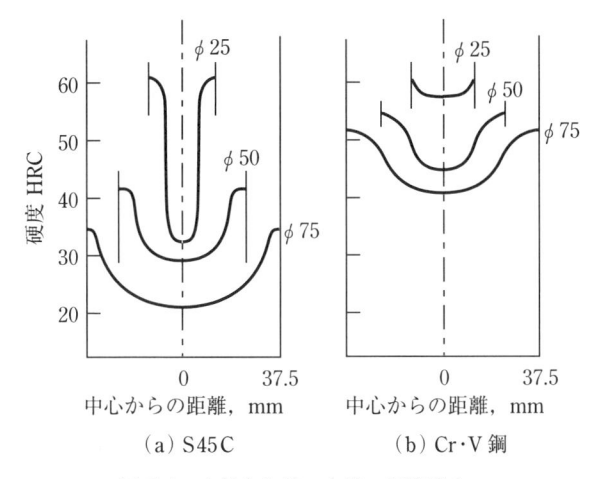

図 5.4　水焼入れ後の丸棒の硬度分布
（参考文献 18 の図から作成）

に加熱した鋼のほのかな赤色を見るためである．炭の中に刀を入れて鞴（ふいご）でこまめに加熱し，均質に赤色になるまで数分と時間をかけていたが，一瞬のうちに刀を水にジュッと入れて，すぐに水から出した．なお，焼入れの前にマスキングとして粘土を全面に塗り，焼きを入れる部分だけを波状にかき取っていた．焼入れ後に磨くと，その波状の刃文がよく見えるようになった．

（b）**焼戻し**（tempering）：焼入れすると，結晶組織がゆがめられ，硬いが脆いという性質になる．そこで，焙（あぶ）って粘りを出そうというのが焼戻しである．A_3 変態点以下で加熱してゆっくり冷却すればよいのだが，粘りを出したいほど加熱温度が高く設定され，たとえば 600 ℃ にする．図 5.3 の左に示したように，温度が高いほど炭素がマルテンサイトの結晶の中から放出されて，パーライトに近い組織になる．しかし徐冷すると，その炭素が結晶粒界に析出されて結晶は脆くなり，いわゆる焼戻し脆性が生じるので，ほどよく速く冷却する．素材の中には，あらかじめ焼入れ・焼戻しして硬さと粘さとを要求どおりに出した鋼材があるが，これを調質材と呼ぶ．「鋼なら何でもいいから精密に削って下さい」という要求ならば，図 3.6 の右下に記したように，S45C 調質材が最も入手しやすく安い．

（c）**焼鈍し**（やきなまし，annealing）：これは，鋳造や圧延後の残留応力を解

放するために，A_3 変態点以上に加熱して全体の組織をオーステナイトに戻し，さらに炉の中で数十時間変えてゆっくり冷やして全体をパーライトに変えるという熱処理である．オーステナイトにするために，A_3 変態点より 50 ℃ 高い温度，たとえば 800 ℃ に加熱してから，図 5.3 に示したように，A_3 変態点より低い温度に保ってパーライトに近い組織に変態させる．なお，焼鈍しという言葉は応力解放の熱処理全般に用いられる．たとえば，450 ℃ 近辺の再結晶温度以上に加熱するのも，また 1 100 ℃ 近辺の鋳鋼の凝固偏析除去で加熱するのも，焼鈍し（やきなまし）または焼鈍（しょうどん）と呼ばれ，鋼種ごとに秘伝の焼鈍しが適用される．

（d）**焼ならし**（焼準，normalizing）：組織を均質化するために，焼鈍しと同様に A_3 変態点より高い温度に加熱した後に，それより低い温度に 1 時間程度保つが，次に炉の外に出して空気中で放冷する．つまり，焼入れは水冷，焼鈍しは炉冷であるが，焼ならしは中間の空冷である．焼鈍しのように，あまりにゆっくり冷やすとパーライトの結晶が成長して大きくなるので，ほどよく微細のままに保ちたいときに用いる．焼ならしは，たとえば 0.8 ％ 以上の炭素はセメンタイトとして網状に析出するが，それを防ぐために，ほどよくゆっくり冷やして炭素をオーステナイトの中に拡散させて球状に残すために用いるが，これも秘伝に近い熱処理方法である．

（e）**浸炭**（carbonizing）：表面から炭素を拡散させて表面だけ硬くする処理である．図 4.16（e）の拡散めっきの一種であり，昔は木炭や青酸カリ（KCN）の中に入れていたが，今は一酸化炭素（CO）のガスの中に入れる．ガス炉の中で 1 000 ℃ 程度で 10 時間保持しても，炭素は深く拡散されずに，たとえば浸炭深さは高々 1 mm 程度である．低炭素鋼を浸炭して，表面だけを高炭素鋼に変えてから焼入れしたものを "肌焼き（はだやき）" と呼ぶ．外が硬いが，中が軟らかいという硬さと粘りを満足する "薄皮饅頭" が作れる．また，あらかじめ銅めっきでマスキングした部分は浸炭されないので，低炭素鋼の大型部品ならば，浸炭部分は焼入れして硬くし，未浸炭部分は溶接して接合するというような "芸当" ができる．

（f）**窒化**（nitriding）：これも，表面から窒素を拡散させて表面だけ硬くする処理である．窒化は浸炭よりもさらに深く入らず，深さ 0.3 mm 程度である．ア

ンモニアガス（NH$_3$）中に 500 ℃ 程度で 20 時間程度さらすが，熱処理温度が低いのでひずみが生じにくい．浸炭も窒化も，むりやり原子を押し込むので，表面には残留圧縮応力が生じる．また，鋼を真空中の窒素プラズマの中に入れても，イオンの窒素が鋼に打ち込まれて窒化できる．

（g）**高周波焼入れ**（induction hardening）：歯車や駆動軸を部分的に誘導加熱して瞬時に真っ赤にした後で，水をかけて急冷する．欲しい部分だけを短時間で焼入れできるので，広く用いられている．まず，銅パイプを焼入れしたい部材の外形形状に沿わせてコイル状に巻いておき，パイプ内に水を流して水冷させながら電流を流す．次に，その部材をコイル内に通して誘導加熱し，動かしてコイルから抜けたら水をかけて急冷させる．マルテンサイト変態して体積膨張するから，窒化と同様に表面に，たとえば S38C で 600 MPa と大きい圧縮残留応力が発生する．

5.2.2 非鉄金属を熱処理する

アルミニウム合金のうち，熱処理できるのは Al‑Cu の 2000 系，Al‑Mg‑Si の 6000 系，Al‑Mg‑Zn の 7000 系などである．これらの合金は，切削後に加熱して合金成分を固溶限度以上にアルミニウムの中に溶け込ませた後に，水で急冷して過飽和のまま固めて用いる．この焼入れを"溶体化処理"と呼ぶが，完全に焼鈍したものに比べると引張強さは 2 倍程度と大きくなる．また，それを再び低温だが加熱すると，過飽和に固溶した溶質の一部が析出して引張強さが増加する．この現象を"析出硬化"または"時効硬化"と呼ぶが，さらに引張強さは 20 % 程度大きくなる．2017 はジュラルミンと呼ばれるが，500 ℃ 程度で溶体化処理した後は，室温でも析出硬化が進む．合金名の後に T4 のように表しているのは，この一連の熱処理である．

一方，圧延，引抜き，切削などの加工を行うと，ひずみが溜まって硬化する．これを"加工硬化"と呼ぶが，焼鈍しすると再結晶してひずみが緩和される．緩和をほどよいところで止める熱処理は，合金名の後に H4 のように表されている．完全に再結晶させたのは O（オー）と表される．塑性変形で細く伸ばされた結晶は，焼鈍しで直径 約 10 μm の細かい丸い結晶粒に再結晶し，さらに長く高い温度で焼鈍しすると，結晶は粗大化して直径 数 mm と大きくなる．

チタン合金も，アルミニウム合金と同様に溶体化・時効硬化と加工硬化の 2

種類の熱処理がある．しかし，機械工場では，いずれも材料メーカから熱処理済みの素材を買って加工するのが一般的であり，鋼のように切削後に自分で熱処理することは少ない．

○ 筆者は銅のペンダントを作ったことがある．このときは，まず銅板を真っ赤に加熱した後で水に入れて急冷した．そうすると軟らかくなり，たたいてマンホールの凹凸を写し取ることができた．たたくうちに硬くなるが，そのときはこの焼入れを再度行う．最後に，製品として硬くするときは真っ赤に加熱してから放冷する．つまり，鋼の焼入れと冷却条件が逆である．たぶん，たたくと加工硬化するが，再結晶温度まで加熱すると，ひずみが解放されて軟らかくなり，また，それを放冷すると添加物の何かが析出して硬くなるのだろう．鋼の熱処理手順を一般化してもすべてに応用できるとは限らない．

5.3 残留応力を制御する

図4.12に示したように，表面の残留応力が引張だと，クラックが広げられて摩耗，疲労破壊，応力腐食割れの原因になり好ましくない．そこで，図5.5に示すような残留応力を圧縮に変える工程が採用されている．

図(a)は前節で述べた高周波焼入れ，図(b)は同じく窒化による窒素の拡散である．マルテンサイト変態または拡散で，表面だけが体積膨張して圧縮応力が生じる．高周波焼入れは，たとえば新幹線の車軸で用いられすべりは生じ

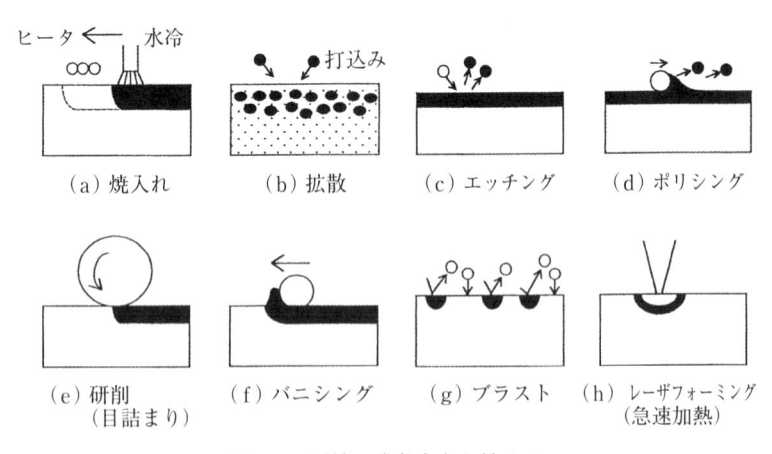

図5.5 圧縮の残留応力を付ける

(a) 焼入れ　(b) 拡散　(c) エッチング　(d) ポリシング
(e) 研削(目詰まり)　(f) バニシング　(g) ブラスト　(h) レーザフォーミング(急速加熱)

ないが，ブレーキによるトルク変化で生じるフレッティング摩耗を防げる．窒化のような拡散は，ナトリウムのような大きなイオンを拡散した強化ガラスにも適用されている．引張応力層だけをはがしてしまうのが，図（c）のエッチングや図（d）のポリシングである．はがす加工で再び引張応力を付与しては何もならないが，エッチングや放電では大きな応力が発生しない．

　表面に圧縮の塑性変形を起こすのが，図5.5の下段の方法である．図（e）の研削では目詰まり状態でゴシゴシ加工すると，図（f）のバニシングと同じように，削るより押す現象が強くなる．目詰まりの研削は，たとえばベアリングのころがり面研削に，またバニシングは，油圧シリンダのシリンダ内面仕上げやUO管の内面拡管加工に用いられる．図（g）は，アルミナやガラスのような粉体を吹き付けるブラスト加工である．同様に圧縮の残留応力が発生するので，溶接構造物の後処理に用いられる．図（h）はレーザフォーミングと呼ばれる．つまり，局所的に急速加熱して熱膨張させるが，周りは温度上昇せず加熱部分を拘束するので，圧縮塑性変形が生じる．鋼船の船首の曲げ加工では，ガス加熱と水冷却を用いて厚い鋼板を曲げるが，原理は同じである．

5.4　薄層構造化して集積回路を作る

　半導体の集積回路では，図5.6に示すように図4.22の印刷のリソグラフィを用いてマスクを作り局所的に薄層加工を施す．薄層加工は，溶かす加工である図4.14のエッチング，付加加工である図4.16（k）の蒸着，図（ℓ）のスパッタリング，図（m）のイオンプレーティング，図（o）のCVDなどの真空中の成膜，または改質加工である図（n）の打込み，図（p）の熱酸化などの真空中の拡散，などが広く用いられている．

　リソグラフィと薄層加工を繰り返して，たとえば図5.7に示すようにNMOSのICが作成される．5枚のマスクが用いられ，p-Si（p形半導体の単結晶シリコン基板），n^+（n形のうち，リン（燐）が多めの半導体シリコン），SiO_2（絶縁膜），ポリSi（多結晶シリコン，導電膜），PSG（リンガラス，絶縁膜），アルミニウム（配線），PSGというように多層化される．図から工程がリソグラフィ，成膜，除去，改質の間を行ったり来たりしていることがわかる．薄層の厚みはいずれも0.1 μm程度であるが，加工時間がウェハ基板1枚につ

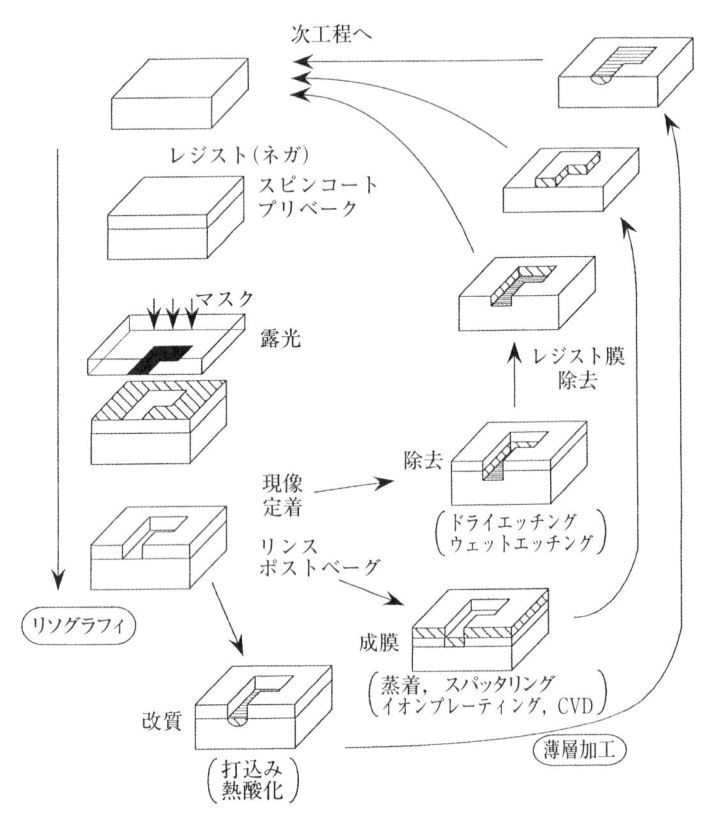

図 5.6　半導体集積回路の基本的工程
(参考文献 42 の筆者の中尾の図から作成)

いて 1 分になるように加工条件が設定される．

　NMOS は，ゲートにおいてポリ Si と p‐Si との間に SiO_2 をはさんだコンデンサを作成し，ポリ Si に印加した電圧によって p‐Si に電荷を発生させ，ソースからドレインに流れる電流層の厚みを制御する．機械的にたとえれば，ビニルホースをつかんで水流を制御するのと同じである．トランジスタとしての性能は，絶縁膜厚と呼ばれるゲート下の酸化膜の厚み，たとえば 0.01 μm と，ソースとドレインの n^+ のチャネル長と呼ばれる距離，たとえば 0.4 μm とで決定される．

5.4 薄層構造化して集積回路を作る　183

NMOS の IC の断面図

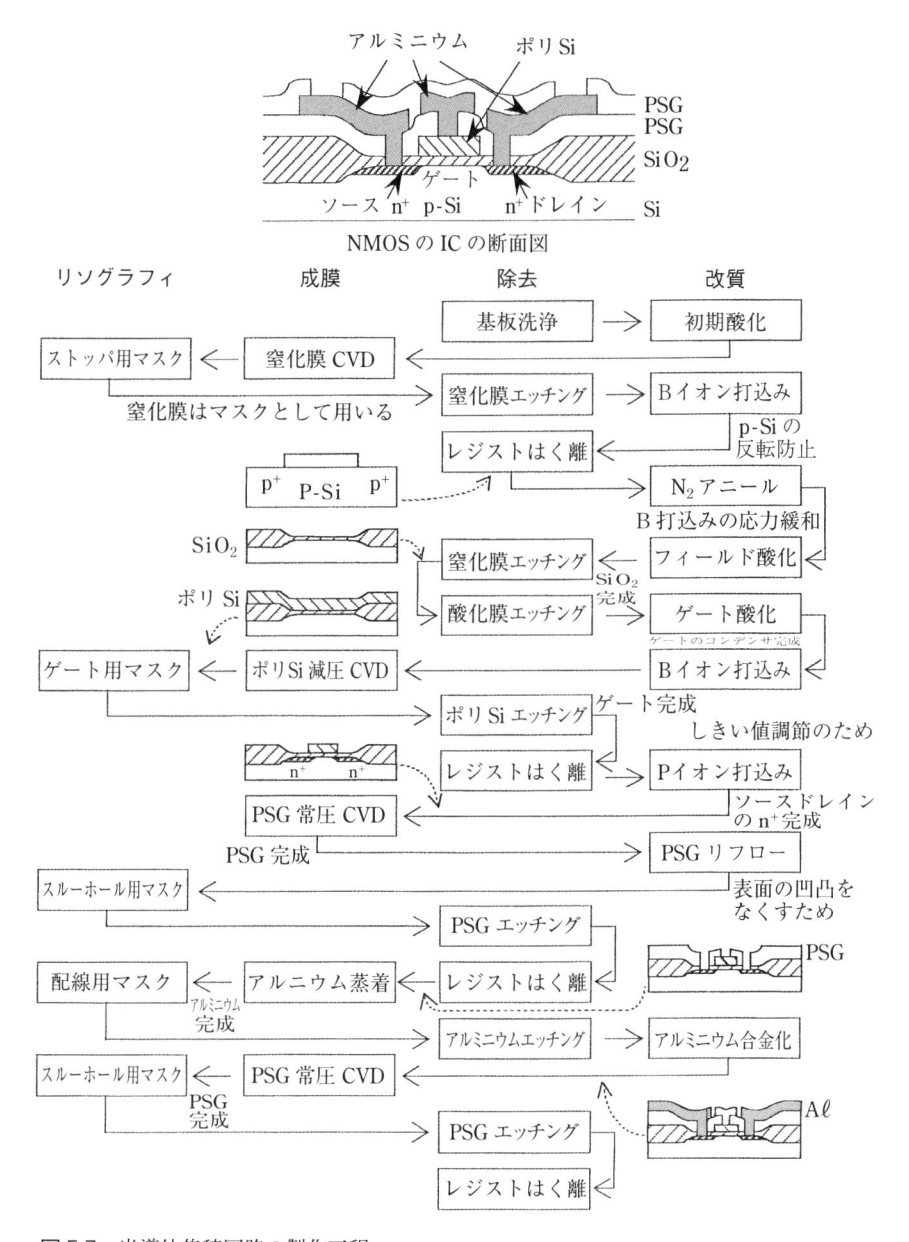

図 5.7 半導体集積回路の製作工程
（参考文献 42 の筆者の中尾の図から作成．そのもとの図は参考文献 41 から作成）

5.5 最後の仕上げをする

5.5.1 商品価値を高めるために仕上げをする

前述したように，素材を形状創成して表面を機能創成してから，商品価値を高めるため仕上げをする．集積回路の生産では，この仕上げ工程が全コストの約 20 % 以上を占める後工程（あとこうてい）であり，また機械製品の生産でも，全工程の約 20 % を占める検査工程である．鋼船や飛行機，鉄道車両では艤装（ぎそう）と呼ばれ，化粧されて乗客の満足が得られるようになる．いずれもその製品の本来の主機能ではないが，商品価値を確立する大事な工程である．

図 5.8 には，たとえばセンサを付けて知能化した金型を示すが，このような製品でも，図に示したような各種のプロセスが不可欠である．図の右から説明を始めるが，まず仮組して配管・配線を行い，電気回路やコネクタはパッケージングする．次に図の上にあるように，寸法・形状などを測定し，試運転しては手直しで研磨して修正する．また，電気的に検査して，センサや回路では使用電圧以上に印加して初期故障で破壊しそうなものを，このときにバーンアウト（壊れそうなものを意図的に壊してしまう処理）させる．また，図の左に示すように，しゅう動（摺動）部や軸受にグリースや油を給脂し，逆に手で触れる外形は脱脂して洗浄・塗装する．最後に，プレートや検査書を添付して包装・

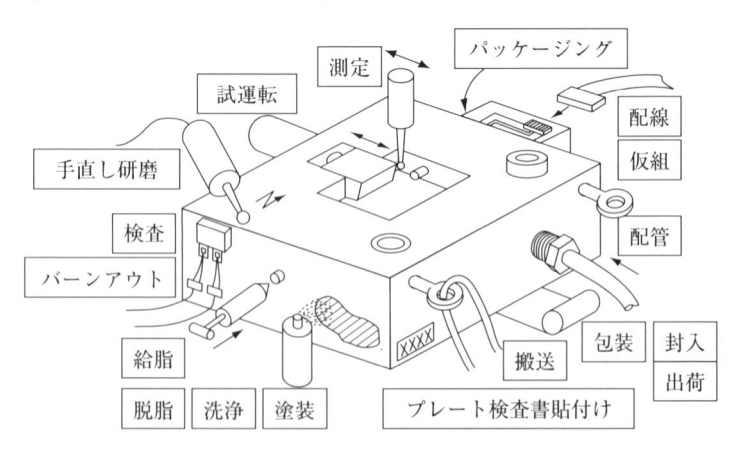

図 5.8 最後の仕上げをする

封入して搬送・出荷する．

　設計経験の浅い設計者は，主機能しか頭にないから，実はこの工程で失敗する．たとえば，最後に出荷する段階で，図に示したアイボルト（輪が付いたボルト）を付ける雌ねじを忘れてワイヤで吊れないことに気付き，現場作業者に頼み込んでハンドドリルとタップで雌ねじをあける．ヤレヤレと思いきや，最後にそもそも大きくて扉か屋根を切らないと外に出ないとか，重くてエレベータに乗らないとかに気付く．誰でもこのような失敗には枚挙に暇がないものである．

5.5.2 要求機能を検査する

　要求機能が満足することを確認するために必ず検査工程が必要になる．このとき，その検査方法の原理がわからないと，合格・不合格にかかわらず自分が設計した製品やその生産プロセスが正しいのかがわからない．設計者は，加工現場だけでなく，一度は検査現場に赴いて見学することが大事である．

　機械装置の検査には，大別して形状検査と性能検査とがある．前者の形状検査では変位測定を用いるが，特に微小変位の測定方法の原理を知ることが重要である．なぜならば，これらは定規，ノギス，マイクロメータ，3次元測定器などのように変位を直接測っているわけでなく，直観的に理解しにくいからである．表5.1に，分解能 $0.1\,\mu\mathrm{m}$ 以下と微小変位が測定できる方法を示す．

　（a）から（e）まではレーザを用いる方法で，超精密加工機器では（a）のマイケルソン干渉計を頻繁に用いる．そのうち，最も巨大で最も正確なマイケルソン干渉計は重力波検出装置で，ハーフミラーから移動面・静止面まで日本では300 m，アメリカでは4 kmのが建設されており，その長さの 10^{-20} 程度の変化が測定できる．300 mに対して月の潮汐で $1\,\mu\mathrm{m}$ 変化するが，超新星の爆発による重力波によるひずみは原子間距離の 10^{-6} と非常に小さいが，それを検出することも可能である．

　（a）の干渉計ではハーフミラーで分けられた二つの光路における光の位相の差を測るが，（b）のドップラー計では周波数の差を測る．（c）は光ファイバの端面から回折する角度が一定であることを応用して反射光量を測る．また，（d）は反射光の反射角度や反射位置の変化を，（e）は焦点位置の変化を測定する．（a）の波長は絶対変位としてマスタに用いることができるが，（b）から

(e)までは何か別の方法で出力と変位との関係を求めないとならない．

(f)から(k)まではレーザ以外の原理を用いる方法である．その中でも，多くの超精密加工では，測定機器として(f)の静電容量の変化を用いる．そのほ

表5.1　各種の微小変位測定原理（参考文献42の筆者の中尾の図から作成）

	移動面	分解能/測定長レンジ 応答周波数	コメント
(a) レーザ干渉 （マイケルソン）	静止面	0.1〜10nm/1〜10m 〜100Hz	最も正確．ただし湿気・気圧に注意．400万円．
(b) レーザドップラー	静止面	1〜100nm/0.1μm 100〜1MHz	振動計として用いられる．光ファイバのものもある．400万円．
(c) レーザ反射 （光ファイバ）	光ファイバ	0.1〜1μm/0.1〜1m 〜50kHz	50万円． 反射光量が距離に関係する．
(d) レーザ反射 （光てこ）	PSD	0.1〜1μm/0.1m 〜50kHz	50万円． AFMでは傾きを測るための光てことして使う．
(e) レーザ反射 （焦点）	焦点判定センサ	0.1〜10μm/10μm 〜10Hz	光ディスクの焦点のトラッキング方法と同じ．
(f) 静電容量	電圧印加	10〜100nm/10μm 〜50kHz	コンデンサと同じ． レーザ干渉の次に正確．50〜200万円．
(g) 渦電流	コイル	0.1〜10μm/1〜100μm 〜10kHz	10〜50万円と安い． 小形のものもある． 移動面を導電性にしておく．
(h) 磁場 （MR，ホール素子）	MR, ホール素子	0.1〜10μm/1〜100μm 〜1MHz	磁気ヘッドと同じ． 移動面を磁化させておく．
(i) 超音波	超音波素子	1〜100μm/0.1〜10m 〜10Hz	超音波顕微鏡にも用いられる．
(j) 差動トランス （電気マイクロ）	コイル	0.1〜1μm/10μm〜1m 〜10Hz	10〜50万円． 接触式だが使いやすい．
(k) 変形 （ひずみゲージ ピエゾ素子）	ひずみゲージ	0.1〜1μm/10μm〜1m 〜1kHz	自分で作れば簡単． ピエゾ素子を使えば加速度計になる．

かに，(g)の渦電流（インピーダンス）や(h)の磁場の変化を測定したり，(i)の反射超音波の干渉や，(j)の差動トランスによるインダクタンスの変化，(k)のひずみゲージやピエゾ素子による変形量の変化などを測定する．これらも，(b)～(e)のレーザ測定と同様に何か別の方法で出力と変位との関係を求めないとならない．多くの場合は，測定面を差動ねじで1 μm程度おきに正確に送って，出力と変位との関係を求める．次に，この関係を用いて微小出力から微小変位を測る．しかし，本当はノイズに隠されて信号が見えないことが多いのに，10 Hz程度のローパスフィルタを通して誤魔化すことが多い．

いずれにしても，測定器で表示される変位量は物理量の変換を繰り返して得られた値である．たとえば，変位の変化が静電容量の変化に表され，それがチャージアンプの電圧変化に表され，さらにA/D変換器でデジタル値の変化として表示される．だから，たとえば被測定物の変位ではなくて，被測定物の結晶の誘電率の差が変位のように検出される可能性もある．

一方，後者の性能検査では，光学特性，電磁特性，耐疲労性，耐摩耗性，耐熱性などの各種のパラメータを測定するが，それぞれ異なる．つまり，光量，磁場強度，重量，温度，音量，力などの物理量から電気信号まで変換するプロセスが多種多様に異なる．ここでそれぞれを説明することは割愛するが，いずれも物理量の変換を繰り返して特性を測定していることを忘れてはならない．

生産現場では，測定量のゆっくりしたドリフト（drift，時間と共に変化する現象，漂流のようなゆっくりとした変化を指すことが多い）を相殺するために基準（マスタ）と比較する方法を採用する．たとえば，静電容量測定子と被測定物と同材質のマスタ表面とを接触させてから，測定子を5 μm離して，そこを0Vとしてリセットすれば，被測定物からの絶対距離が測定できる．一連の動作を較生（または校正，calibration）と呼ぶ．しかし，接触の判定や5 μmの並進が測定者によって異なり，測定者に測定変位のチャートを付けさせると，較正するたびに不自然に不連続変化することが多い．また，一般の機械加工現場では，変位測定法としてエアーマイクロ，3次元測定器，表面粗さ計，原子間力走査顕微鏡，真円度計，真直度計，平面度計などを用いているが，いずれも万能の測定器ではない．それぞれの測定原理，分解能，測定長レンジ，応答周波数，較正方法，較正間隔などは，一つずつ自分で勉強し，記憶するしかない．

5.5.3 考えてもいないところでクレームが生じる

前項で述べたように，最後の仕上げでは失敗が生産不良として顕在化されるが，そこを不幸にも通過してしまった製品は，使用中にクレームとして顕在化される．機械製品の不良やクレームを原因解析すると，ほとんどは図 5.9 に示すような原因に大別される．

使用した後で時限爆弾のように生じるのが，図 (a) の摩耗 (wear)・腐食 (corrsion)・疲労 (fatigue) である．これは不良原因として分類されるが，実は発生現象や破壊結果を分類しただけであり，本当の原因を解析せずに手短なところから対応策を考えることが多い．本当の主因は，たとえば潤滑油切れや引張残留応力であるが，不良解析さえ難しい現象だから，設計時に予想することも難しい．輸送機械では，使用中に配線ケーブルや配管ホースがブラブラして根元から切れることも多い．この原因も多くは疲労や腐食であり，本当の主因は，たとえば締結ねじのゆるみや補強用の蛇腹（じゃばら）の不備である．

図 (b) のコスメティックディフェクトは化粧的欠陥であり，主機能とは関係ないが，商品価値として問題になる．図の右下の切削バリやカエリは手を切る恐れがあるが，洗浄残し，ダレ，打痕（だこん），斑点，色ムラ，欠け，湯境

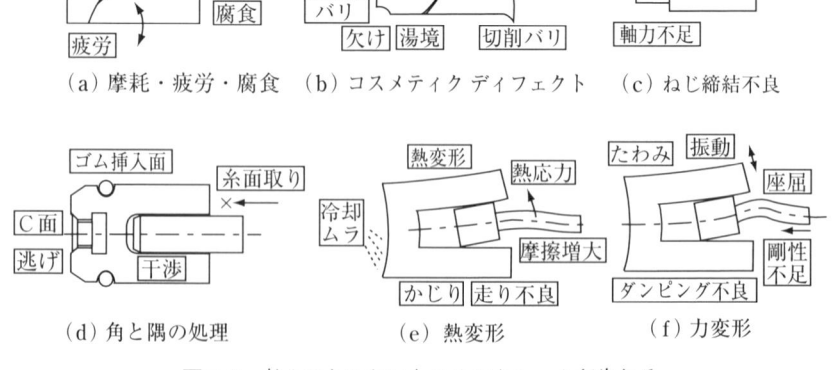

図 5.9 考えてもいないところでクレームが生じる

(a) 摩耗・疲労・腐食
(b) コスメティックディフェクト
(c) ねじ締結不良
(d) 角と隅の処理
(e) 熱変形
(f) 力変形

(ゆざかい)，型成形バリは見栄えが悪いだけである．

図（c），図（d）は，機械加工特有の不良原因である．つまり図（c）は，ねじ締結の不良で，座面へたり〔弾性変形の応力が自然に緩和されてばね力がなくなること（settling）．または一定応力下で塑性変形が増加するクリープ（creep）現象も含まれる〕，ゆるみ（looseness）などである．また，ボルトと通し穴との摩擦や接触面のたわみの変形は軸力不足として観察される．図（d）は角や隅の処理であるが，両者の干渉，糸面取り，ゴム挿入面，ねじC面，隅の逃げなどが問題になる．

図（e）は熱変形で，破壊はしないだろうが，機械がたわんで問題になる．冷却ムラがあると熱変形が生じ，それを防ごうと変形を拘束すると熱応力が発生して疲労で壊れることがある．熱変形は，しゅう動面のたわみとして発生すると，かじり（しゅう動スライダが傾いて角が当たり塑性変形が生じること），走り不良，摩擦増大などとして顕在化する．図（f）は力変形で，これも破壊はしないが，ダンピングや剛性の不良から振動やたわみとして顕在化する．しかし，破壊まで進行するのが座屈（buckling）である．圧縮応力は，クラック伸展を防止して大概は好ましいが，座屈だけは重大問題である．

○ 筆者が磁気ディスクの生産のエンジニアだったとき，生産意欲のエネルギの大半を合金磁性膜の欠陥低減と液体潤滑膜の吸着強化に費やした．磁気ディスクの主機能は信号記録であるが，この二つはその特性とは関係ない副機能である．

前者は，要するにゴミ退治である．成膜する前に1 μm程度のゴミが付くと，それがマスクのように働いて膜が切れ，当然のことながら信号が発生せず，不良になる．研磨後のウェット表面を速やかにドライな表面に置換すべきなのだが，どこからかゴミが入る．最も汚いのは真空装置で，基板の保持部に蓄積した成膜がポロリとはがれると，基板は欠陥だらけになる．

後者は，要するに化学吸着層の成膜制御である．分子量3 000程度のカーボンとフッ素が直鎖状に並ぶ液体潤滑膜をカーボンの固体膜の上に化学吸着させるのだが，均一に1層だけ吸着させるのがコツである．それより厚くてもヘッドが吸着してへばり付き，それより薄くてもヘッドの摩擦で潤滑膜が飛ばされて固体接触が生じて摩耗に結び付く．吸着は，直鎖の終端のベンゼン環やOH基をアンカーのようにしてカーボンに付けるが，加熱したり，紫外線を照射したり，吸着しないのを洗い流したり，多くの対策を片っ端から行った．そもそも分子がどのように吸着されているのか観察でき

なかったのが問題だった．しかし，その商売を離れて大学に転職してから友人と共同研究を続け，数年後に原子間力走査顕微鏡で観察する方法を確立できた．触針と液体潤滑膜とは大きな表面張力が生じるが，触針に潤滑膜をはじくような膜を付けて表面張力を小さくしたり，またはディスクごと凍結させてから 1 nm 程度のカーボン膜で表面を覆って潤滑膜を固定した．

　主機能を実現するために，R & D グループとして華々しく製造条件を設定したこともあったが，ほとんどは縁の下の力持ち的な地味な仕事であった．エンジニアの仕事とはそんなものである．しかし，視野を広げて，主機能だけでなく，副機能まで含めて多くの要件を同時に思考することがエンジニアの仕事である．このときに最も大事なことは，一つのことだけに，ドボンとはまらないことである．早くから一つの設計解に絞って没頭するうちに，周りの環境変化が見えなくなる．アンテナを立てて誰か別の組織の人が正解を求めたという噂を聞いたら，交渉を始めて自分の組織が採択するか否かをすぐに決めなければならない．利益が出るのならば技術導入も選択肢の一つである．工学は，技術的側面だけでなく，組織的で人間的な側面もあるから面白い．

第6章　実際はこういう組織で作られる

　本章では製造組織の知識を紹介しよう．特に，エンジニアとして製造業に入社してから始めの数年間に，前章までに述べた製造技術の知識と同じように製造組織の知識が必要となる．たとえば，組織の形態，組織内で個人が生きる方法，組織の経済的な評価方法，製造組織の将来の予測などを一人で学ばなければならない．

6.1　エンジニアはどのような組織で働くのか

6.1.1　組織にはどんな職種があるのか

　ここでは，従業員が400人程度の部品製造会社を考えることにしよう．なぜならば，筆者が体験した日本や米国の工場がその程度だったためである．自動車や半導体になると従業員1万人超の大組織で製造するが，それでも製造組織の形態はほとんど同じで，400人の組織を相似的に大きくしたものに過ぎない．

> ○　製造業を見学したときに，会社の大きさを概略的に捉えたいならば従業員数を聞けばよい．従業員数がわかれば，売上額が大体わかる．一般に，従業員1人当たりの1年間の売上額は，東証1部に上場しているような大企業で5 000万円程度である．つまり，400人の会社では年売上額が200億円程度になる．工場では，1年間よりも1月間の売上額をパラメータにして売上を論ずるが，月に直すと20億円弱である．もちろん，その5 000万円は組織の形態で変わり，たとえば，設計や商品企画の部門を持たない製造下請け専門の中小企業や製造子会社で半分の2 500万円程度，また営業部門が自社以外の製品の売買を仲介する，いわゆる商社機能も有する会社で倍の1億円程度である．

　次に，組織の職種を図6.1で説明しよう．図から組織が分業化されていることがわかる．小さな組織では，たとえば10人程度の町工場では，スーパーマンのような社長が加工の段取りからカネの工面までを担当して，従業員の性格ま

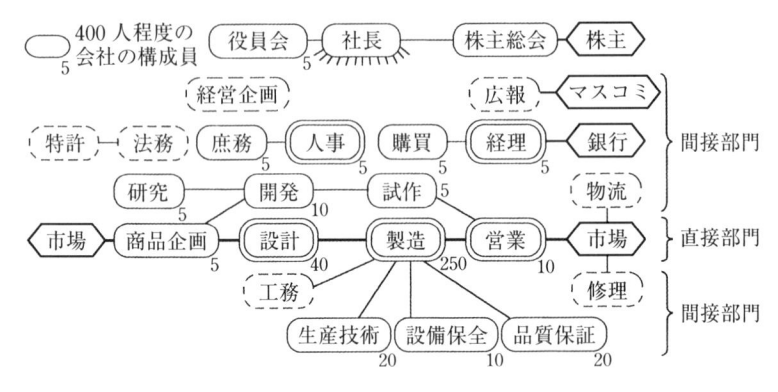

192　第6章　実際はこういう組織で作られる

```
 ┌─400人程度の      ┌役員会├─┬社長├───┬株主総会├◇株主
 └─会社の構成員    └──┬─┘5 └┬┬┬┬┘     └───┬─┘
                  5     │経営企画│            ┌広報├─◇マスコミ
                        └────┘            └──┘
 ┌特許┐┌法務┐┌庶務┐┌人事┐┌購買┐┌経理├─◇銀行 ┐
 └──┘└──┘└──┘└──┘└──┘└──┘5      │間接部門
 ┌研究├┌開発├┌試作┤5              ┌物流┐       │
 └──┘5└──┘10└──┘                └──┘      │
◇市場├┌商品企画├┌設計├┌製造├┌営業├◇市場 ┐直接部門
      └────┘5└──┘40└──┘250└──┘10      │
                ┌工務┐                 ┌修理┐ ┐間接部門
                └──┘                 └──┘ │
             ┌生産技術├┌設備保全├┌品質保証┤      │
             └────┘20└────┘50└────┘20
```

企画　→　設計　→　実行　（思考過程の順に並べる）

図6.1　製造業の会社組織の分業化

で熟知しながら細かく指示できる．しかし，一般に従業員が200人を超えると顔と名前が一致しなくなり，社長の仕事も分業化せざるを得なくなる．つまり，ここで家業から事業へ展開して図6.1のようになる．この図では，図1.4で述べたように左から右へ，企画，設計，実行と具体化する方向に部門を並べた．上から順に偉いというわけではない．

職種は，製品の流れに直接関係する直接部門と，その直接部門をバックアップする間接部門とに分けられる．図6.1では，職種を担当する課・室・部に付ける一般的な部門名称だけでなく，会社外の要素，つまり市場，株主，銀行，マスコミも記してそれらとの関係を示す．図の中央左右に，市場から市場へとものや情報が流れるのが直接部門である．また，図の最上の社長は会社で最も偉く，そこにすべての権限が集中する．しかし，従業員には見えないけれど，その社長を選ぶのが株主総会である．なお，部門長で特に偉いのが図の二重丸の人事，経理，設計，製造，営業の5部門の部長で，ここから役員が生まれる．部門を列挙すると，

　直接部門：商品企画（またはマーケティング），設計，製造（工作，加工，施工），営業（販売）

　間接部門（技術系）：研究，開発，試作，工務，生産技術，設備保全，品質保証（検査），修理（お客様係，アフターケア），物流

　間接部門（事務系）：経理（財務），購買，人事（勤労），庶務（総務），法務，特

許（知的所有権），広報，経営企画（グループ戦略室）

　図6.1の部門名の脇に書いてあるのが400人程度の企業の配属人数の例である．製造部門が6割以上と大勢を占めることがわかる．製造工程が自動化するとその比率が減少するが，それでも3割程度を占めるのが普通である．なお，点線で囲んだ部門は，400人程度の小規模の企業では仕事が少ないので，誰かが兼務したり，他社に委託したりする職種である．また，営業は顧客と直接に取引きする場合と，顧客との間に商社やディーラ，卸，小売店などを通す場合とがある．後者の場合，口銭（こうせん）と呼ばれる仲介手数料を15％程度取られるが，それでも自社の販売組織を自ら広げるよりは効率的であることが多い．

　このように，製造会社では「原料や素材を買い，加工して付加価値を加えて売る」という事業を地道に続けている．しかし，それだけでは製造会社として自立活動できない．つまり，このものの流れが生じると，それと逆方向に販売代金や設備投資というカネの流れが生じるからである．それを一手に担当するのが経理部門である．起業したときを考えてみればよい．商品の代金として現金が入ってくるまで原料と設備を買う資金をどこかから借りてこなければならない．このために，銀行を通して融資を，または証券会社を通して投資をそれぞれ受けることを実行する．前者は debt finance, つまり借金することで，利子も払うし，元金も分割して返さなければならない．後者は investment, equity finance, つまり株式を発行して買ってもらうことで，利子の代わりに配当は払うが，額面の元手は返さなくてよい．

○ 製造会社を補完してカネの流れを支えるのが銀行や商社，保険，証券などの金融会社である．日本では，「原料を輸入して加工品を輸出する」ことが明治以来の国富取得戦略であるが，実際に製造会社がエンジンとなってものを動かし，その結果，カネが流れて日本経済を100年以上支えてきた．しかし，1985年から1992年頃までは金融会社が跋扈（ばっこ）し，ものの流れの100倍程度にカネの流れが太くなり，いわゆるバブルとなった．逆に2002年現在は，バブル崩壊に伴ってカネの流れが脳梗塞のように詰まり，ものの流れへも支障をきたしている．

○ 組織自体が自立して活動できるのは軍隊だけである．戦地だけでなく，地震火事や火山爆発が生じた災害地に派遣されても，警察は宿舎や食事を他の組織に頼らね

ばならないが，軍隊ならば食料やエネルギを自給しながら活動できる．それに近いのが中国の製造業の企業で，まるで企業が一つの街自体のように，宿舎から学校，市場，公園，田畑，交通，自警団まで持っている．
○ 2002年現在では，製造会社でもものの流れを全部取り扱う必要はなく，得意な部門が分離独立して，各企業からの外部委託で生きていくことが推奨されている．たとえば，研究，設備開発，検査，修理などの部門が100％子会社で分離独立している．一般に，小さな子会社に分社化されると従業員は経営を監視するようになり，自分の働きが経営に反映されると一所懸命働くようになる．また，ものの流れは分断されても，ITを駆使して各種の情報，たとえば，市場の要求，コストの削減，顧客からのクレーム，新技術の発明が分断されずに流れれば生産活動は存続できる．そこで，まずスリムになるために直接部門だけを残して間接部門を縮小する．縮小し続けると，社長と経理担当役員だけが残る．さらに，直接部門でさえも手や足に当たる製造や販売を切り売りして，頭と胴体に当たる商品企画と設計が残り，ついにはそれさえ切り売りして脳の経営企画だけが持株会社として残る．ちょうど，脳が培養液の中に浮いていて，それがコンピュータを介して工場内のヒトとロボットを指令する，というSF映画的な風景が製造業に生まれている．

6.1.2 新人は組織のどこに配属されるか

俗にメーカと呼ばれる会社に高卒や大卒で就職すると，一般に学歴に関係なく，理系は直接部門の設計・製造，あるいは研究・開発に，また文系は直接部門の営業，あるいは経理に配属される．特に，設計・製造・営業・経理の部門は会社の全体像が短期間で理解できるから，そこで3年程度修行した後で別部門に振り分けられる．

1970年代に，日本の製造業で中央研究所設立ブームがあった．基礎技術タダ乗り論として日本の応用開発を欧米にたたかれ，研究・開発（Research and Development, R & D）に人材を回すようになった．それ以来，まずはR & D希望という学生が多くなり，理系学生全体の7割を占めた．しかし，1995年頃から風向きが変わり，今はR & Dのアウトソーシング（外部への委託）が叫ばれ，中央研究所や開発センターは縮小の一途を辿っている．それに伴って，学生の希望もR & Dから商品企画へと劇的に変化した．就職活動中に，先輩から「自分の思いを形にしたのがこの製品なんだ」という熱弁を聞くと，コロリと商品企画へ希望してしまう．それでも，創造性が満ちあふれている学生はこれで

よい.

　一方,設計・製造・営業・経理の新人向けによかれと思う部門は,個人の派手な演出は期待されず,地味で面白みに欠けるので敬遠される.しかし,枠組みが既に確立されているので,創造性が多少欠けていても,体力さえあれば仕事の充実感・達成感が味わえる.筆者は,就職活動中の学生に「自分の性格に合った会社や職種を選ぶのが一番」とコメントしている.そうしないと,結局は転職または離職することになる.

　各部門に配属された新人は,製品の知識,製造の知識,組織の知識を身に付ける.このとき,成熟した製品や製造の技術は多種多様の制約条件がガンジガラメに干渉し合っていることを痛感する.何をやるにも,まず組織の歴史的ノウハウや人間関係のように明示されていない制約条件を表出してから分析し,その条件下で最適解を探すことが仕事になる.しかし,20歳代に上司から「これが仕事だ」と強く刷り込まれたエンジニアは,もう二度と商品企画やR&Dに移籍できなくなる.もちろん,自社の制約条件が思考の中に凝り固まって,転職もままならない.一般に,商品企画やR&Dでは設計手法が異なる.ネガティブな制約条件よりは,ポジティブな顧客の要求や製品の機能,セールスポイントなどを見つけることから始める.「視野狭窄病にかからない」,これが2番目のコメントである.真面目な人間ほど発病して,いわゆる"会社人間"になってしまう.

　○ R&Dも商品企画も,組織全体ではサッカーに例えればフォワードのポジションである.創造力を期待され,幾度シュートミスしようが個人技で1点でも取れば誉められて,会社のスターにもなれる.本人も,試合に負けてもゴールを決めればご満悦である.でも,このようなスターが監督になると,性格自体が身勝手なうえに,守備を含めた全体像が見えないことが発覚してチームは混乱する.図6.1でもわかるように,商品開発・研究・開発・試作のフォワードは25/400の6%で,サッカーで言えば11人中1人のワントップで十分である.この程度だったら,筆者のような変人がいても組織は生きていける.

　　一方,設計・製造・営業の直接部門が中央のディフェンスであり,経理・生産技術を初めとした間接部門はサイドのディフェンスである.ディフェンスは何度攻められても確実にクリアーすることが課され,組織としてバランスを保つことが重要視

される．仮に個人に得点能力があるといっても，得点を狙って上がりっ放しで逆襲されたら罰金ものである．中央のセンターハーフやリベロは，司令塔として試合の流れや構成員の気分を把握しやすい立場にあるが，その気遣いが監督としても成功をもたらす能力となる．ゴールキーパーは人事や経営企画であり，扇の要のポジションである．

　日本の会社は，得点よりも失点を恐れてゴール前を規律厳守で固めることが多い．1対0で守り抜いて勝つ試合だけでなく，5対4で打ち勝つ試合もビジネスプランに持たないとベンチャ企業的な挑戦はできない．また大学は，極論すれば101対100で勝てばよいのであって，全員センターフォワードで構わない．確かにポジティブな教授が多いが，その割には得点に当たる研究成果が，社会の期待より少ないのが問題である．

○　一般に，製造業の文系と理系との構成員比率は1対2から1対4程度で，理系が多い．役員になると，この比率が逆転する製造業も鉄鋼，電力，食品のような成熟産業には多い．技術が経営のキーテクノロジではなくなったのだから当然の結果である．若い頃には，出世を望まず，人生を楽しむと広言していた先輩でも，50歳ぐらいになると出世競争に必死になっているから，就職前に四季報で役員構成くらいは調べておいた方がよい．

○　就職活動中の学生に話している3番目のコメントは，「その会社，その事業部に一生いることはない」ということである．今後の日本では，一つの製品に携わって，または一つの会社に属して大過なく仕事ができたというような幸せな技術屋人生を送ることは難しい．なぜならば，日本が他国と比べて十分に豊かになったため，製品が成熟化した途端に発展途上国で作った方が競争力を有するからである．一般的に，日本で技術者や研究者が生きていくには，① 新しいものを産み続けるか，② 物流や文化が問題となるような製品を国内向けに作り続けるか，③ 古いものを使えるようにメンテナンスし続けるしかない．

　①の仕事が最も面白く，実際に科学技術立国を目指して日本政府が投資している．たとえば，今なら，後述するようなバイオ，IT，エコ，ナノテクの分野である．しかし，新産業の規模は小さくて成功確率が低いにもかかわらず，常にポジティブに挑戦する性格が必要であり，ストレスが溜まり長生きする確率が低くなる．なお，人事の採用担当者は，卒業学科ごとに，たとえば機械，電気，情報と専門を分けて配属を決めることが多いが，仕事もオフェンスとディフェンスがあるから，それに合った性格ごとに配属すべきである．その方が，結局，定着率が高くなる．

　上記の②，③は新規性はないが，仕事の充実感・達成感は味わえる．たとえば，図2.2で挙げた製品のうち，カレーうどん，飲料缶，木造住宅，入れ歯，書籍などは

②であって，今後も日本人の好みに合ったものを日本で作ることになろう．また，電力，運輸，土木，建築，食料，安全，環境などの仕事は③の分野で，日本の生活を維持するために，メンテナンスに手抜きは許されない．

○「会社を選べても上司は選べない」．これが4番目のコメントである．それを言ったら就職すること自体が恐くなるが，確かに上司との相性が悪いと仕事が辛くなる．転職の理由として上司を挙げる人は少なくないが，逆に上司がよければ仕事の見方が変わって面白くなる．これが就職するときの最大の賭である．最初の3年間ぐらい，自分に合った上司の下で働けるのならば，それは最高の幸せである．悪い上司に当たると，視野狭窄病になり，慢性化して会社人間になってしまう．3年も経つと，新人も擦れてきて上司を適当にあしらうことができるが，最初の2年間は生後半年の赤ん坊の脳が発達するのと同じである．この大事な時期に酸素が脳に回らなくなると，壊死したまま会社人生を送らなければならなくなる．

6.1.3 組織にはどのような職位があるのか

組織は，勝つために分業化だけでなく階層化する．たとえば，国家，企業，軍隊，任意団体，開発チームなどの組織は，2人集まればリーダを決める．人間の意見がまったく同じということはあり得ないから，上下関係のないフラットな組織にすると，何も決まらない．決まらないうちに社会環境や景気が変化すると，追従できずに，敢えなく倒産する．仕方がないから，まず上司を決めて，その人が何でも決定し，残りの人は決定事項に従うというシステムを人間は作った．

その結果，日本の製造業も図6.2 (a) に示すようなピラミッド形の人員構成の構造を有するようになった．図では，全社1万人の大製造会社と一つの製造部の人員構成を示したが，製造業ではヒラが多く約3/4である．ピラミッド形と言うより，先が尖り，裾は広がるエッフェル塔形である．ヒラの人数には，工場内の子会社や協力工場からの派遣社員やパートも含まれている．彼らは景気変動のバッファーとして採用されているが，工場では大体，社員と同数ぐらい在籍する．つまり，正規の従業員の雇用が変動しないように，簡単に募集・解雇できる臨時の従業員の枠の変動によって景気変動分を吸収している．

一方，ヒラが工場に集中する結果，母体の親会社には労働組合を抜けた，いわゆる課長以上の中間管理職が多くなり，本社では，たとえば7割が課長以上

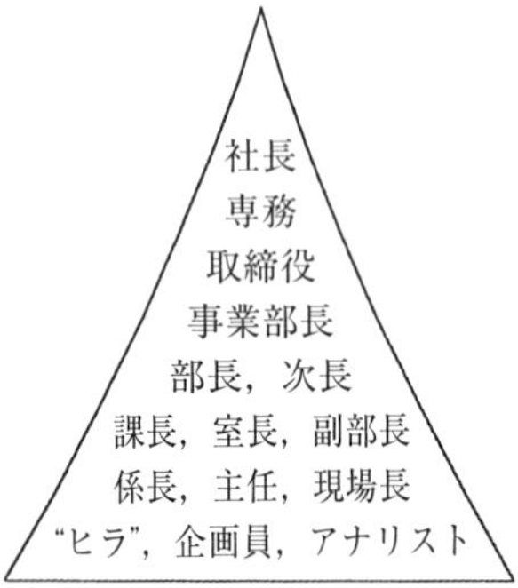

図6.2 製造業の会社組織の階層化

(a) 従来までのピラミッド構造

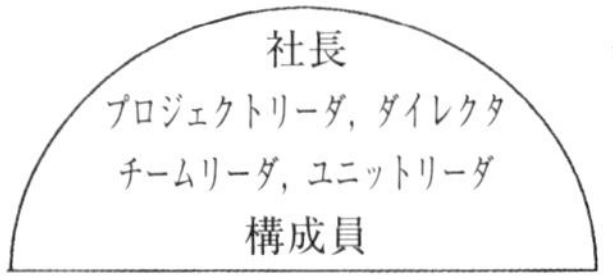

階層	似た職種	人員構成 1万人の製造会社（場内子会社を含む）	100人の製造部の内訳
社長	会長，副会長	10	
専務	副社長		
取締役	常務		
	執行役員，フェロー		
事業部長	理事，技師長，技監	10	
部長，次長	参事，センター長，主管技師	50	2
課長，室長，副部長	副参事，営業所長，主任技師	500	4
係長，主任，現場長	主査，組長，課長補佐	2 000	16
"ヒラ"，企画員，アナリスト	室員，組員	7 430	78

(b) これからのフラット構造

階層	職種	1 000人の設計会社	100人の研究所
社長	執行役員	10	2
プロジェクトリーダ，ダイレクタ	ジェネラルマネージャ	50	10
チームリーダ，ユニットリーダ	マネージャ，スペシャリスト	300	40
構成員	企画職，一般職	640	48

という異常な状態が生まれてくる．そうなると，部・課長にも階層化が必要になり，"統括主任副部長"のような職名が案出される．"通勤快速"が急行より速いのか判断できないのと同じで混乱する．このような多層的な階層化も，構成員が会社のために一所懸命に働いたことを給料を増やさずに勲章で報いた結果である．つまり，社長になれずとも，せめて課長や部長になろうと頑張ったお父さんに報いたのである．

しかし，階層化をすればするほど，一般に下層からの情報が上層に汲み上げられず協業意識が硬直化する．つまり，下層の構成員は"指示待ち人間"になり，頭の回転が止まって挑戦心も薄れる．いわゆる"大企業病"であるが，組織を取り巻く環境が大きく変化しないときは，この病に冒されても組織は慣性力で動ける．ところが，現在はITと中国が急発展してきて，このままでは製造業の生きる道はないと，多くの日本の企業が感じるようになった．そこで，企業は1990年頃から急激にピラミッド組織から中間管理職を抜いた，いわゆる

フラット組織を採用するようになった．

　その例を図6.2（b）に示す．ヒラから経営者まで，レポートすべきスーパーバイザ（管理者）の数が半分の2人程度になり，人員構成は釣り鐘形に近づく．また，このリーダは，いわゆるタスクフォース（プロジェクトチーム）形のリーダで，何かのミッションに限って期間限定のリーダになるのが特徴である．たとえば，新製品開発チームリーダや新材料研究プロジェクトリーダに任命されても，そのプロジェクトが終了すると，主管，参事，主任技師のようにリーダに任命される資格を示す職種に戻る．なお，企業では開発プロジェクトの存在自体を競争他社に知られたくないため，一般的に，名刺にはこの資格に当たるピラミッド組織の職名を刷ることが多い．

〇 フラット組織になると情報が減衰しなくなるが，逆にリーダがよく見えて，反応の鈍いリーダは下剋上（げこくじょう）の餌食になりやすい．たとえば，ヒラが社長にEメールで直訴すればよく，実に簡単である．実際，正直で正確な情報が怪文書として組織外に流出すれば，それから会社ぐるみで隠しおおせたはずの秘密が捜査される．たとえば，内部告発から三菱自動車のリコール隠しや，雪印食品の牛肉虚偽表示のような事件が発覚している．

　日本では，西郷隆盛や大山 巌のような大人物がリーダとして好まれ，これまでは参謀が作成したボトムアップの案をゴチャゴチャ言わずに飲み込める人物が社長になっていた．それでは，平時ならばともかく，戦時だと戦況の変化，特に参謀が知り得ないその戦場以外の技術変化や社会変化に応じきれなくなる．第二次世界大戦の太平洋の島々では，旧日本軍は夜間に敵陣を迂回して白兵（はくへい）突撃する戦術で緒戦を連勝できたが，その後，それを繰り返すうちに手の内を見られ，補給が途切れると玉砕していった．一方，米国の海兵隊は強襲上陸で緒戦を連敗したが，船舶形態や砲撃方法を変えながら改良して逆転勝ちしていった．米国では，もともと大統領のようにトップダウンで作戦を次々に創出できる強い人材が好まれるので，社長だけに権力集中したタスクフォース形の組織を平時でも作りやすい．日本も，今後 ある程度 混乱すれば，織田信長や明治の元勲のような個性の強い戦時用人材が重用されよう．

6.1.4　組織の中をどのように出世していくか

　図6.2（a）のピラミッド組織が強固に維持されていたときは，エリートの出世コース，落ちこぼれの左遷コースが双六のように大体決まっていた．現在でも，エリートを超特急で40歳までは出世させる組織，たとえば役人，軍隊，警

察，JRのような組織は出世街道が決まっている．しかし，製造業の民間企業では，今や創業家の御曹司でさえ決まった道を歩いた人が順に出世できるわけではない．しかし，幹部候補生は組織全体や組織を取り巻く環境を俯瞰できる立場に回される．製造業ならば，製造や営業から始めて，子会社の幹部や経営企画室長をして，プロジェクトリーダや執行役員になり，常務，専務，社長になる．

　日本の民間企業は，本社の人事がエリートを一括採用して，戦略に従って振り分けていくが，その後も陰で出世コースを操作し，エリートは知らず知らずに育成される．一方，米国の民間企業は，上長が自分の部下を個々に採用するので，人事がコントロールできない．しかし米国では，元気でうるさく，たとえば自分のアイデアをCC（カーボンコピー）で他部門の上司まで配布しまくるタイプの人材が多いが，そういうタイプの人材は優秀で，新しいプロジェクトに内部から抜擢される可能性が高い．洋の東西を問わず，優秀な人材は誰が見ても優秀なので，上長との相性という不確定要因を除くと，日米でも同じように出世する．

　問題は，今のポジションが嫌になったときのことである．日本では，人事がコントロールしているから，相談次第では会社を辞めずとも，たとえば研究から営業に移籍することも可能である．一方，アメリカでは，上長が嫌いならば辞めるしかない．その際，たまたま内部の営業のポストが空いているときは，外部の希望者と同じように，営業の上長に好かれるように就職戦線を勝ち抜かなければならない．

　世の中には悲観的な性格の人間も多い．成功して出世することより，失敗してクビになることをいつも心配している．終戦以来50年間の日本では，ある程度，人生の成否が大きく振れない代わりに安定が見込めた．それが，最近のように今の仕事の結果だけを評価されると，5年後が読めない．もちろん，若いうちの失敗は経営に役に立つと考えられ，後に役員まで出世するケースも増えてきたから，失敗を過度に恐れる心配はないかも知れない．しかし，それでも出世するには，失敗の事実に正面から対処したという強い性格が評価される．いずれにしても，楽観的に強気で生きていかないと出世できない組織に変わったことは確かである．

○ 国立大学も2004年頃に独立法人になると，教育用として学部・学科・講座というピラミッド組織は一部で残るが，研究用としては期間限定で特定課題を研究するフラット組織が主になる．つまり，国からの戦略的研究費用はプロジェクトごとに助成されるから，自分以外は誰も興味を持たないような趣味的研究は，必要な場所や人材が集まらず続けられなくなる．そして，筆者を含めて，自分の研究は何が面白くて何の役に立つのかを常に第三者に評価されることになる．

6.1.5 組織の中ではどこの誰が何を決めるか

一般に，図6.1の分業組織の上流ほど，また図6.2の階層組織の上位ほど，思考過程の上流を考える．つまり，表6.1に示すように，上流・上位者ほど企画を立案し，課題を設定する．

株式会社にとって，究極の目的は利益の追求，つまり「儲かりまっか」である．それを実現する手段として，製造業は売れる製品を作らなければならない．前章までは，それが作れるかどうかを論じており，表の4，5段目の設計課長か設計主任のための知識を支援していた．このレベルの決定は，一所懸命勉強すれば誰でも同じような正解に行きつける．特に，人間は他人が作ったものを見れば，自分でも不思議に作れるものである．脳に目標を与えると，多少効率が悪かろうと活性化して，そのうちに設計パラメータはすべて決定できる．日本の明治以来130年の成功は，これを物語っている．

決定で困ることは，この思考の上流で失敗すると，下流でいくら努力しようと回復できないことである．つまり，新商品を出しても企画がピント外れだと売れずに，企画を具体化した部下は"骨折り損のくたびれ儲け"になる．表6.1

表6.1 組織のどこの誰が何を決めるか

分業組織	階層組織	思考過程	人数	仕事量	決定数	責任
経営戦略	担当役員	企画立案	少	少	多	大
商品企画	企画部長		↓	↓	↓	↓
設計・開発	設計部長	課題設定（機能）	↓	↓	↓	↓
設計・開発	設計課長	設計解選択（機構）	↓	↓	↓	↓
設計・開発	設計主任	具体案決定（構造）	↓	↓	↓	↓
製造・試作	製造部員	具現化実行	多	多	少	小
営業	営業員					

の右に示すように,思考過程の上流を担当する部門ほど少ない人数で絶対的に少ない仕事量をこなしているが,仕事の質が高くなり,決定数が増えて大きな責任を持たされる.つまり,この作業は頭を使う仕事である.それは,体を使う仕事の延長線上にはないので教育方法が難しい.人材を,別個に幹部候補生をエリートとして育成するか,別会社のやり手社長をスカウトするか,いずれにしても何かしないと組織は転覆してしまう.

しかし,幹部候補生の教育は難しく,彼または彼女がいくら学業優秀でも,最初から思考過程上流職種に抜擢したところで,既存の組織からヒット商品が生まれることはない.普通は,組織全体の動作メカニズムが理解できずに失敗する.一般に,日本の製造業では40歳ぐらいで図6.1の400人ぐらいの組織を運営できるように人材を育成している.ということは,15年ぐらいは下積みが必要で,その間に超特急で多くのポジションを経験させないとならない.この期間では会社が蓄積した報告類をいくら読んでもダメで,"体験"が不可欠である.

体験の必要性の理由は,まず①組織内には,「自分のように組織の利益を優先させる人間ばかりでない」という現実を実感させるためである.確かに,組織の益より個人の情を優先させ,姑息にも足を引っ張る人間も存在する.会社が傾きかけたときに,一致団結するように全従業員を鼓舞できる人物はそうはいない.もしかしたら,下積みは教育するためではなく,選択するためなのかも知れない.自分は大将の器でないとわかったら,参謀に徹した方が組織のためでもある.次に,②組織内には,「報告書以外にも暗黙知が秘密裡に存在する」ことを実感させるためである.それも悪いことに芋蔓のように,失敗をきっかけに初めて顕在化する.たとえば,回転させて軸受が振動したときに,事故が起きてから初めて上長が常套手段の防振方法を教えるのである.上長ならば,回転という機能を聞いた途端に頭を働かせて軸受,振動,防振と失敗までのお決まりのシナリオを話してもらいたいものだが,人間はトリガー(引き金)が入力されないと記憶した知識が出力されないものである.実際,大きな事故を対応すると,脳の中のすべての回路が活性化してエンジニアとして一皮むけるといわれるが,その事故をバーチャルに再現して教育しても,やはり受講者は虚構と感じて脳が活性化しない.結局,体験するしかない.

○ 自分が部下だったら，上長から課題を命令されれば期日までに設計解を報告しなければならない．報告が文書提出でなくても，いわゆる「ほうれんそう」で報告・連絡・相談を口頭でもいいから，こまめにやることがよい部下の仕事の秘訣である．このとき，報告は1段階上の上長宛に行うべきである．日本では2段階上の上長が査定することが多いが，それだからといって直接直訴すると，洋の東西を問わず嫌われる．

○ 逆に，自分が上長だったら，部下に適切に命令を下さなくてはならない．特に製造業の場合は，体を動かすことを課している職種の部下に命令することが多いが，このときは，具体的に一つずつ順に命令することが大切である．たとえば，作業状況を調べてもらいたいのならば，あらかじめ測定値記載表も作成しておいて，どの数値をいつどこにメモするのかを順番に細かく指示する．自分の目の代わりになってもらうのならばカメラを用意して，また耳の代わりならばテープレコーダを用意する．彼らには，「よきに計らえ」というような善処を課するほど思考代金として給料を払っていない．「作業を憎んでヒトを憎まず」と言われるが，実際，作業効率が悪い事例の大半は，作業員の質ではなく，作業命令に問題がある．

○ 人間は，分業化されると自分の責任範囲を明確化させて，その範囲外には無関心になる．特に部屋を与えられると，情報の流れがドアで遮断される．メールをいくら送っても，face to face の討論より情報伝達効率が悪いのは明らかである．そうなると，部下への決定がボケてきて成功率が低くなる．日本の組織では，経営者にならない限り，上長と部下が大部屋の中で一緒に席につくのが主流である．部下は，現場・現物・現実主義によって，いつも引き回されて席についていられない．こうすると現状は把握できる．たとえば，「クレームの後始末が命令されそうだから準備しておくか」とか，「新製品の発売が遅れそうだから応援を覚悟しておくか」という類の雰囲気がすぐ伝わる．といっても，大部屋に共生する隣の部や課の構成員と建設的な技術内容を話すことは少ない．職位にかかわらず，意見交換できるのは喫煙所と食堂だけである．活発に意見交換できるような空間設計が研究課題にならないのだろうか．

6.1.6 製造業ではどれくらい給料がもらえるか

図6.3（a）に，これまでの製造業の賃金カーブを示す．これまでは，「初めチョロチョロ，中パッパ」で，50歳代は仕事をしなくても30歳代の余録が「後払い」された．つまり，会社に長く在籍すればそれなりに昇給した．たとえば，特急コースでは，年収400万円でスタートして徐々に昇給し，エリートだと37

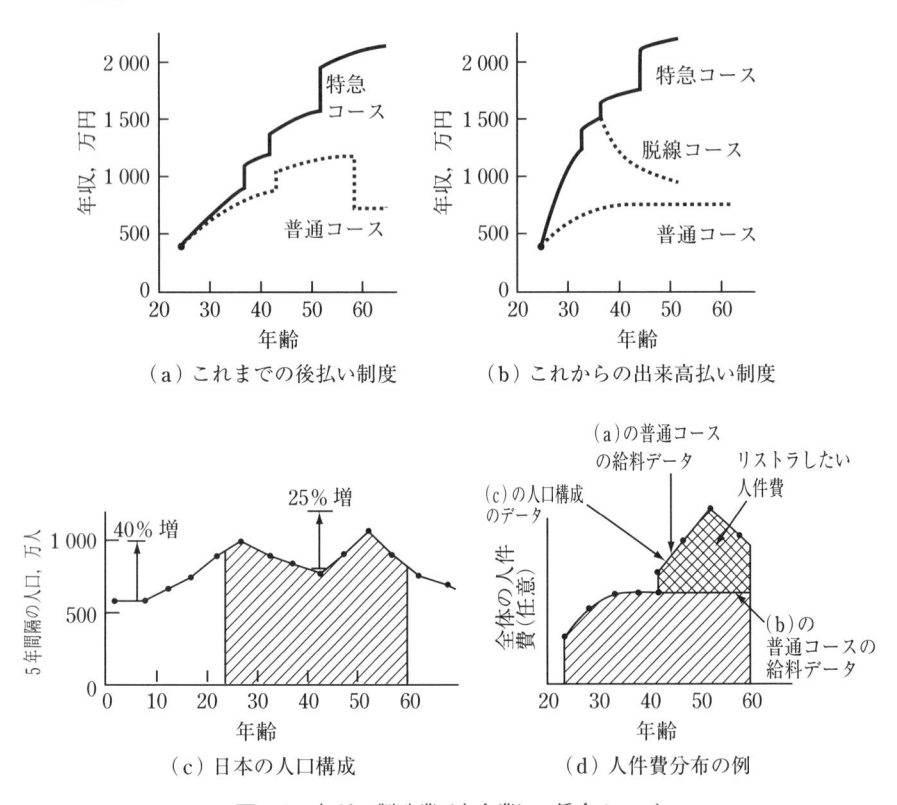

図6.3　各種の製造業（大企業）の賃金カーブ

歳頃に課長に昇進して不連続的に1 000万円を突破し，43歳頃で部長でこれまた不連続的に1 400万円に至り，運がよければ52歳頃で取締役になり2 000万円にジャンプする．普通コースでも，特急コースの7掛けぐらいで昇進する．中小企業は，さらにその7掛けと薄給である．そのため，これまでは事業内容が面白くても，大学出身者は学歴が売れないので敬遠していた．

　今は，仕事の成果に見合った分だけもらう「出来高（できだか）払い」の賃金カーブに変わっている．図(b)に示すように，特急コースでは30歳で1 000万円を超え，37歳頃には1 500万円のピークを迎え，それより上がるには経営能力が必要になる．また，ピーク時に経営能力がないことが暴露されると，低下する思考能力に比例して給料も下がる．また，普通コースでは，年収750万円ぐらいで飽和して仕事に見合った給料が払われる．この飽和曲線は，実は米

国の一般エンジニアの賃金カーブと同じである.

　また，図（c）に日本の人口構成を示す．2000年のデータだが，50～54歳の団塊の世代とその子供の25～29歳の世代が，その前の年代と比べて25%と40%多いという二山分布をとることがわかる．ここで，会社の人口分布も全国のそれに比例すると仮定して，その分布に図（a）の普通コースの給料を掛けると図（d）の人件費分布が得られる．43歳から団塊の世代にかけて山ができるが，図（b）の普通コースの飽和曲線分布になるように山を削ってみる．この山は過去の仕事に対する後払い分であり，現在の仕事の成果はゼロの部分である．すると，団塊の世代には半減を狙った大規模リストラが必要なことがわかる．2001年から吹き荒れる早期勧奨退職はこのためであり，43歳以上が半減しても売上げが減少することはない．

　なお，工学部の学生に話すと愕然とすることであり，筆者が社会に出てから騙されたと感じたことであるが，実はエンジニアの給料は安い．法学部・経済学部卒で，銀行，証券，保険に勤務している者は，後払いでもこれまで図（b）の特急コースと同じ昇給カーブだが，額はエンジニアの1.5倍だった．また，同じ工学部でもゼネコンは銀行並みに高かった．しかし，これからは規制や談合で守られていた多くの産業，たとえば電力，通信，ゼネコン，新聞，放送，銀行，証券，保険などは自由化・透明化になり，これまでのような能力の低い人でも一様にその高い給料が払われるということはなくなる．

> ○ 筆者は，昔，就職活動で給料のことを聞くのは気が引けた．どうせ日本中，横並びで大差はないだろうし，せっかくだから知識を社会活動に役に立てようと漠然と思った．これは貴族の責任（noblesse oblige）や武士の精神でもある．仕事も面白かったし，生活にも困らなかった．しかし，自宅を買おうと思い始めた30歳頃から世の中の給料格差に気がついた．米国に行ってから自分で所得税を申告し，上長と来年の給料を交渉し，駐在員仲間と給料を話すことで目覚めた．おかしい，日本は国をあげてカネカネと言わないようなマインドコントロールをかけているのではないだろうか．といいながら，給料がさらに安い国家公務員に転職してしまった．実際は，カネより仕事の充実感・達成感・満足感を選んだのである．

6.1.7　米国のエンジニアはどう違うのか

　これからの日本では，職業としてエンジニアはどのように処遇されるのであ

ろうか．それを考えるのに米国のエンジニアを観察するとよい．結論を先にいうと，日本は米国に近づいてきた．

　1993年に，筆者は「技術者と海外生産（日刊工業新聞社）」という本を執筆した．そこでは，米国のエンジニアの生活を日本のそれと比較して描いたのだが，10年前には思ってもみなかったことだが，すべてのことで日本も米国と同じようになってきた．

　たとえば給料だが，米国では出来高払いで，エンジニアは35歳頃に4万ドルぐらいで飽和する．これは，図6.3（b）の普通コースと同じである．その後で，シニアエンジニアやサイエンティストに出世すれば少しは上がるが，マネージャかダイレクタの特急コースにのれば青天井である．確かに，筆者が辞めてから2年後に，働いていたその会社はナスダックに上場して，ストックオプション（自社株購入権）をもらった同僚は億万長者になった．

　また，転職状況も米国に限りなく近づいてきた．日本でも20歳代の若い人は3年ごとに転職してステップアップするし，40歳代のマネージャもベンチャ企業に引っこ抜かれるし，50歳代の部長は退職金をたっぷりもらってリタイアである．人が少なくなるから仕事の知識をまとめている暇はなくなり，書類は米国と同様に，穴開けファイルは用いずにはさむファイルに入れておくだけになった．開くとすぐにバラバラになって時系列がわからなくなる．中には，2年ごとに転勤する役所タイプと呼ばれているが，封筒に入れて重ねて段ボールにしまうだけの人も増えてきた．コンピュータに入れておくのは愚の骨頂であるが，2年ごとにシステムが更新されるか，メモリがクラッシュするかして消失する．

　リストラも，外資が少しでも入っていると，米国を真似してまったく同じ方法をとるようになった．上長がパーソナルのものを入れる段ボールを用意して，1時間後にはサヨナラと言ってくれる．メールが直ちに切られるから，友達のリストラがわかる．健康保険は，米国では離職後3カ月以降はなくなり，自分で買うと数倍になる．日本でも，保険制度はいくつかの健康保険が解散するくらい大変で，自分で買うと同様な経済的問題が生じる．また，日本にも米国と同じように心療内科ができて，ストレスが溜まったときは向精神剤とセラピストが癒してくれるようになった．

また，日本のエンジニアも，米国のエンジニアのように会社への忠誠心よりも自分に対して正直になってきた．会社ぐるみで事実を隠したり，ズルをしても，必ず正義の告白書がばらまかれるから，失敗したときは会社が傷ついても自分の将来に傷がつかない方法を模索する．ただし，日本では正直に罪を告白しても，法律上，司法取引や刑事免責がないから有罪になってしまう．泣いて反省しながら話して，自首か自白扱いで減刑してもらえないと割に合わない．

さらに，定刻に帰るのは間が悪いのか，ズルズルと残業する若いエンジニアもこれまでは多かったが，今の日本には少なくなった．もちろん，新製品を自分の誇りにかけて実現したいから，そのときは半年間，月に残業200時間とバカみたいに働く．しかし，そのときには米国と同様に，離婚の危機を迎え，実際に筆者の同僚や後輩も，仕事か家族かというような人生の選択を真剣に考えた．

日本でも，海外の子会社に長期出張や出向することが，国内の地方の子会社に行くような軽い気分で命令されるようになった．駐在すれば，手当がついて給料が50%増しになるから，自宅購入用の貯金には悪くはない．しかし，駐在員が何の実業をせずとも，現地の噂情報を送るだけでリッチな生活ができたのも1995年頃までである．海外では，生産工場は清算され，営業所も閉鎖された．欧米の駐在員数は，現地の和食レストランに聞くと30%程度に減少しているらしい．駐在員が手取り足取りサービスしなくても，日本人はかつての商社マンのように，一人でも海外で商売できるようになったことも一因である．2002年現在，中国沿岸部の労働者賃金は月1万円程度と日本の1/20で，新卒エンジニアのそれは1/5である．さらに，5年も経てばエンジニアの賃金は同じようになって，日本企業はインドや中国奥地へと移動していくのだろう．外務省は軍隊を出動させてまでも日本人の身を守ってくれるのだろうか．米国とそこが最も異なる．

6.1.8 これからの日本の製造業はどうなるか

日本では2000年頃を境に，以前と以後で，BCとADと同じぐらいの変化が生じている．それは，1600年代の元禄時代の高度成長期が終了して，1700年代の停滞期が始まったような変化かも知れない．吉宗が享保の改革で新しいことを禁じたように，エンジニアにとって，技術停滞期が始まるとつまらなく

なる．メンテナンス志向や技能伝承奨励はその流れである．

図 6.4 で，製造業の産業規模を把握しながら分析してみよう．2000 年のデータを概略示すと，図 (a) に示すように日本の GDP (Gross Domestic Product) は 500 兆円で，そのうち 100 兆円が製造業である．製造業の出荷額は 300 兆円で，付加価値額に当たる利益＋給与がその 100 兆円である．出荷額のうち，輸出は 50 兆円である．なお，経常黒字は輸出から輸入の 40 兆円を引いた 10 兆円である．また，製造業の労働者は 1 350 万人である．

2002 年現在，日本政府は，経済が停滞してデフレが進んだら，今までの 400 兆円弱の国債は，幕末の薩摩藩の借金のように膨らんで絶対に返せなくなるから，是が非でも経済大国の勢いは続けなくてはならない．また，日本の製造業も，世界一の技術を創出してきた技術者軍団がいるうちに，世界の大量生産工場から先端技術開発工場に転身する賭を打ちたい．そのためには，過去のしがらみを捨てて，何とかして利益が出るように欧米的な競争社会を演出しなければならない．

結局，日本の製造業の大企業は，合併・同盟化が進展してグローバル的には巨大になろう．しかし，図 6.4 (b) に示すように国外の現地生産が進んで日本

(a) 現在の産業規模　　(b) これからの産業規模　　(c) 新たな産業形態

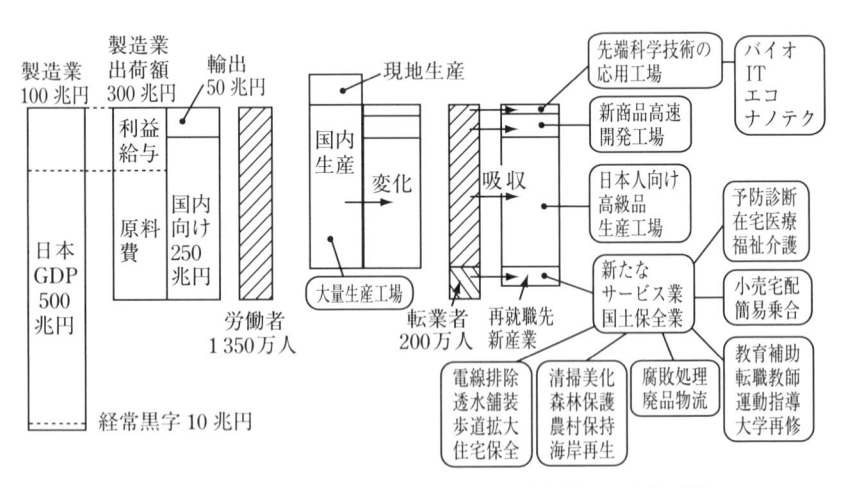

図 6.4　日本の製造業の変革

からの輸出が少なくなる．仮に輸出ゼロになったとしたら，その輸出減少分 50 兆円と出荷額 300 兆円との比で，国内の製造部の従業員は約 200 万人が不要になる．なお，250 兆円分の国内生産は従来の大量生産工場から変革し，一つは 50 兆円分（数字の根拠はない）の規模の研究・開発・試作が他国より速い新商品高速開発工場へと，もう一つは 200 兆円分の規模の内需主体で一部は輸出向けの日本人向け高級品の生産工場へと特化して変革する．この分は，引き続いて労働力を雇用し，吸収できるだろう．しかし，個々の企業は総計で 200 万人程度分の労働力を，特に 40 歳代以上の高給取りを狙い打ちして，リストラで整理し，黒字へと V 字型に復活するだろう．しかし，問題は彼らの再就職先であり，新たに産業を創出しなければならない．

その新産業は，図 6.4（c）に示すように，創業コストが小さく，規制を撤廃するとビジネスチャンスが生じるようなサービス業や国土保全業が主になろう．しかし，年収は 300 万円程度と安いので，今日のパンのためにというより，仕事の充実感と生きがいの確認が重要な目的となる．たとえば四字熟語でまとめると，予防診断，在宅医療，福祉介護，小売宅配，簡易乗合，教育補助，転職教師，運動指導，大学再修，清掃美化，森林保護，農村保持，海岸再生，腐敗処理，廃品物流，電線排除，透水舗装，歩道拡大，住宅保全などであるが，これらの仕事を国策として必死に創出すべきである．後半の産業は国が払う仕事であるが，原資は企業が V 字復活して払った法人税を当てるべきだろう．

もちろん，バイオ，IT，エコ，ナノテクの先端科学技術を応用した産業も，就業者は多くなくとも発展して人材を吸収するだろう．たとえば，安全監視 IC チップ，同時翻訳ソフト，ウェアラブル情報機器，ユビキタス生活，薬害検査，創薬チップ，再生医療，ロボット医療，自己消失材料，サイバーポリス，国民皆遺伝子情報化，衛星制御交通などを作る．しかし，これらを全部合わせても，現在の日本の GDP の 500 兆円の 1 ％ の 5 兆円にも満たないだろう．1 人が 5 000 万円稼ぐと 10 万人が働くことになる．もっと悲観的に言えば，仮に大学発のベンチャ企業が 1 000 社起業して，1 社が 10 人雇用しても 1 万人にしかならない．

これまでの製造業は，頭を使って創造を演出したい人間から体を使って疲労を伴った充実感を楽しむ人間まで，広く多種多様の人材を吸収できた．しか

し，これからの製造業は頭を使う高級エンジニアが主体になるのだろう．高級エンジニアは競争の社会であり，給料も高いがストレスが溜るので，タスク（仕事）を交代しながら，働いては休むシステムができあがるのだろう．

6.1.9 結局，どうやって生きると幸せか

世代間で異なるので，2002年現在で20歳代以下，30歳代から40歳代前半，40歳代後半から50歳代の三つに分けて考えてみよう．

まず，20歳代以下の若い世代であるが，彼らは幸せである．仕事が必ずある．図6.3（c）を見れば明らかのように，世代人口が30歳のそれのマイナス40%に減少するのだから当たり前である．現在の高校生は半数が推薦入学でき，受験地獄は死語になった．しかし，国としては，数で5%の優秀な若者が経済のエンジンとなって新技術を開拓してもらわなければ困る．もちろん，競争の社会に参入するかは自分の性格と相談する必要があろう．でもいずれにせよ，働くときは仕事に積極的に携わり，今そのときが幸せになるように生きることが大事になろう．後払いの保証を付けるほど日本には余力がない．

> ○ いつ切れても悔いない人生を送るべきである．若いときは会社人生は限りなく長いと感じるが，そんなことはない．筆者も，入社時は主任の上司を見て，ひどく年上に思えたが，あっという間に彼の年齢をいくつも越えてしまった．

一方，40歳代後半から50歳代は不運である．世代人口がそれより若い世代より25%も多いので仕事が行き渡らない．勝ち残れなかった人は，生きがいを得るような仕事を探すことが大切である．年収を300万円まで下げれば必ず新産業の仕事はあろう．仮に武士の誇りを持って体を動かさないと，ストレスで心が先にやられる．職に軽重はあるが，貴賤はない．まず試しに仕事をやってみて，それで苦しくなったら不義理をしても逃げ出せばよい．でも，それでは給料が入らない．このときこそ，家族や友達の助けが必要になる．50歳代は受験戦争から苦難が始まり，バブルの頃にこぞって高価な家を買い，上の世代の60歳代に儲けさせてしまった．さらに，60歳代に彼らの退職金と給料後払い分を稼いで払ってやってから，次に自分たちがもらう番でリストラされてしまった．本当に気の毒である．同じことが現在30歳頃の世代にも言える．これから争って住宅を買うから建築業界は潤うが，10年後の出世競争で同士討

ちして消耗するだろう．人口分布とは恐ろしいものである．

30歳代から40歳代前半は，人口も少なく，しかも稼ぎ時で幸せである．しかし，出世はコストに合わない．つまり，他人より一歩前に出るだけなのに消費するエネルギは大きい．そうならば，仕事と同じように住宅，家族，趣味，旅行，友達などにもエネルギを注ぐべきである．困ったときに助けてくれるのも仕事以外のつながりである．特に，仕事以外のところに数人の友達を作ればよい．趣味やボランティアの仲間，若いときのサークル活動や研究室の仲間が宝になる．自分は誰かが助けてくれる星の下に生まれたと信じ，助けてくれなかったら神様を恨むぐらいの他力本願を身に付ければストレスは溜らない．

○ 仕事以外に脳を鍛えるように活動するとよい．たとえば会社以外の勉強に投資する．駅前留学でもよいし，哲学書を読むのでもよい．週末に会社に出てきて自分の好きな実験をしてもよい．30歳代で鍛えた脳は10年後に役に立つ．筆者は，週に2時間，固体物理や経済学の勉強をすることにして結婚まで3年間続けた．また筆者らは，「実際の設計研究会」を1986年頃から16年間続け，工学の執筆事業を行っている．40人近いエンジニアが2カ月に1回集まって既に15冊も出版した．

○ 筆者の周りでさわやかに生きている友達は活力の制御がうまい．たとえば，仕事の波を自分で調整して，特に研究・開発の場合は，積極的に仕事に波を作って，気分のいいときに成果を出している．一方，経理・製造のようなルーティンワーク（型にはまった仕事）の場合は，逆に仕事に波を作らないようにして規則正しいリズムを作って成果を出している．

○ 一般に，財産は相続，学歴，結婚，仕事，投資などで増える．日本では都市部の住宅が異様に高価なので，最も財産が増える因子は相続と結婚だった．土地をもらって家を建てれば，土地代を遊びや趣味に回して人生が豊かになる．これからは少子化で家が余って，住宅は年収3年分程度で手に入るようになる．米国と同様に，ある期間にがむしゃらに働いた人が，仕事によって実力どおりに富を稼げるようになろう．賢くてめげない人材には都合のよい世の中がくる．

6.2 どうやって利益を算出するのか

ここでは，組織や個人の経済的な評価方法についてざっと説明しよう．本節で紹介する経済，簿記，税金，特許などは，勉強する気になって本屋に行けば，工学の数倍の規模で品揃えしているから数冊読めば理解できる．工学の数式を

解くよりは簡単であるが，必要性がないので勉強する気が起きない．揚げ句の果てに，ここぞというときに，つまり社長懇談会で経営者としての適性を試されたときにしくじるのがエンジニアの宿命である．

6.2.1 企業のバランスシートを作成する

事業を始めると複式簿記を付けるようになる．これは，カネの金額とそれに対応する理由とを，左（借方）と右（貸方）との二つの欄に分けて記述するものである．このとき，どれが右で，なぜ左なのかと会計士や税理士に問うても無駄である．エンジニアには，なぜ製図は三角法で描き，なぜ中心線は一点鎖線で書くのかを問うようなものである．作業コマンドとして体に染みついているだけで，作ったのは日本人ではない．日本では，工学と同じように，明治時代に西洋式簿記（book-keeping）を輸入し，江戸時代からの家計簿みたいにカネの出入りを時系列で記す大福帳を改めた．簿記は単なる商業技術で，一つの評価関数を扱っていると思えばよい．

複式簿記のコツは，キャッチボールを思い浮かべて"カネが出ていくときは右手で投げるからカネを右に，カネを受け取るときは左手で受けるからカネを左に，それぞれ記載する"ことである．多くの本を読んだが，久保博正著「これならわかる簿記・経理（日本実業出版社）」のこの指導の仕方が最もわかりやすかった．カネが記載されれば，それに対応する勘定科目を逆の位置に記せばよい．例題を表6.2に記す．表の前半を一度目で追ってみれば簡単にわかる．なお，掛とは後払いのツケ，債権のことである．

次に，この複式に書いたものを二つのグループに分けて並べ直す．一つは，現金や借金，商品，建物などのように，期末の時点で左右を相殺してプラス・マイナスを清算し，手元に残って実体が見えるもの（ストック）であり，もう一つは，売上や仕入，給料，交通費などのように期間内で左右どちらかに蓄積されて総計金額がわかるけれど，実体は見えないもの（フロー）である．図6.5のようにストックを並べたのがバランスシート（balance sheet，B/S，貸借対照表）で，フローを並べたのが損益計算書（income statement，P/L）である．続けて表6.2（続）をやって欲しい．これも，どれがストックか，どうしてそうなるのかと考える前にそんなものだと納得した方が早い．

図6.5に示すように，B/SとP/Lで同じ高さの段差が生じるが，これが期間

表 6.2　複式簿記をつけてみる

　　以下の期中の取引きを仕訳し、決算における貸借対照表(B/S)と損益計算書(P/L)を作成しなさい。なお、使用できる勘定科目は、現金・当座預金・売掛金・貸倒引当金・商品・備品・減価償却累計額・買掛金・借入金・資本金・売上・仕入・給料・旅費交通費・通信費・貸倒引当金繰入・減価償却費・支払利息・期末商品棚卸高とする。

1. 資本金として300万円を元入れして、中尾商事有限会社を設立した。
   　　現金 3,000,000 ／ 資本金 3,000,000
2. 現金30万円を銀行に預け入れ、当座預金を開設した。
   　　当座預金 300,000 ／ 現金 300,000
3. 事務用机と椅子を購入し、代金20万円は現金で支払った。
   　　備品 200,000 ／ 現金 200,000
4. 商品を仕入れ、その代金50万円を現金で支払った。
   　　仕入 500,000 ／ 現金 500,000
5. 商品（仕入値20万円）を売り、その代金30万円を現金で受け取った。
   　　現金 300,000 ／ 売上 300,000
6. 商品を仕入れ、その代金20万円は掛にした。
   　　仕入 200,000 ／ 買掛金 200,000
7. 商品（仕入値40万円）を売り、その代金75万円は掛にした。
   　　売掛金 750,000 ／ 売上 750,000
8. 売掛代金のうち、45万円が当座預金に振り込まれた。
   　　当座預金 450,000 ／ 売掛金 450,000
9. 営業活動で生じた交通費5,000円を現金で支払い、精算した。
   　　旅費交通費 5,000 ／ 現金 5,000
10. 従業員の給料17万円を現金で支払った。
    　　給料 170,000 ／ 現金 170,000
11. 電話料金2万5,000円が当座預金から引き落とされた。
    　　通信費 25,000 ／ 当座預金 25,000
12. 銀行から100万円借入をし、借入利息1万5,000円を差し引いて当座預金に入金された。
    　　当座預金 985,000　　／　借入金 1,000,000
    　　支払利息　 15,000　／

表6.2　複式簿記をつけてみる（続）

```
<決算処理>
a．貸倒引当金を売上債権に対して6％計上した．
       貸倒引当金繰入 18,000 ／ 貸倒引当金 18,000
b．減価償却費を定率法で計上した．
       定率法の計算方法：当期償却費＝（取得原価－償却累計額）×償却率
       なお，備品の償却率は0.369とする．また，1期なので償却累計額は0である．
       減価償却費 73,800 ／ 減価償却累計額 73,800
c．商品の棚卸を行った．
       商品 100,000 ／ 期末商品棚卸高 100,000
```

貸借対照表　　　　　　　　単位：円

現金	2,125,000	買掛金	200,000
当座預金	1,710,000	借入金	1,000,000
売掛金	300,000		
貸倒引当金	−18,000	資本金	3,000,000
商品	100,000	未処分利益	143,200
備品	200,000		
減価償却累計額	−73,800		
	4,343,200		4,343,200

損益計算書　　　　　　　　単位：円

仕入	700,000	売上	1,050,000
給料	170,000	期末商品棚卸高	100,000
旅費交通費	5,000		
通信費	25,000		
貸倒引当金繰入	18,000		
減価償却費	73,800		
支払利息	15,000		
純利益	143,200		
	1,150,000		1,150,000

内の利益（損失）である．利益から法人税，配当，役員賞与などを払う．家計簿ならば，月末に財布の中に入っているお札が利益に当たる繰越金になるのだが，この会計計算だと，利益の実体は見えず，単なる計算結果が示されるのに

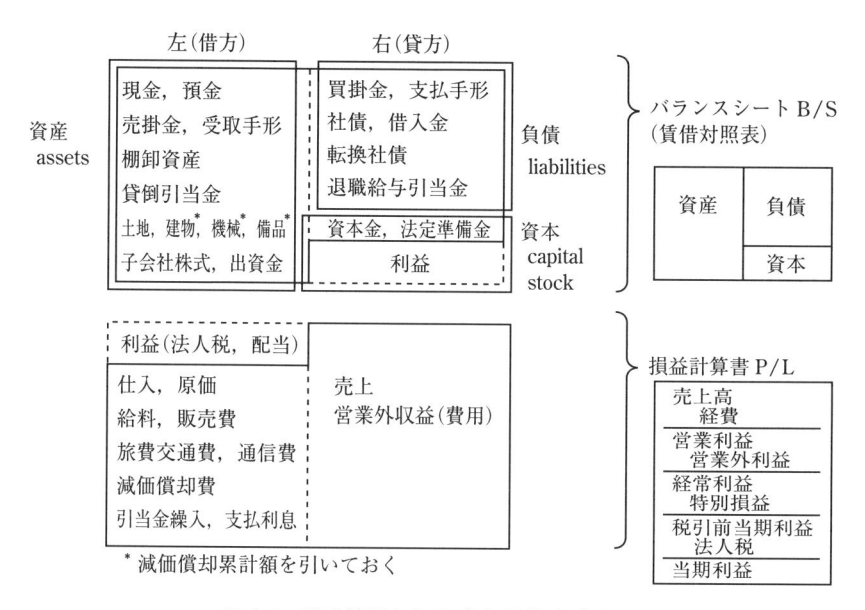

6.2 どうやって利益を算出するのか

```
            左(借方)            右(貸方)
         ┌─────────────┬─────────────┐       ┐
         │ 現金，預金    │ 買掛金，支払手形│       │
  資産    │ 売掛金，受取手形│ 社債，借入金   │ 負債  │ バランスシート B/S
  assets │ 棚卸資産     │ 転換社債     │liabilities │ (貸借対照表)
         │ 貸倒引当金    │ 退職給与引当金 │       │    ┌────┬────┐
         │ 土地,建物*,機械*,備品*│─────────────│資本    │    │資産 │負債 │
         │ 子会社株式，出資金│ 資本金，法定準備金│capital│    │    ├────┤
         │             │    利益      │stock  │    │    │資本 │
         ├─────────────┼─────────────┤       ┘    └────┴────┘
         │┌利益(法人税，配当)│             │
         │├─────────────│             │       ┐  損益計算書 P/L
         ││ 仕入，原価    │             │       │    ┌──────────┐
         ││ 給料，販売費  │    売上       │       │    │ 売上高     │
         ││ 旅費交通費，通信費│ 営業外収益(費用)│       │    │   経費    │
         ││ 減価償却費    │             │       │    │ 営業利益   │
         ││ 引当金繰入，支払利息│             │       │    │   営業外利益│
         │└─────────────│             │       │    │ 経常利益   │
         └─────────────┴─────────────┘       │    │   特別損益  │
            * 減価償却累計額を引いておく                │    │ 税引前当期利益│
                                                    │    │   法人税   │
                                                    │    │ 当期利益   │
                                                    ┘    └──────────┘
```

図 6.5 複式簿記から B/S と P/L を求める

過ぎない．つまり，引当や償却で意図的に利益が加減できる．もちろん，計算間違いするわけではない．現在は，取引の入力が面倒だが，入力しておけばコンピュータで瞬時に仕訳（しわけ）できる．そうではなく，引当や償却の金額や，在庫の評価方法を変えれば，表 6.2 の利益対売上の比の 14 % は，数 % ぐらいの範囲で調整できる．大会社は利益対売上の比は 3 % 程度だから，実際に匙(さじ)加減が効く．

○ 筆者は，米国の工場で製品にクレームがつき，当月出荷額がゼロなったのに利益が出たのには驚いた．出荷する前でも売れる商品は棚卸資産と呼ばれる B/S の左の資産の科目の一つであり，それを売っても同じ資産の一つの現金に変わるだけだから，出荷に関係なく製品は資産に計上されるのである．また，町工場の社長が，税金に取られるのが悔しいから社長車を買ったよと言うのは嘘で，現金から車両に科目変更しただけで，利益は変化しないから税金も変わらない．しかし，現金がないと次に原料を仕入れることができず，黒字倒産もあり得る．そこで，キャッシュフローと呼ばれるが，現金がいくらあるのかを計算して株主に報告するようになった．なお，不良品は商品として売れないのだから，表 6.2 の決算処理で行ったような期末の棚卸(たなおろし)で評価損に計上する．このときは，資産が減少して利益も減少する．

○ 素人に理解しにくいのが減価償却費（depreciation）と引当金である．減価償却は，一般に機械や建物が減耗してその価値が減るが，耐用年数まで使ったらタダになるように，毎年，簿価（ほか，帳簿上の価格）を下げていくことである．中古車が安く評価されるのと同じである．そうすると，B/S の資産の減価償却累計額のマイナス分が大きくなって（固定資産を小さくして，または左の高さが低くなって），利益が小さくなって税金も小さくなる．税金をまけてあげた分，別のビジネスチャンスに使いなさいというお上の計らいである．だから，税金を払わない国立大学には減価償却がなく，大正時代に買った機械も購入価格のまま計上されている．

　引当金（reserve）は，たとえば将来貸し倒れが生じるかも知れないから，それに備えて貸倒引当金のマイナス分を大きくする（売掛金を小さくする，または左の高さを低くする）科目である．現在，銀行が行っている不良債権処理も引当金を計上することであり，貸したカネが戻ってきたわけではない．損切りと呼ばれ，債務放棄すれば借金棒引きと同じである．また，引当金も減価償却費と同じで，これを大きくし過ぎると税金が入ってこなくなる．そこで，両者とも許される最大金額を国が決めている．筆者は，米国で業績が悪くなるとすぐ工場が閉鎖されることを経験した．米国では，有給休暇未消化分の日当を辞める従業員に退職金代わりとして払わなくてはならない．そのときに金庫は空ですとも言えないから，退職給与引当金として右の負債に積んでおく．それを閉鎖時に休暇を使ったことにして減らしてしまうのである．その結果，負債が減って利益が増え，株主に顔向けができる．

○ 国が 2000 年に B/S 試算案を報告した．資産は 658 兆円，負債は 791 兆円であった．しかし，これも計算結果であって，年金をどのように解釈するかで変わってくる．年金加入者のこれまでの積立金を引当金に計上しておくと負債は 791 兆円ですむが，老人になったら約束したとおりに払うべき金額を引当金で計上しておくと，負債は 1 435 兆円に膨れ上がる．

　つまり，ただでさえ債務超過なのに，団塊の世代に年金を払おうというときには600 兆円以上も不足するのである．そのときは，国債か現金を刷るのか，年金制度自体を中止してしまうのか．これまでは，若年者から集めた金を積立金として帳簿上に記載しておいて，数が少ない老人に年金を払った後に，残りはほかのことに使ってしまっていたということになる．金庫に貯金しているわけではない．年金給付額は，現在，40 兆円近くと，医療給付額を超えて急増中である．もちろん，昔から年金制度崩壊は指摘され，個人年金保険は 80 兆円近く契約高を増やしてきたのだが，ようやくもらえるときに，いくつかの生命保険会社が逆ざやで破綻してしまった．日本は，何ごとにも後払いの保証のない国に変わっている．

○ 山一証券が倒産したときに「飛ばし」という処理が問題になった．もともとは株取

引で損したのに，利益を約束した顧客に補塡したのが問題であった．同じような隠し操作は含み損隠しで行われている．たとえば，100億円の土地が20億円の価値しかなくなったとき，上記のように損した80億円に対して引当金を計上すればよい．しかし，国が高額の引当金を許してくれないと税金を払わなければならない．たとえば親が息子に土地を時価の20％で売ったとき，売買契約だから問題ないとは主張できない．このとき，80％分は贈与に当たり，贈与税を払わなければならない．

「飛ばし」では，子会社に売れば損する不良株券や不良債権を売りつける．もちろん子会社はそれを買うカネも必要だから，カネは複数の会社をジャンプすることになる．こういうときは国債を使う．国債は発行高が大きいので，株式と同じように売買する市場もあるし，安全そうだから担保にも使える．ただし，ロットごとに償還するまでの年数とそのときの利子が違うから，たとえば空売り（からうり）するときは，株式の逆日歩（ぎゃくひぶ）と同じように借り賃を払ってそのロットの国債を証券会社から借りる方が安全である．そこで，まず親会社Aが保有する国債を友達つきあいの会社Bに貸して，会社Bはこの国債を担保に赤(あか)の他人の金融会社Cから借金をし，そのカネを子会社Dに高利で貸す．会社Bは会社Dからの利子で，会社Aの国債借り賃と会社Cの借金利子を払ってもまだ儲かるように利子を決める．最後に，子会社Dは，そのカネで親会社Aから不良債権を買う．これらの操作の結果，親会社Aには不良債権がなくなるが，子会社Dでは保有コストの高利が膨らみ破綻するのは目に見えてくる．このような操作をやられては，親会社の株主が真実を判断できない．そこで，ようやく子会社まで含めた連結決算や，現在の相場価値で計上する時価会計が義務付けられてきたのである．

6.2.2 個人の所得税を算出する

君の給与はいくらかという質問に正確に答えられる人は少ない．さらに，それは所得か収入か，税引き前か後かと聞くと，ますますわからなくなる．そこで，ここでは所得税の計算方法を説明しよう．

図6.6に示すように，まず仕事の対価としてもらう金額が収入である．それから，その対価を得るために使った経費を必要経費として差し引いたのが所得である．給与所得では，収入に応じて一定額の必要経費が認められ，大体，収入の8掛け程度の金額が所得になる．仮に，自分は通勤費や衣装費が高いからそれでは足りなく不公平であるという人には特定支出控除という制度があるが，国内で数十名しか使っていないらしい．

なお，税金の取り方は，とにかく，毎年少しずつ変わる．政治家の匙(さじ)加減で，

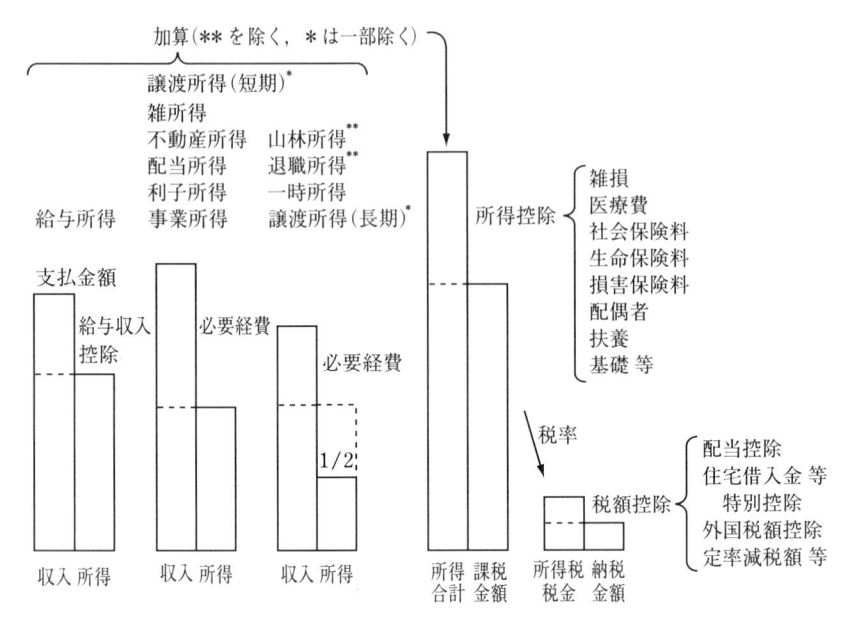

218 第6章 実際はこういう組織で作られる

図6.6 所得税の計算手順

減税したり，増税したり，特別な控除を新設したり，控除適用条件を変更したりする．憲法を初めとした六法は"不磨の大典"のごとくまったく変わらないのに，税法だけはネコの目のように変わる．

　個人の所得は，給与や賞与に関わる給与所得だけではない．たとえば，八百屋やコンピュータ修理のような家業を営むときの事業所得，銀行貯金の利子にかかる利子所得，株券の配当にかかる配当所得，店舗を貸して店賃（たなちん）が入ったときの不動産所得，講演や印税で儲けたときや年金をもらったときの雑所得，ゴルフ会員権や自動車，住宅，特許権などを売り買いしたときの利益にかかる譲渡所得，競馬や宝くじで当てたときの一時所得，退職金をもらったときの退職所得，数十年間育てた森林を切って儲けたときの山林所得などがある．この中で，譲渡（長期），一時，退職，山林の各所得は，それを得るのに長年努力してきたのに単年度で処理して累進課税でバサッと納税させるのはかわいそうだとお上が解釈して，所得は1/2で計算する．また，各所得の赤字と黒字を相殺できないのもあり，譲渡，山林，退職の各所得は分離して申告する．ところが，自宅の譲渡損失はその他の所得と相殺できることもあるから，やや

こしい．

次に，それらを総計して個人の所得を計上する．そして，それから多くの所得控除を差し引く．たとえば，雑損，医療費，社会保険料，生命保険料，損害保険料，配偶者，扶養，基礎などの控除が認められている．それらを差し引いた金額が課税される所得金額となり，結局，所得の7掛け程度になる．その金額から税額を計算するが，330万円までは10％，それから900万円までが20％，それから1 800万円までが30％，それ以上が37％と累進課税になる．納税者は，いつもこの比率だけに注目して高いと非難しているのだが，たとえば給与所得者は必要経費と所得控除によって，課税される所得金額が既に収入の0.7×0.8とほぼ半額になっていることを忘れてはならない．特に300万円以下の低所得者の税額は小さくなり，たとえば収入の1％程度になる．

最後に，計算した税額からさらに引いてくれる．たとえば，配当は既に企業が法人税を払っているのに所得税も取るのは二重取りだと非難されるので，配当所得分の税金を戻す配当控除，銀行から借金して住宅を買った場合，その借入額の1％を税金から控除してくれる住宅借入金等特別控除（現在は最高50万円），外国税を既に払っている人に二重取りしないように引く外国税額控除，選挙が近くなると生じる定率減税額（現在は最高25万円）などがある．その所得を基準にして，別個に同程度の税額の住民税がかかるのがクセモノだが，このように税金は複雑に計算されるのである．

日本では，源泉徴収という天引きで所得税を企業が払ってくれるから，自分が納税者だという意識が皆無になる．人間は，自分の財布に一旦入ったカネを財布から出すときに躊躇して考えるものである．その反面，入ってこないカネには無頓着で，たまには多く取られることもあるが気が付かない．役人の思う壺である．

逆に，確定申告というのがある．翌年の2月16日から1カ月間に，税務署に行って昨年度の税金を申告する．該当者は，たとえば源泉徴収額として10％しか納めていないが，所得を合わせると1 000万円と高額になるので，税金をさらに払うべき人とか，住宅を買い換えたが前の家が安く売れて大損したので，その分を給与所得と相殺して税金を払わなくてもよくしたい人とか，地震災害で家が傾いて損した人とか，医療費が10万円以上かかった人とかで確定

申告が必要になる．税務署で分厚い手引き書をくれるから，それに従って計算すれば処理は簡単である．

○ 税金の処理で最も時間がかかるのは必要経費のレシートの整理であり，後で税務署と争う確率が最も高いのは必要経費の解釈である．税務署と討論が必要そうな解釈として，たとえば通勤時間がかかるので大学の近くにマンションを借りたがその借室料は雑所得の必要経費になるか，本を書こうと避暑地に行ったがその別荘代は印税の必要経費になるか，学会準備で学生をタダ働きさせたのでお礼に宴会を開いたが宴会費用は講演費の必要経費になるかなどである．いずれも必要経費には条件付きでなるそうである．大学にも肝の据わった教官もいて，前2者の必要経費を計上したところ，生活用のトイレや風呂の面積分を除いて認めてもらったり，書籍5冊以上書けば執筆業と言えるから別荘も必要だと認めてもらったそうである．このように，収入を隠したら脱税だが，経費の解釈で節税できる．税務署も業務のコストパフォーマンス（出費に対する効果比率）を考えるから，教官のように理屈っぽくて調査に時間がかかる割には少額の追徴金しか期待できない人には，エネルギを割かないのが普通である．

6.2.3 特許で知的所有権を主張する

特許を取ったら儲かると勘違いしている人は多い．儲かるのもあるかも知れないが，大部分は休眠特許である．それは，寝ていても維持費を納めなければならず，売ろうにも買い手はおらず，不良債権のようなものである．そして，図6.5のB/Sの左の資産に計上され，減るものでもなく減価償却もされないから，最初の年に利益が出た後で，その分を右の資本の準備金に積んでおかないと，毎年税金を払うことになる．

さらに，特許は公告になったら自動的に抵触相手が払うと勘違いしている人もいる．日本の特許は，出願・公開・審査・公告という順番で手続きが進み，公告の後で独占排他権が生じるが，公開後に警告通知しておけば，公告後にその時点から実施料を請求できる．これらの手続きで出願人はエネルギが必要になる．特に，出願するときに構想を練って執筆するエネルギ，また審査請求して特許庁と思考バトルするエネルギ，さらにその権利を楯に抵触者と裁判所で争うエネルギの三つが必要である．しかし，3番目のエネルギが前2者と比べて10倍程度大きい．それくらい裁判沙汰は気を使う．それなのに，日本では

裁判に勝っても製品出荷額の3％をロイヤリティとして払ってもらう程度で，それより大きな金額は戦利品として取れない．米国では，特許訴訟は製造物責任（PL, Product Liability）訴訟のように相手の会社の不誠実さを陪審員に訴えてドンと1000億円程度をふんだくれる．それくらい取れないと，弁護士にとっても特許権利者にとっても旨味がない．

日本では，毎年40万件程度の特許が出願され，そのうちの6割の特許が審査請求して，その6割が権利を得る．出願費用は，弁理士に依頼して書くと1件当たり30万円程度かかるが，自分で書けば2万円程度ですむ．しかし，国際特許は出願に200万円もかかるので，毎年7000件程度しか出願されない．弁理士は5000人程度いて，平均すると1人当たり年に80件程度出願している．一方，特許庁の審査官は1200人程度いて，平均すると1人当たり年に200件程度の特許を審査している．結構な数をこなしていることがわかる．つまり，弁理士で生きていくには粗製濫造にならざるを得ないし，審査をそれ以上速めるにはザル審査をせざるを得ない．

特許を出願して速やかに投資資金を回収するには，出願後1年半で公開する前の潜伏期間に，公開前の株式を同じように，ここだけの話で独占使用権を売るしかない．権利を得るには最短でも出願後2年近くかかるので，権利を得てから投資話を始めるのでは遅すぎる．

特許の構成を図6.7に示す．最初に，発明名称，出願日，発明者，出願者（権利者）が明記されるが，儲けたときにカネが入るのは出願者だけである．サラリーマンのエンジニアは発明者にはなれるが，出願者は会社になり，いくら大発明で会社に貢献しても所得が増えない．それではやる気を殺ぐだけなので，社内の発明者には会社から100万円程度の賞与を出すことが多くなった．

次は請求範囲であるが，これが特許を書くときに最も頭を使う部分である．米国の特許ではクレーム（claim）と呼ばれ，本文の後ろに記す．文字どおり，図6.7の右の円に示すような概念範囲の陣取り合戦である．このとき，試作した発明品をそのまま日本語にしてピンポイント特許にするのは簡単であるが，これは書くだけ無駄である．1件いくらで"イモ弁理士"に頼むと，確実に登録されるような権利の狭い特許を書いてくる．しかし，それではわざわざ競合他社に発明を教えるようなものである．いわゆるザル特許で，後述するように競

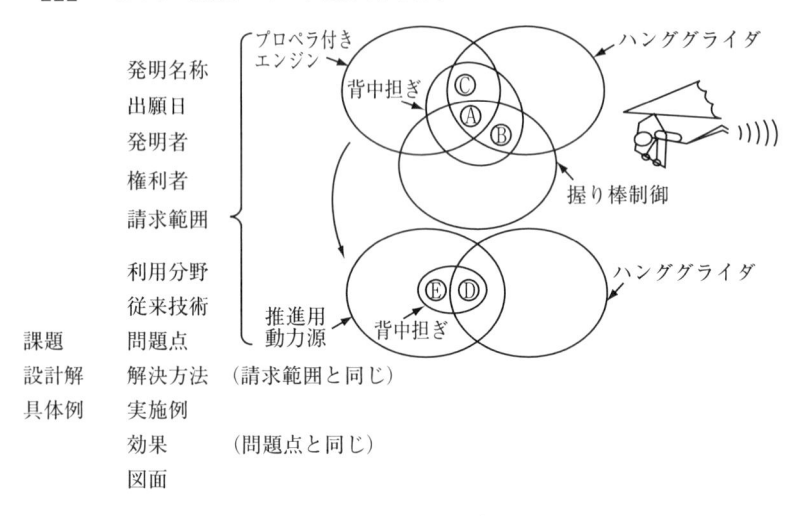

222　第6章　実際はこういう組織で作られる

発明名称　プロペラ付きエンジン　ハンググライダ
出願日　背中担ぎ　Ⓒ
発明者　Ⓐ
権利者　Ⓑ
請求範囲　握り棒制御

利用分野　ハンググライダ
従来技術　推進用動力源　背中担ぎ　Ⓔ Ⓓ
課題　問題点
設計解　解決方法　（請求範囲と同じ）
具体例　実施例
　　　　効果　　　（問題点と同じ）
　　　　図面

図6.7　特許の構成

合他社はいくらでも逃げられる．

さらに本文で内容を詳説する．利用分野，従来技術，問題点（課題），解決方法（設計解，請求範囲と内容は同じ），実施例（具体例），効果（結果，問題点と内容は同じ）と，論文のように起承転結で記述する．つまり，設計と思考過程はまったく同じである．なお，説明は多くの図で補足し，実施例は具体的に記述する．

○　図6.7では「上昇気流がなくても飛べるように，小形プロペラ付きエンジンを背中に担いで，ハンググライダを扱いながら，握り棒のところで出力操作できる機械」を発明したとする．そのままをクレームにすると，プロペラ付きエンジン，背中担ぎ，ハンググライダ，握り棒制御の四つのアンドの図上のⒶ部だけを主張することになる．しかし，これを読んだ競合他社は，エンジンをモータに変えたり（図のⒷ），握り棒でなくて歯のかむ力で出力制御したり（図のⒸ）するだろう．そこで，まずエンジンを推進用動力源に変えると，モータもジェットエンジンも含まれる．このように，上位概念に登って，クレームはできるだけ広く取ることが大切である．

しかし，広くしすぎると，審査において不幸にも出願時に見つけられなかった公知の技術を指摘された場合，全体が拒絶される．それでは元も子もないので，抵触のギリギリまで狭められるように，あらかじめ請求項数を増やし，分割して記述しておく．つまり，上記例ではハンググライダと推進用動力源のアンド（and）で取るのが広くてよい．しかし，公知技術がなくても，これでは既存技術の単純組合せや容易推

考という理由で，審査のときに拒絶されるかも知れない．そこで，背中担ぎをアンドにして狭めて（図の⑭），請求項の第1項を記述する．しかしまだ，ロサンゼルスオリンピック開会式でジェットを背中に担いだ人間が飛んでいたではないかと（図の⑮），容易推考にされるかも知れない．そこで，第2項に握り棒制御，第3項に歯のかむ力制御というように，さらに狭めた概念を列記しておいて，権利を第2項以下で取れるようにしておく．

○ 特許では，設計解が権利として認められる．学生が演習で最もよく間違えることであるが，課題では権利がとれない．たとえば，クレームに「上昇気流がなくても飛べるハンググライダ」と書いても，「上昇気流がなくても飛べる」は課題であるため権利にはならない．しかし，「インストラクタの無線制御で初心者のハンググライダの失速を防ぐ教育方法」は，「初心者のハンググライダの失速を防いで教育する」という課題が含まれているにもかかわらず，最近話題のビジネス特許になるかも知れない．特許の解釈も米国政府の匙加減で変化しているのである．

○ クレームはどのように記述してもよくなったが，昔からの「○○において××であることを特徴とする△△」という文が多い．とにかく，1クレーム1文で記述しなくてはならなかったので文が長くなるのは当然として，「当該」を関係代名詞のwhich代わりに使うので，実に奇妙な日本語になる．

6.3 今後の生産組織を考える

今後の日本の製造業を図6.4に示した．図6.8の中央に再録するが，製造業は三つの役割，つまり，(1) 文化や物流に障壁があって従来からの製造技術を応用できる日本人向けの高級品生産工場，(2) ITの充実や試作の高速化で発売

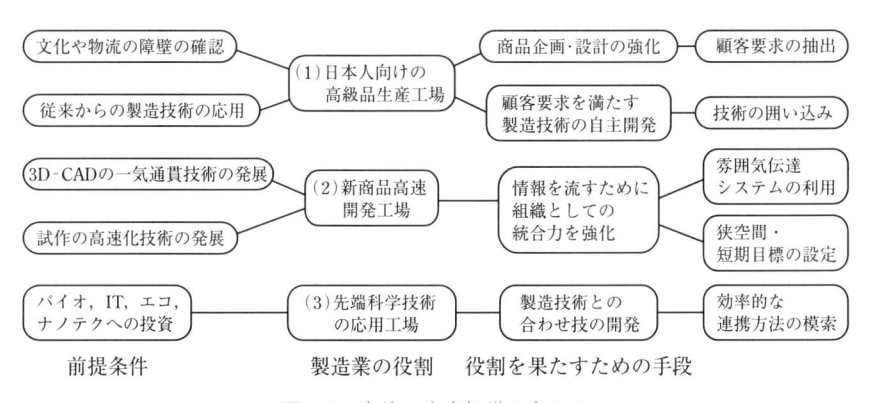

図6.8 今後の生産組織を考える

サイクルを短くした新商品高速開発工場，(3) バイオ，IT，エコ，ナノテクを駆使した先端科学技術の応用工場を担うことになろう．同図を用いて次の3項で詳説する．

6.3.1 商品企画と設計を満足させる製造技術を作る

図6.8の(1)日本人向け高級品生産工場は，これまでの大量生産工場と製造方法はほぼ同じだが，日本人の要求機能を最大限に満足させるために，商品企画・設計が強化される．

大量生産工場では，コスト低減を実現するために，製造技術にマッチングできるように設計構造の変更を命令できた．それほど製造が強かった．しかし，これからは，初めに設計ありき，企画ありき，顧客ありきである．たとえば，顧客が曲面を好むとわかれば，曲面を創出できる技術を探さなければならない．また，顧客がまったく傷つかない塗装ボディを欲しているとわかれば，鉄鋼業でも夢の塗装ペンキを研究しなくてはならない．第2章で述べたが，飲料缶では主たる機能とは思えなかった印刷の美しさが，第一の顧客要求になっている．

顧客要求を満足できる製造技術は，その組織の宝である．しかし，これまでは，商品企画を分析しないために，会社がその顧客要求すら定量的に把握できなかった．また，仮にその製造技術の目標が設定できても，本業とかけ離れていると社長が判断して専門業者に丸投げすることが多かった．

これからは，製造技術を自主開発して囲い込むことが大事である．必要ならば，専門業者を会社ごと買ってでも独占技術を作らないとならない．1970年代の製鉄業の各種装置，1980年代の各種の半導体装置，1990年代の液晶製造装置のように，何社か相乗りで初期投資を分担して丸投げすると，専門業者は完成の暁には必ず国内外の競合他社に売るようになり，製造技術レベルは同じになり，10年後には競争力は停止する．究極は，「見せない，話さない，触らせない」を社是にして製造技術を秘伝にしてしまうことである．一部の米国企業は，軍事産業なのかと見間違えるぐらいに，それを実践しているが，日本もその方向に進むだろう．ヘタに技術を聞いてくると，空港でスパイ行為として逮捕される．

○ 工業デザイナをエンジニアとは別人種だと広言して，軽蔑したり喧嘩してはならない．確かに，自分だけが芸術（art）を理解できるような口振りだと感じることもあるが，それは技術（technology）しか理解できない人の僻みである．しかし，自動車のようにボディのデザインだけで製品を選ぶ顧客は多いのである．工業デザイナも設計の仲間であり，既に日本にも10万人はいる．

6.3.2 ITを使って高速生産システムを作る

図6.8の(2)新商品高速開発工場は，現在の3D-CADを主体としたCAD・CAM・CAE・CATの"一気通貫"を完成させるプロジェクトの延長線上にある．ソフトウェアだけでなく，高速切削，ラピッドプロトタイピング，NCの高速処理装置，高速演算の加工シミュレータ，汎用のゲートアレイなどのハードウェアも急速に発展して，作りたいと思えばあっという間に試作品が作れるようになった．機械部品では，少し仕様を変化させたものを設計を含めて特急で頼むと，20年前の1982年の1/5の納期で作るのではないだろうか．確かに，この20年間で製造だけでなく，FAX，インターネット，宅急便，カード決済などの周りの技術も進化して，全体として試作の高速化を支えている．現在も各社が非常に熱心なので，さらに5年後には，たとえば新車開発期間が3カ月と，異常に短くなるのではないだろうか．

日本の製造業にとって残念なことは，肝心要の3D-CADの開発競争で日本が敗退したことである．すなわち，日本で海外製ツールを用いて高速開発できたとわかれば，世界中のどこででもその海外製ツールを買えば，そしてその開発技術者を雇用すれば，いつかは同じように高速開発できてしまう．要するに，設計ツールによって技術の囲い込みはできない．また，生産がグローバル化して，英語を使えば全世界の製造知識が再利用できるようになった．つまり，日本語を使うと情報から途絶されてしまうため，英語システムに日本企業が組み込まれつつある．つまり，国内で日本語入力すれば，自動翻訳されて英語の情報になって全世界のアライアンス（同盟）企業に流れていく．言語によってでも技術の囲い込みができない．

しかし，デジタル情報を有効に使うことは，必ずしもコンピュータや関連機器，各種のソフトウェアを購入することだけではない．それに加えて，商品企

画から設計，製造，営業までの構成員が一体化して情報を流すように協力することが肝要である．組織としての総合力が試される．つまり，日本が勝つには，前提条件をあらかじめ理解し合っている日本人同士が日本語で討論して，手短に設計解を判断してトータルの決定時間を最短にすることしか手はない．ある日本の自動車会社が実施している"同席設計"がその一例であろう．製品設計者の周りに金型や生産システム，各種部品の設計者が同席して，同時一括に全作業が終わるように設計パラメータを決定していく．

とにかく，一致団結して世界より半年でもいいから新商品を先に発表続ける組織を作らないとならない．このため，製造部門だけを遠く離れた国外に建てたり，別会社にして組織間に壁を作るのは好ましくない．完璧なドキュメントを作って別組織に情報をインターネットで伝えることは米国が得意だが，日本が真似をしても時間がかかるばかりか，完璧性に欠けて考え落としが生じることが多い．たとえば，技術的にコメントすることは優れていても，Ａ４で１枚の文章を書くのに１日かかるようなリーダが日本には多い．昇進基準を変えればよいが，20年かけて生産文化を変えるより，開き直って日本式の大部屋集合運用の雰囲気伝達システムを採用した方がよい．

情報の融合は，実体空間を狭めないと生じない．優秀な人材を集め，見渡せる範囲内に押し込めてしまうのである．実際，設計部門をビルの２階にわたって分散しただけで，連絡ミスのような設計チョンボは倍増する．ＩＴを使ったバーチャル空間は役に立たない．また，３カ月後のゴールというように短期目標を設定して，その期間は全速力で走らせることも重要である．悠長に考える時間もないから，廊下を歩いている人を捕まえては白板の前で討論を始めるようになろう．このように，人間の情を喚起する情報交換方法によって脳を活性化するような空間・時間の設営が望まれる．

○ 今のところ，最も頑固に３D-CADでは設計できないという人は芸術家の工業デザイナであり，次が古手の設計主任である．しかし，彼らの中には３D-CADで設計できる人もいるから，そのうちに淘汰されるだろう．ちょうど印刷にデジタル化が使われた1990年頃と状況が似ており，アナログ的な活版や写真の切貼りに固執していた人は淘汰されてしまった．

○ 製造方法でも脳の活性化が注目されている．たとえば，一人で製品の１工程を担

当させてその工程を並べる流れ作業でなく，一人で全工程を担当させてその作業台が並ぶコア生産（セル生産または屋台生産）が注目されている．製造者を明記し，自分の作品として誇りを持たせると，やる気が違って生産速度も上がる．脳は偉大である．

6.3.3 新しい製造業を創成する

図 6.8 (3) のバイオ，IT，エコ，ナノテクを駆使した先端科学技術の応用工場であるが，この四つの接頭語は日本政府の科学技術基本会議の重点分野を示している．正式には，① ライフサイエンス（いわゆるバイオやゲノム，脳科学），② 情報通信（いわゆる IT やネットワーク），③ 環境（個々の公害対策というより，地球温暖化のように長期的に人間のサバイバルに関係するもの），④ ナノテクノロジー・材料（いわゆるナノテク）の 4 分野である．日本だけでなく，欧米の政府もこの 4 分野に投資している．

なお，この科学技術基本会議では，四つの重要分野の次の準重要分野として，エネルギ，製造技術，社会基盤，フロンティア（いわゆる宇宙・海洋）の四つを決めている．このうち，製造技術は四つの重要分野の実用化に不可欠な技術として，さらに進んで融合技術として注目されている．たとえば，再生医学の細胞増幅用の架台をラピッドプロトタイピングで作る技術や，創薬用の「絨毯爆撃」式の実験を効率的に行うコンビナトリアルチップをマイクロマシニングで作る技術というような「合わせ技」が期待されている．それには，合わせ技を行えるような医工連携や薬工連携のプロジェクト空間が必要である．ポストを出し合ってバーチャルな組織を作っても，物理的に顔を見合わす機会がないと新技術の開発トリガーがかからない．

○ 製造技術の研究にも J リーグが必要である．これまでは 1980 年代までのサッカーのように，大学チームと実業団チームとが拮抗して技術を開発してきた．ところが，実業団は研究の投資効率が悪いと撤退して，商品開発のための目先の応用研究だけが残り，大学は少ない予算で基礎研究に没頭するうちに，応用研究はまるでダメという状況が生まれてしまった．敵は外国チームである．挙国一致体制で経済大国を維持しないとならない．そこで，大学の"わかる"という分析能力と，民間の"つくる"という総合能力とを融合して新産業を創成したらどうだろうか．多くの大学や自治体では，産学連携プロジェクトにはカネを注ぎ込む仕組みを作っている．学

生も産業界の要求が明確だとやる気が違ってくるし，もしかしたら大金持ちになるかも知れないという夢が徹夜の実験も辞さなくなる．

6.3.4 日本の生産の制約条件が多様化した

このように，現在，日本の製造業は変革している．1990年頃までの大量生産工場のように，顧客が要求する機能を満足させることは当然であるが，顧客に言われなくても低コストと高信頼性を完備しておけば商品が売れる時代は終わった．つまり，顧客に言われなくても製品やその生産活動にそっと具備させておく制約条件がこの10年間で実に多様化したのである．これらを図6.9に示す．現在，工場長になった人材は，これまでよりも多方面にアンテナを伸ばさないとうまく運営できない．

（a）**訴訟対策（本質安全，説明義務，風評対策）**：海外では，金持ちは何かとイチャモンを付けられる．そんなものだと割り切れるまでが長く辛いと駐在員の方々が言っていた．日本でもPL訴訟が問題になりつつあるが，弁護士の絶対数不足で訴訟件数が年に数件と多くはない．同じような医療過誤では，2001年までの5年間で訴訟件数が急増して年に600件となり，損害賠償額は60億円程度になっている．法科大学院が設立されてエンジニア出身の弁護士が増えるに従ってPL訴訟も急増するだろう．対策として，本質安全のものを設計し，安全作業を使用者に説明し，不幸にも事故が起きたときは正直に対応しなければならない．

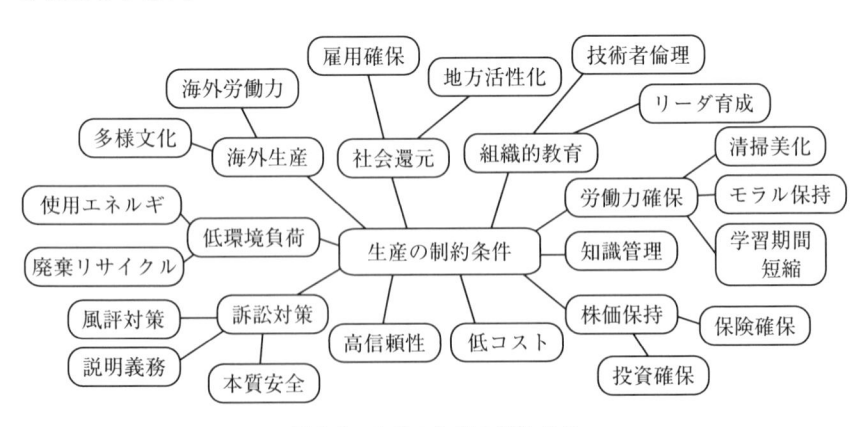

図6.9 今後の生産の制約条件

6.3 今後の生産組織を考える　229

　これまでは，日本中で失敗情報を隠していたと言っても過言ではない．もちろん，監督官庁にはメーカが正直報告していた．だがこのとき，報告書の中に個人情報が含まれているので官庁が非公開資料に指定したり，報告書では原因を 10 項目以上に増やして複合原因として責任を分散させたりするので，失敗知識を再利用できなかった．しかし，今や隠せなくなった．弁護士に相談しても，事実を隠す対策ではなく，社会が好意的に受け止めてくれるような事実を明かす対策が議題になる．最近は，会社がリストラを断行してモラルが低下し，社外への水際で情報を止めることができなくなるだけでなく，インターネットが外部へ秒単位で加速的に情報拡散させるようになった．噂が被害者に伝わる前に対策を打たなければならない．万が一，隠したことがマスコミにバレたときは，風評となって実損の 10 倍以上の損失が生じる．

（b）**低環境負荷**（廃棄リサイクル，使用エネルギ）：この 10 年間に，使用した後に製品をどうやって捨てるのか，という問いを普通の設計者でも考えるようになった．生産現場では，フロンガスや鉛はんだが，定量的な環境劣化がわからないうちに全面撤廃された．使用エネルギも，電気代や燃料代が高いから問題になるのではなく，エネルギ作成時の発熱や排気が周りに及ぼす影響が問題となっている．

（c）**海外生産**（多様文化，海外労働力）：制約条件の中で，体験しないとわからないのが海外生産であろう．現在は，多くの日本人が世界中に進出し，多くの情報が得られるようになった．筆者が米国に行ったときに驚いたことのうちの 90 % は，読んだ本に書いてあったとおりのことであった．しかし，再確認するだけで脳に深く印象が刻まれた．まず，これからのエンジニアは日本の生産文化を理解した後で，30 歳頃に，どこでもいいから海外工場に赴任するのが好ましい．

（d）**社会還元**（雇用確保，地方活性化）：すぐにでも製造業各社は中国に工場を移転したいのに，ギリギリの状況で国内地方の工場を維持している．移転すれば，地元に固定資産税や住民税が入らなくなり破綻する市町村も出てくるし，雇用自体がなくなって地方経済も破綻する．いつまで我慢比べができるだろうか．

（e）**組織的教育**（技術者倫理，リーダ育成）：今後は，エリート教育を組織的に

行わなければならない．これまでは平等が美徳だったが，それではリーダが育たない．また，現場に張り付けておけばそのうち成長するというものではなく，実際，歩留まりが悪いし，時間もかかる．これまで50歳で工場長になっていたのを，40歳と10歳早められるようなシステマチックな教育方法が必要になる．

（f）労働力確保（清掃美化，モラル保持，学習期間短縮）：少子化のため，おじさん・おばさんを有効に労働力で使う方法が必要になる．しかし，労働現場が倉庫みたいな工場では雨の日にため息がでる．たとえば，ヨーロッパ風の街路に面したカフェ風の造りや，森林や田園に囲まれた農家風の造りができなだろうか．また，これまでは作業は習うより慣れろだったが，ビデオやコンピュータシミュレーションを使って学習期間を短くすることも不可欠である．

（g）知識管理：外部に情報が漏れるのを防ぐことも大事だが，第1章で詳説したように，それ以上に内部の知識を表出して再利用することが活性化につながる．これには，ITだけでなく，活性化できる空間を提供することが必要である．

（h）株価維持（保険確保，投資確保）：会社の顧客は，製品の使用者だけでなく，株に投資してくれた株主もその一人である．事故を起こせば株価は下がり，実損よりも企業価値が下がることが多い．価値が下がれば損害保険が買えず，新規投資が集まらなくなる．

6.3.5 創造の源泉を大学に作る

筆者は，10年前に民間企業から大学に転職した．それまでは，コンピュータの内蔵記憶装置である磁気ディスク装置，特にその中の薄膜磁気ディスクと称する部品を製造する企業のエンジニアだった．煎餅のようなニッケルめっき付きアルミニウム円板の表面に，スパッタリングと呼ぶ成膜法で厚み数10 nmの多層の磁性膜やカーボン膜を付加する．今から思えば，ナノテク研究者と一緒に材料の結晶構造を制御して，できるだけ高性能のディスクを作ろうとしていた．しかし，実体はそう格好いいものではなく，夜勤の責任者にもなって，クリーンルームの中で歩留まり向上に格闘していた．

転職した後，従来の機械加工技術にメカトロを持ち込んで"知能化"を進めただけでなく，マイクロマシン技術で新しい情報機器や医療機器の開発を進め

た．さらに，染色体や DNA のハンドリングや，ラットの脳内への聴覚信号刺激，または失敗知識の構造化や創造設計のための思考展開というように，製造技術を核にバイオや IT へと多角経営してきた．従来の古くさい工作機械にしがみついている友達に，「魚のいない水溜まりで釣りをしていてもダメだ」とうそぶいていた．だが，10 年経ってみればそのとおりで，釣った魚は，官からの助成金，民との産学連携プロジェクト，学生の人気，教官の仕事に対する充実感などであった．

2001 年度の筆者の大学に対する戦略目標が，"つくる"研究者を学科内に増やすことだった．ようやく，2002 年に民間企業の設計経験者を 3 人も採用できた．大学には分析能力を有する"わかる"研究者と，彼らが見つけた宝物とがたくさん存在する．それを使って大学に創造の源泉を作り，河川となって新産業を作りたい．そのために足りないのは，総合能力を有する"つくる"研究者，特に製造技術のエキスパートである．

工学は何をすべきか．2001 年は大上段からそれを討論し続けた．筆者の属する産業機械工学科のミッションは，真理の究明というよりは製造業のリーダを輩出することである．しかし，昭和 40 年代から日本発信の新技術を目指して，基礎優先・分析主体のサイエンス志向も目指した．このときに総合主体の創造にも力を入れればよかったのにしなかった．そして，教官業績の中でも研究論文数だけが重要視されるようになった．

しかし，最近になってから，サイエンス志向だけでは社会の大学に対する反応が何やらおかしいと感じ始めたのである．実際，マスコミや政府，企業などの社会が，大学に向けて産学連携，地域貢献，ベンチャ企業輩出などを期待するようになってきた．そのような背景があって，研究論文数だけでなく多様性（diversity）を重視して設計経験者を大学に取り込む前例が 2002 年にできあがった．これからが勝負である．日本の製造業にとっても，大学の工学部にとっても，機械工学者にとっても，停滞か再発展か，大きな分かれ目である．

参考文献

　この本を書くに当たって，多くの本を参考にした．実は昨年（2001年），筆者は八重洲ブックセンタに行って，生産加工と名のつく本をパッと見て，"良ければお買い上げ"という，社長風の書籍購入を初めてしてみた．すると驚いたことに，買った本の多くは20年前に執筆された本だった．よく考えてみれば，1975年から1985年頃が日本の工作機械や生産加工の絶頂期で，機械加工に多くのヒトとカネが投資されたのである．でも，それがわかるだけで7万円も使ってしまった．このような本の買い方をしていては散財するだけだから，読んだら賢くなったかを筆者の感想として記した．購入時の参考にしてもらえたら幸いである．

【第1章】
1) 中尾政之・畑村洋太郎・服部和隆：設計のナレッジマネジメント－創造設計原理とTRIZ－，日刊工業新聞社（1999）
　設計論を勉強しても設計がうまくならないという定説を覆すために書いた．まだ，うまくなったという礼状はこないが，面白くなったという感想はもらっている．

2) Victor R. Fey, Eugene I. Rivin, 畑村洋太郎：TRIZ入門－思考の法則性を使ったモノづくりの考え方－，日刊工業新聞社（1999）
　ロシアの数万件の特許の思考方法を分析して，賢い人が普通に考える道筋をTRIZと呼んで体系化した．アルトシュラーというつい最近亡くなられた方が始めに提唱したが，弟子と称する多くの伝道師がいて，現在は4学派ぐらいに分かれてロシアから飛び出して商売にしている．

3) 畑村洋太郎・小野耕三・中尾政之：機械創造学，丸善（2001）
　この本は著者らが行っていた「機械創造学」という講義の教科書である．着想を展開して特許で権利化するまでを教えている．

4) 野中郁次郎・竹内弘高：知識創造企業，東洋経済新報社（1996）
　暗黙知の表出，形式知の連結というような知識とは何ぞやというのを社会科学的に論じている．本を読むよりは野中先生の講演を聴いた方がはるかに理解しやすいのだが，この分厚い（けれど2000円の）本を読みきると，それなりに知識をハンドリングするという作業がわかってくる．

5) G. ポール, W. バイツ：工学設計-体系的アプローチ-, 培風館 (1995)
　ドイツ風に思考を可視化して設計を豊かにする手法を提唱している．ちょっと真面目すぎる．人間は決定するときに，もっと行きつ戻りつ迷うのではないかとも思う．

6) 西田豊明・冨山哲男・桐山孝司・武田英明：工学知識のマネジメント，朝倉書店 (1998)
　設計論の大家の本で，いくつかの手法で他人の頭の中の思考が見事に分析されている．でも，その手法で自分が新たに設計できるかどうかは疑問である．

7) Nam Pyo Suh : "Axiomatic Design : Advance and Applications", Oxford University Press (2001)
　MIT 教授の設計論の本．スー先生は設計もうまく，コンサルタントとして設計解を導き出すのは見事である．Axiomatic とは公理的という意味で，証明は必要がないと主張している．傲慢なと思っているうちに，世界中でこの方法を学ぶ研究者が多くなった．実のところ，筆者らもその一人で，今年，この本を翻訳して出版する予定である．

8) 畑村洋太郎 編著：実際の設計-機械設計の考え方と方法-, 日刊工業新聞 (1988)
　畑村研究室では，毎年，設計ガイダンスと称して，青焼きで畑村教書をコピーしていたが，この本はそれを書籍にしたもの．ロングランで 15000 冊以上売れて，一連の実際の設計シリーズはこれから始まった．2 カ月に 1 回程度，実際の設計研究会と称して集まってはお酒を飲む．今年は「実際の設計 第 4 巻-こうして決めた-」というのを出版する．

【第 2 章】

9) モノづくり解体新書，一の巻から七の巻，続として一の巻から二の巻，日刊工業新聞社 (1992)～(2002)
　とにかくいろいろな製品の作り方が漫画と共に説明されている．以前から全部を知識として暗記していたら，転職してコンサルタントになっても成功するだろうと思いつつ，人間は弱い動物で，課題が与えられないと読む気が出ない．筆者も，本書を執筆するに当たって，やむにやまれず全部読んで，初めて面白さに感動した．

10) 岩田一明 監修, NEDEK 研究会 編著：生産工学入門, 森北出版 (1997)
　20 人の教授が執筆した本で，ハンドブック的に知識は満載されている．生産工学の全体像を見るのに最適．

11) 岩田一明 ほか：生産システム学，コロナ社（1982）
　コンピュータを使えば生産計画や工程設計が完全にできると20年も前に考えていた．でも20年後はそうはなっていない．現在では，人間の知識をどのように活用してコンピュータと融合するかが問題になっていると思う．

【第3章】

12) 千々岩健児・長尾高明・木内　学・畑村洋太郎：機械製作法通論，上下2巻，東京大学出版会（1982）
　鋳造から塑性加工，切削，組立まで総合的に説明している．中尾も学生のとき，これで勉強したが，何で鋼ばかり説明するのだろうかという疑問には何も答えてくれなかった．始めに輸入技術ありきの世界である．

13) 畑村洋太郎編，実際の設計研究会著：続・実際の設計－機械設計に必要な知識とデータ－，日刊工業新聞社（1992）
　実際の設計の続編で，データが満載してあって，これだけで基本的な機械設計はできる．

14) 畑村洋太郎編，実際の設計研究会著：続々・実際の設計－失敗に学ぶ－，日刊工業新聞社（1996）
　そのまた続編．重大事故から学生の些細なミスまで，失敗事例を集めて体系化した．畑村はこの本から，失敗研究家の卵として立花隆さんに紹介され，その縁でスタジオジブリで講演したら，たまたま聞いていた講談社が興味を持ち，その結果，「失敗学のすすめ（講談社，2000）」が14万部売れ，ついに失敗学の大家になった．「藁しべ長者」みたいな話だが，世の中にはそういうこともある．

15) 進藤俊爾：鑞付と溶接の話，論創社（1983）
　古今東西に技術を訪ねる読み物として楽しむうちに，金属を溶かして接合する技術が理解できる．

16) 末澤芳文：先端機械工作法－NC工作法から航空機工作法まで－，共立出版（1992）
　副題のとおりに，実に広い知識が満載されている．6300円だが，辞書として買っておくと便利である．

17) 津和秀夫：機械加工学，養賢堂（1973）
　古典的な名著．全ページに絵が描かれていて，そのエネルギには驚かされる．

18) 大和久重雄：JIS鉄鋼材料入門（1978，1992に3版）

材料の辞書代わりに使えるが，筆者自身の経験談がさらに面白い．2400円だけれど常備しておくと便利である．

19）小原嗣朗：金属組織学概論，朝倉書店（1966）
筆者の学生時代の教科書であった．今読んでも，丁寧に書いてある．

20）機械製作法研究会：最新機械製作，養賢堂（1974）
これも古典的な名著．12人の教授が執筆したので，ハンドブック的であるが現在でも知識は使える．

21）臼井英治・松村　隆：機械製作法要論，電機大出版局（1999）
必要な知識が263ページと他の本の半分ぐらいに濃縮されている．

22）尾崎龍夫・矢崎　満・済木弘行・里中　忍：機械製作法－鋳造・変形加工・溶接－，朝倉書店（1999）
特に塑性加工の章を参考にした．

23）チャールズ・シンガー，その他編：技術の歴史，全10巻，筑摩書房（1978）
多くの技術史の本の種本（たねぼん）である．この中の内容を暗記できたら技術史の専門家になれると思いつつ，厚すぎて読めない．筆者は学生の頃，1982年に購入したが，1冊7800円だったので1巻から4巻は買えなかった．もう絶版なので売っていない．残念．

24）三輪修三：機械工学史，丸善（2000）
自分が習った機械の4力学がどのように発展していったのかがよくわかる．決して天才がいきなり真実をつかんだわけではない．

25）陳　舜臣：イスタンブール，文春文庫（1998）
これを読んでからイスタンブールに実際に行ったが，観光スポットを見る目が違った．

26）飯田賢一：鉄の語る日本の歴史，上下2巻，そしえて（1976）
日本の鉄に関する技術史として名著である．面白い．しかし，なぜその方法にしたのかということを技術的には説明してくれないから，少しイライラする．

27）青山　佾（やすし）・古川公毅：東京の地下技術，かんき出版（2001）
全体も面白いが，ここでは冷凍工法を参考にした．

28）George Tlusty : Manufacturing Processes and Equipment, Prentice Hall, Inc., Upper Saddle River, NJ 07458（2000）

928ページの大作．教科書というより百科事典である．著者は世界的に有名な高速切削の大家だが，この本でも機械加工のすべてを網羅して書いている．欧米では，教科書1冊執筆で教授の椅子が確保できるといわれるぐらい評価で重要視されるが，確かにこの本を読むとそう思う．

29）L・T・C・ロルト：工作機械の歴史－職人技からオートメーションへ－，平凡社（1989）
エンジニアの人間像がおもしろい．しかし，どんな機械なのか図で細かく説明してくれないから，メカニズムがさっぱりわからない．技術史の先生には文系の人が多い．

30）クリス・エヴァンス：精密の歴史，大河出版（1993）
精密工学の歴史を詳説した大作．この本は技術的に説明されていてわかりやすい．だけど読み切るのはしんどい．

31）矢野恒太記念会：日本国勢図会－日本がわかるデータブック－2001，矢野恒太記念会（2001）
毎年6月頃，新しいのが出版されるが，1冊買って大体の日本の代表的な数値を記憶するとよい．

32）矢野恒太記念会：日本の100年－20世紀が分かるデータブック－（改訂第4版），矢野恒太記念会（2000）
とにかく100年分のデータが載っている．

【第4章】

33）長尾高明・畑村洋太郎・光石　衛・中尾政之：知能化生産システム，朝倉書店（2000）
中尾が第4章と第8章とで知能化研削盤を書いたが，本書ではその内容を参考にした．

34）中川威雄・阿部邦雄・林　豊：薄板のプレス加工，実教出版（1977）
板金分野の古典的な名著．

35）村松貞次郎：大工道具の歴史，岩波新書（1973）
古典的な名著．チョウナとかヤリガンナとかはこの本で始めて知った．

36）香取忠彦：奈良の大仏，草思社（1981）
絵で描かれていてわかりやすい．「日本人はどのように構造物を作ってきたか」シリーズの1冊．

37）三谷景造：射出成形金型，シグマ出版（1997）
　　金型設計の教科書．ここまで知識が体系化されると，中国のエンジニアでも日本語が分かって勉強すれば1カ月である程度まで追いつける．

38）鳴滝　朋：新・プラスチック成形物語，シグマ出版（1992）
　　これは続編で，プラスチック成形物語も面白かった．電車の中で読める．研究室でも1997年から射出成形に参入して微細転写に挑戦しているのだが，学生もこの本の中に書いてある失敗をなぞるように繰り返している．

39）福田　烈ほか：軍艦開発物語－造船官が語る秘められたプロセス－，光人社NF文庫（2002）
　　どの章も面白かったが，溶接という点で，矢田健二著「世界初の電気溶接艦「大鯨」の誕生」を参考にした．

40）小林　昭監修，河西敏雄編集：超精密生産技術大系，第1巻，基本技術，フジテクノシステム（1995）
　　53000円だが，こういう百科事典も必要だろうと思って全3巻を大学で買った．しかし，7年間で使ったのは3度くらいだっただろうか．

【第5章】

41）右高正俊：新LSI工学入門，オーム社（1992）
　　半導体の作り方を書いた本をたくさん買ったが，最もわかりやすく，自分が何かを作るときに参考になる本がこれである．4200円だが絶対お得である．

42）畑村洋太郎・中尾政之編著：実際の情報機器技術－情報機器の原理・設計・生産・将来－，日刊工業新聞社（1998）
　　筆者は「情報機器工学」という講義も持っているが，この本はその講義用に書いた教科書．現役のエンジニアである，研究室を卒業したOBや，研究室で一緒に共同研究している友人に執筆してもらった．ハードウェアの記述では最もわかりやすい本だと自負している．

【第6章】

43）中尾政之：技術者と海外生産，日刊工業新聞社（1993）
　　中尾が米国から帰ってきて大学に転職した最初の半年間に書いた本．海外生活について，留学と観光の書籍は山ほどあるのに，駐在員の本が少ないので書いた．10年後に読み直してみると，10年前に日本は米国と本質的に異なると思っていたことが，実は今や日本が後追いして同じになっていることがわかった．

44) 久保博正：これならわかる簿記・経理，日本実業出版社（1982）
簿記の本もたくさん買ってみた．でも手法の説明がわからない．この本は，なぜ借方なんだとかは考えないで，まずはやってみようという実に工学者と同じ思考を有する本である．

45) 小野耕三・渡部　温：実際の知的所有権と技術開発－着想の発明化と発明の構造化－，日刊工業新聞社（1995）
着想に対して，発明内容の概念を具体的に可視化してから構造化するという思考の演算を行った本．売れっ子の弁理士は習わなくても，このような頭の動きができている．10年前の中尾は，自分の大事な発明品に対して，構造を日本語で正確に記述したピンポイント特許ばかり出していたから，目から鱗が落ちる思いであった．

46) 現代用語の基礎知識1998，自由国民社
毎年新しいのが出版されているが，筆者は同じのを4年間使っている．わかっているようで説明できないという言葉をチェックするのに最適．

47) 所得税の確定申告の手引き，税務署，2001
毎年，夕方でくれる．懇切丁寧に説明している．相続税のも面白い．

48) 末永　徹：日本が栄えても日本人は幸福にはなれない，ダイヤモンド社（2002）
多くの経済の本を読んでいるが，この作者の本は面白い．この本も，本書の第6章みたいに日本の出口のない未来を必死に論じている．アメリカを目指すのか，ヴェネチアを目指すのかといっているが，確かに日本が前者を選ぶとしたら構造をアメリカ風に変えなければならない．

49) 松谷明彦・藤正　巖：人口減少社会の設計－幸福な未来への経済学－，中公新書（2002）
人口が減ることはいいことだ!?と本の帯に書いてある．これからの日本の社会の価値を，国民みんなを含めた国家の経済成長から個人や住民の時間価値増大に置き換えて人々の幸福を論じている．

索　引

ア　行

アーク······················140,151
アーク溶接·····················150
アイテム·······················20
アクリル·······················67
圧入·························154
圧下率························86
圧縮応力······················46
圧接·························150
後払い························203
孔型圧延··················73,87,166
アナリシス·····················3
アメリカの富豪··················14
アモルファス金属················80
アリ溝·······················128
アルニコ磁石···················78
アルマイト····················142
アルミナ···················66,102
アルミニウム················80,181
アングル······················87
アンギュラ玉軸受···············128
暗黙知························13
イーズ橋······················53
イオウ························49
イオン······················143
イオンプレーティング···········147
鋳からくり····················151
石······················44,49
板厚························106
一方向性凝固················30,78
一括同時決定··················6
糸面取り·····················139
稲藁························36
芋蔓····················11,35,43
入れ歯····················24,34
インクジェット················145
インサート···················151

印刷···············22,25,109,161
インチ系列····················106
隕鉄··························47
インフレーション法·············158
インボリュート歯形·············123
飲料缶························22
インロー······················156
ウィリアム・ケリー·············53
ウェアラブル機器···············28
ウェットエッチング···········141
渦電流·······················187
打込み·······················147
打込み装置···················141
内歯歯車······················114
羽毛晶·······················92
漆··························46
ウレタンゴム···················69
エアコン······················25
営業·························192
衛生陶器·················38,74
液晶ディスプレイ············25,33
液晶ポリマー···················68
エッチング····················181
エッフェル塔···················53
エポキシ樹脂···················68
エンジニア··········16,41,191,202
演習·······················10,15
遠心鋳造······················92
円すいころ····················118
円筒すべり軸受················129
エンドミル················117,122
オーステナイト·············56,176
黄銅··························64
応力腐食割れ···················54
送り誤差·····················125
押出し·················89,90,170
押し湯························78

オスカー研磨機・・・・・・・・・・・・・・・・・・118
帯のこ・・・・・・・・・・・・・・・・・・・・・・・・・・・114
オフセット印刷・・・・・・・・・・・・・・・・・・161
思いを言葉に・・・・・・・・・・・・・・・・・・・・・5
おろし金・・・・・・・・・・・・・・・・・・・・・・・・・・53
温度伝導率・・・・・・・・・・・・・・・・・・・・・・・73

カ 行

カーテンフローコート・・・・・・・・39,82
カーボン・・・・・・・・・・・・・・・・・・・・・52,56
開先・・・・・・・・・・・・・・・・・・・・・・・・・・・151
概算能力・・・・・・・・・・・・・・・・・・・・・・・・14
改質・・・・・・・・・・・・・・・・・・・・・・・・・・・・28
回転軸・・・・・・・・・・・・・・・・・・・・・・・・・114
カエリ・・・・・・・・・・・・・・・・・・・・・139,167
化学吸着層・・・・・・・・・・・・・・・・・・・・189
化学反応・・・・・・・・・・・・・・112,113,141
化学反応アシスト・・・・・・・・・・・・・・162
化学プラント・・・・・・・・・・・・・・・・・・・33
角管・・・・・・・・・・・・・・・・・・・・・・・・・・・・25
拡散係数・・・・・・・・・・・・・・・・・・・・・・・・78
拡散浸透厚さ・・・・・・・・・・・・・・・・・・・78
拡散接合・・・・・・・・・・・・・・・・・・・・・・150
拡散方程式・・・・・・・・・・・・・・・・・・・・・76
拡散めっき・・・・・・・・・・・・・・・・・・・・147
革新的な設計・・・・・・・・・・・・・・・・・・・15
確定申告・・・・・・・・・・・・・・・・・・・・・・219
加工硬化・・・・・・・・・・・・・・・・・・・・・・179
加工抵抗・・・・・・・・・・・・・・・・・・131,133
加工費・・・・・・・・・・・・・・・・・・・・・・・・・41
鍛冶・・・・・・・・・・・・・・・・・・・・・・・・・・143
かしめ・・・・・・・・・・・・・・・・・・・・・・・・148
ガス化溶融炉・・・・・・・・・・・・・・・・・・・45
化成処理・・・・・・・・・・・・・・・・・・・・・・147
化石・・・・・・・・・・・・・・・・・・・・・・・・・・・48
仮説立証・・・・・・・・・・・・・・・・・・・・・・・10
型・・・・・・・・・・・・・・・・・・・・・・・・・・・・・13
課題解決支援・・・・・・・・・・・・・・・・・・・12
課題設定・・・・・・・・・・・・・・・・・・・・・・・・7
課題分析・・・・・・・・・・・・・・・・・・・・・・・・6

型押出し・・・・・・・・・・・・・・・・・・109,158
型成形・・・・・・・・・・・・・・・・・・・・109,158
型鍛造・・・・・・・・・・・・・・・・・・28,84,166
型転写・・・・・・・・・・・・・・・・・・・・・・・165
活版印刷・・・・・・・・・・・・・・・・・・・・・・161
刀鍛冶・・・・・・・・・・・・・・・・・・・・・・・・176
角・・・・・・・・・・・・・・・・・・・・・・・・・・・・189
蚊取り線香・・・・・・・・・・・・・・・・・・・・・36
かにかまぼこ・・・・・・・・・・・・・・・・・・・35
鐘・・・・・・・・・・・・・・・・・・・・・・・・・・・・・39
金型・・・・・・・・・・・・・・・・・・28,30,73,184
加熱炉・・・・・・・・・・・・・・・・・・・・・・・・・72
紙の束・・・・・・・・・・・・・・・・・・・・・・・・・13
ガラス・・・・・・・・・・・・・・・・・・・45,65,80
カレーうどん・・・・・・・・・・・・・・・・・・・20
還元・・・・・・・・・・・・・・・・・・・・・・・・48,51
緩衝シート・・・・・・・・・・・・・・・・・・・・・36
間接部門・・・・・・・・・・・・・・・・・・・・・・192
寒天・・・・・・・・・・・・・・・・・・・・・・・・・・・37
かんな・・・・・・・・・・・・・・・・・・・・109,116
幹部候補生・・・・・・・・・・・・・・・・・・・・202
木・・・・・・・・・・・・・・・・・・・・・・・・・・・・・46
キー溝・・・・・・・・・・・・・・・・・・・・・・・・122
艤装・・・・・・・・・・・・・・・・・・・・・・・・・・184
キャビテーション・・・・・・・・・・・・・・104
キャビティ・・・・・・・・・・・・・・・・・・・・164
キューポラ・・・・・・・・・・・・・・・・・・・・・69
急速加熱・・・・・・・・・・・・・・・・・・・・・・138
吸着・・・・・・・・・・・・・・・・・・・・・・・・・・151
球面加工機・・・・・・・・・・・・・・・・・・・・119
球面ブッシュ・・・・・・・・・・・・・・・・・・130
給料・・・・・・・・・・・・・・・・・・・・・203,205
強化ガラス・・・・・・・・・・・・・・・・・・・・・66
凝固核・・・・・・・・・・・・・・・・・・・・・・・・・77
凝固殻・・・・・・・・・・・・・・・・・・・・・・・・・73
共晶・・・・・・・・・・・・・・・・・・・・・・・・・・・54
共析・・・・・・・・・・・・・・・・・・・・・・・・・・・54
きり・・・・・・・・・・・・・・・・・・・・・・・・・・116
キルド鋼・・・・・・・・・・・・・・・・・・・71,76
近接場光・・・・・・・・・・・・・・・・・・・・・・170

金線	103
金属	47
金属容器	24
金太郎飴	38
釘打ち	151
くさび	44,109
組立	109
クラウン	85
クラック	54,83
グラナイト	67
グラビア印刷	161
グラファイト	60
クリンカ	44
クレーム	221
クロスローラ	128
黒染	147
クロム	102
クロメート	147
クロモリ	61
ケーススタディ	12
ゲート	79
形状記憶合金	64,92
形状の次元数	19,32
ケイ石	48,49
携帯電話	28
経理	192
結晶方位	97
結晶粒界	102,103
決定要素	41
減価償却	40
減価償却費	216
言語化	11
原子間力走査顕微鏡	120,190
研削	111,138
研削砥石	136
源泉徴収	219
現物合わせ	154
研磨	111
コークス	49,69
コーティング	136
コイル	73
高圧凝固	78
光学ガラス	66
工具軌跡	19,25,32
工具摩耗	125,135
硬質塩ビ	68
高周波焼入れ	138,179,180
剛性	133
構成刃先	136
高速切削	28
工程管理システム	32
工程設計	40
後方押出し	89
鋼矢板	87
高炉	69
高炉ガス	69
顧客要求	224
国土保全業	209
黒板	9
莫蓙	36
誤差関数	74
固体化	73,99
コッタ	114
コピー機	161
コマンド	13,34
ゴミ退治	189
ゴミ発電	14
ゴム	68
ゴム手袋	38
ゴム風船	36
ころがり玉軸受	126
コンクリート	45
コンテナ	89
金平糖	38
コンロッド	28,166

サ 行

サービス業	209
サーメット	132
細金細工	143

再結晶	73,87,139	しまりばめ	154
在庫	32	シミュレーション	33
材料の均質化	31,99	ジャーナル軸受	126
差動トランス	187	視野狭窄病	195,197
サブマージドアーク溶接	90	射出成形	28,123,165,170
酸化鉄	51	ジャストインタイム	32
酸化発熱反応	111	シャツ	20
産業用ロボット	119	シャトル	20
酸素切断	72	従業員数	191
残留応力	103,125,136,146,151,166,180	自由鍛造	143
		重力鋳造	158
シートバー	72	主分力	113
シームレスパイプ	90	ジュラルミン	63,179
仕上げ	19,32,184	ジュリスト	12
仕上げ面	136	上位概念	11
シアノアクリレート	68	昇華	101
シェービング	125	償却	40
紫外線硬化樹脂	68	焼結	28
仕掛品	32	晶出	54
地金価格	63	状態図	54
磁気軸受	129	蒸着	101,147
磁気ディスク	104,189	商品価値	19,32,184
磁気ディスク装置	230	商品企画	194
思考過程	202,222	商品相場	58
思考展開図	6,7,125	情報検索	11
思考の可視化	7	情報処理速度	34
しごき	168	上方引上げ	80
しごき加工	111	除去	28,109
自己組織化	109	職位	197
資産	216	植物	46
自主開発	224	書籍	25,33
下地膜	102,103	所得税	217
漆器	47	ジョン・ウィルキンソン	153
漆喰	45	シリコンゴム	68
失敗	2	シリコン	143
自動化	42	シリコン基板	25
自動車	28	ジルコニア	66
シナリオ	11,35	真空	104
磁場	187	人工いくら	35
絞り	168	人口分布	205,211

人事	192,196
伸縮リンク機構	116
新商品高速開発工場	209,224
シンセシス	3
浸炭	178
真鍮	64
芯なし研削盤	118
スーパーインバー	64
水道管	92
据込み	82
スカラー	119
スクリーン印刷	28,162
スクロール	25
錫のコップ	74
ステンレス鋼	61
ストック	212
砂	44
砂型	162
スパイラル溶接	92
スパッタリング	147
スピンコート	39
スプライン	116
スプレイドライ法	22
すべり線	82,112
スポット溶接	150
隅	189
スライス	122
スライド玉軸受	128
スラグ	103
スラスト	126
スラブ	72
スロッタ	116,122
セールスポイント	33
静圧軸受	129
請求範囲	221
生産工学	40
生産効率	40,42
静水圧	84,93
静水圧押出し	89
静水圧プレス	28,79

静水圧プレス成形	160
精製	49
製造	192
製造技術	17
製造工程	17
製造方法	17
成長	109
製鉄所	33
静電軸受	129
静電接合	150
静電容量	186
青銅	51,64
成膜	28
精密打抜き	168
精密鋳造法	164
制約条件	14,228
石英	65,143
石英ガラス	45
析出硬化	137,179
積層欠陥	98
石炭	48
石油	48
絶縁がいし	46
石灰岩	45
石灰石	48,69
設計	192
設計解確認	12
設計論	4
石こう	24
石こう型	24,38,160
切削	30,112,138
切削加工	134
接着	150
接着剤	68
摂動法	15
セメンタイト	56
セラミクス	28,46,66,82,90
ゼロデュア	65
戦時標準船	151
ゼンジミアミル	86

せん断··················110,166
先端科学技術応用工場······209,224
銑鉄······················69
前方押出し··················89
専門業者··················18,30
ゾーンメルティング············80
総形工具··········41,114,121,123
総形放電··················122
総形放電加工················123
双晶······················92
創造活動····················1
創造設計エンジン··············7
そうめん···················35
素材············18,30,43,48,99
組織······················191
訴訟対策···················228
塑性······················92
塑性変形··········54,92,113,138
塑性流動···················103
そば······················22
損益計算書··················212

タ　行

タービン····················30
タービン加工機···············119
タービン翼··················78
ダイカスト··········25,28,158,165
体験の必要性·················202
体心立方格子···············56,98
ダイス·················85,89,166
ダイス鋼····················89
体積収縮····················76
ダイヤモンド·················132
タイル······················45
ダクタイル···················61
多結晶シリコン···········147,181
タスクフォース···············199
畳························35
たたら製鉄················49,52
立ち上げ····················41

脱ガス······················76
狸の皮······················47
たばこ······················22
ダマシン····················170
玉鋼·····················49,52
ダミー·····················134
ダレ························84
タレット····················117
炭化ケイ素···················66
暖機運転····················135
タングステン·················65
タングステン線···············90
単結晶ダイヤモンド工具·······136
単結晶ダイヤモンドバイト······121
弾性波速度···················63
弾性変形·················99,130
弾性変形分··················138
鍛接····················91,151
炭素·······················51
タンデム圧延··············86,89
タンデムスタンド··············73
段取り······················41
短納期化····················42
力変形············125,131,189
知識·······················10
知識ハイウェイ················2
チタン···················64,102
チタン合金··················102
チタン酸カルシウム···········102
チタン酸バリウム・チタン酸鉛··66
窒化·················41,178,180
窒化アルミ···················66
窒化ケイ素···················66
チップコンデンサ···········28,66
知的所有権··················220
茶碗··················24,38,74
チャンネル················87,106
中央研究所··················194
鋳塊·······················73
鋳鋼·······················58

注射針	92
柱状晶	77,153
鋳造	73,136,151,162
鋳鉄	39,51,60
超硬	66,90,132,136
超合金	62,102
彫刻機	118
調質材	177
直接部門	192
チョクラルスキー法	80
チル晶	77
ツーバイフォー工法	24
突合わせ溶接	156
土	46
ティーカップ	7,15
低圧鋳造	158
出来高払い	204,206
デジタル化	33
デッドメタル	82
鉄	50
鉄鉱石	48,69
テフロン	67
デルリン	67
転位	92
電解加工	30,142
電解研削	142
電気抵抗	63
電気抵抗溶接	92
電気めっき	145
電気炉	71
電子ビーム	140,151
転写	109
転造	123
点付け	152
デンドライト	77,103
天然ゴム	47
電縫管	92
転炉	70
ドーム	44
銅	62,64
動圧軸受	129
陶芸	143
凍結工法	76
投資	193
銅線	80,90
動物	47
特殊鋼	56
ドクタブレード	82
塗装	147,173
トタン	146
特急先頭車	36
特許	12,220
ドップラー計	185
飛ばし	216
ドライエッチング	141
トランスミッション	28
ドリフト	187
トルースタイト	176
トルク	131
トレスカの条件	93

ナ 行

ナイフエッジ	130
ナイロン	67
中ぐり	117
中子	164
中子削り	164
納豆	35,47
鉛	48,65
ならい加工	118
ナレッジマネジメント	11
二酸化炭素	14
ニトリルゴム	68
日本人向け高級品生産工場	209,223
抜き勾配	78,165
抜取り検査	41
布	20,36
ねじ切り	117
ねじ締結	189
熱拡散率	73

熱間圧延‥‥‥‥‥‥‥‥72,87,174
熱間静水圧プレス‥‥‥‥‥‥102
熱酸化‥‥‥‥‥‥‥‥‥‥‥147
熱処理‥‥‥‥‥‥‥‥‥99,175
熱線反射ガラス‥‥‥‥‥‥‥66
熱伝導方程式‥‥‥‥‥‥74,102
熱伝導率‥‥‥‥‥‥‥‥63,72
熱変形‥‥‥‥‥‥‥125,134,189
熱膨張率‥‥‥‥‥‥‥‥63,64
熱流束‥‥‥‥‥‥‥‥‥‥‥73
燃焼ガス‥‥‥‥‥‥‥‥‥151
粘土‥‥‥‥‥‥‥‥‥‥‥‥46
燃料ガス‥‥‥‥‥‥‥‥‥140
ノウフー‥‥‥‥‥‥‥‥‥‥11
のこぎり‥‥‥‥‥‥‥‥‥111
のみ‥‥‥‥‥‥‥‥‥‥‥109
ノロ‥‥‥‥‥‥‥‥‥‥‥‥69

ハ 行

パーティングライン‥‥‥‥164
パーライト‥‥‥‥‥‥‥56,177
配位数‥‥‥‥‥‥‥‥‥‥‥98
配管‥‥‥‥‥‥‥‥‥‥‥184
ハイス‥‥‥‥‥‥‥‥‥60,132
配線‥‥‥‥‥‥‥‥‥‥‥184
ハイテン‥‥‥‥‥‥‥‥‥‥58
バイト‥‥‥‥‥‥‥‥116,120
背分力‥‥‥‥‥‥‥‥‥‥113
破壊‥‥‥‥‥‥‥‥‥‥‥‥54
鋼‥‥‥‥‥‥‥‥‥‥50,69,80
薄層加工‥‥‥‥‥‥‥‥‥181
薄膜トランジスタ‥‥‥‥‥‥25
歯車加工‥‥‥‥‥‥‥‥‥123
歯研‥‥‥‥‥‥‥‥‥‥‥125
はさみ‥‥‥‥‥‥‥‥‥‥110
バルジ加工‥‥‥‥‥‥‥‥168
パスタ‥‥‥‥‥‥‥‥‥22,38
機織り‥‥‥‥‥‥‥‥‥‥‥20
肌焼き‥‥‥‥‥‥‥‥‥‥178
バックアップロール‥‥‥‥‥85

発酵‥‥‥‥‥‥‥‥‥‥36,47
バッチ‥‥‥‥‥‥‥‥‥‥158
パッド軸受‥‥‥‥‥‥‥‥126
発泡スチロール‥‥‥‥‥‥‥30
パドリング‥‥‥‥‥‥‥‥‥53
ハニカム‥‥‥‥‥‥‥‥‥‥89
バニシ加工‥‥‥‥‥‥111,138
バニシング‥‥‥‥‥‥‥‥181
はめあい‥‥‥‥‥‥‥‥‥153
バランスシート‥‥‥‥‥‥212
バリ‥‥‥‥‥‥‥‥‥139,166
パリソン‥‥‥‥‥‥‥‥‥‥38
バルク‥‥‥‥‥‥‥‥‥‥‥32
バルジ成形‥‥‥‥‥‥‥‥‥38
板金‥‥‥‥‥‥‥‥‥‥24,160
反射炉‥‥‥‥‥‥‥‥‥‥‥71
はんだ付け‥‥‥‥‥‥‥28,150
半導体‥‥‥‥‥‥‥‥‥25,33
バンドソー‥‥‥‥‥‥‥‥116
ハンドレイアップ法‥‥‥‥‥38
ビー玉‥‥‥‥‥‥‥‥‥‥‥36
ビート‥‥‥‥‥‥‥‥‥‥153
ビールジョッキ‥‥‥‥‥‥‥7
ピアノ線‥‥‥‥‥‥‥‥‥‥90
ピアノフレーム‥‥‥‥‥‥‥36
ピエゾ素子‥‥‥‥‥‥66,130,187
光ファイバ‥‥‥‥‥‥‥‥147
引張設計‥‥‥‥‥‥‥‥‥‥54
引張塑性変形‥‥‥‥‥‥‥138
引張強さ‥‥‥‥‥‥‥‥‥‥63
引当金‥‥‥‥‥‥‥‥‥‥216
引抜き‥‥‥‥‥‥‥‥‥90,92
引け巣‥‥‥‥‥‥‥‥‥‥‥78
ビスマス・テルル合金‥‥‥102
ひずみゲージ‥‥‥‥‥‥‥187
比切削抵抗‥‥‥‥‥‥‥‥132
ヒッタイト‥‥‥‥‥‥‥‥‥47
必要経費‥‥‥‥‥‥‥217,220
比熱‥‥‥‥‥‥‥‥‥‥‥‥63
びびり‥‥‥‥‥‥‥‥‥‥133

ピボット軸受……………128
冷やし金………………78
標準化…………………41
標準寸法………………104
表面機能………………173
表面欠陥………………139
平削盤…………………116
ピラミッド組織…………197,198
ビレット…………………72
疲労……………………54,188
ピン……………………157
品種……………………19,32
フープ材………………22
フィン…………………25
フェライト……………56,67
フェロシリコン…………71,76
フェロマンガン…………71,76
フォース橋……………53
付加……………………109
複式簿記………………212
複利計算………………40
腐食……………………188
フッ素ゴム……………68
不溶気体………………103
フライカッタ……………121
フライス盤……………116,117
プラスチック……………67
プラスチック容器………24
ブラスト加工……………162,181
プラズマ…………140,143,151,179
フラッシュライト加熱……72
フラット組織……………199
プラネタリミル…………86
プランク定数…………141
フリーズドドライ法………22
ブリキ…………………146
フリクションヒル………95
ブルーム………………72
フルモールド……………164
ブレード………………30

プレキャスト……………160
プレス…………………28
フレッティング摩耗……181
フレデリック・シーメンズ……53
フロー…………………212
ブロー成形……………38,160
ブローチ………………114,121,123
フローティングゾーン法……80
フロート………………92
フロート法……………25,81
フローリング…………36
プロセスパラメータ……33
プロダクトパラメータ……33
フロッピーディスク……36
プロペラ………………110
分業化…………………191
粉末成形………………123
粉末冶金………………79,101
文脈……………………11,35
ベークライト……………68
ヘール…………………116
ベアリング……………30
平衡状態図……………54
米国のエンジニア………205
平面度…………………119
平炉……………………71
へき開…………………102,110
ベストプラクティス………11
ペットボトル……………7,35
へら絞り………………24
ペレット………………24,158
変形……………………109
変形抵抗………………97
変形量…………………134
偏析……………………77,101
ベントナイト液…………90
ヘンリー・コート………53,87
ヘンリー・ベッセマー……53
ボーキサイト……………49
ボート…………………35

ボールエンドミル……………30,117
ボールスプライン………………128
ポール旋盤………………………116
ボール直動軸受………129,130,156
ボール盤…………………………117
包晶…………………………………54
ほうれんそう……………………203
ほうろう…………………………147
ほぞ…………………………………46
ホットプレス……………79,102,160
ポップコーン………………………36
ボディ………………………………28
ホブ………………………………123
ポリイミド…………………………68
ポリエステル………………………68
ポリエチレン………………………67
ポリカーボネイト…………………67
ポリシング………………………181
ポリスチレン………………………68
ボルツマン係数…………………140
ボルト締め………………………148
ポルトランドセメント……………44
ポンチ………………85,89,95,166,167

マ 行

マイク………………………………9
マイクロチップ……………………76
マイケル・ファラデー……………56
マイケルソン干渉計……………185
マグネシウム………………………65
曲げ………………………………168
摩擦…………………………82,95
マシニングセンタ………………117
摩耗………………………………188
迷い道………………………………5
マルテンサイト変態
　　……56,102,125,137,153,175
マンドレル…………………………90
マンネスマン穿孔…………………90
見切り……………………………164

密度…………………………………63
無酸素銅……………………………64
無電界めっき……………………145
無理抜き……………………………38
メートルねじ……………………105
メカトロニクス機器………………28
めっき……………………………103
面心立方格子…………………56,98
面取り……………………………139
モータ………………………………28
モールの応力円……………………93
毛布…………………………………35
木造住宅………………………24,34
目的…………………………………1
モノづくり解体新書………………35

ヤ 行

焼入れ………………………61,175
焼鈍し……………………………177
焼ならし…………………………178
焼戻し……………………………177
鏃……………………………………44
ヤング率……………………………63
融解熱………………………………63
融資………………………………193
融点…………………………………63
誘導加熱……………………………72
ゆるみばめ………………………153
要求機能……………………………14
陽極酸化……………………142,145
陽極接合…………………………150
洋紙…………………………………47
溶射…………………………30,147
溶接………………………138,151,175
溶体化処理………………………138
揺動のこぎり……………………117
溶融めっき………………………146

ラ 行

ライニング………………………147

索　引

ラインハルト・マンネスマン……90
ラジカル……………………………143
ラックカッタ………………………123
ラッパーロール………………………87
ラピッドプロトタイピング
　　　　　　　　　………144,162
ラミネート………………24,36,38
理学……………………………………1
リストラ………………205,206,209
リソグラフィ………………………181
リベット……………………………148
リムド鋼………………………………76
粒状晶…………………………………77
両面ラップ盤………………………119
リン……………………………………49
臨界せん断応力………………………98
リン脱酸銅……………………………64
レーザ…………………………140,151
レーザ硬化法………………………144
レーザフォーミング………………181
レーザポインタ………………………9
レール………………………………128
冷間圧延…………………………73,87
冷却ムラ……………………………101
瀝青……………………………………48
レジスト………………………142,162
レンガ…………………………………46
レンズ研磨…………………………118
連続鋳造………………71,158,174
連続鋳造法……………………………80
錬鉄……………………………………53
ロータリケルン………………………44
ロール……………………25,38,85,95
ロイヤリティ…………………………7
ろうそく………………………………38
ろう付け……………………………150
六方最密充てん………………………98
ロケットの固体燃料…………………51
ロストワックス法…………………164
六角穴付きボルト…………………148

ワイヤカット………………………123
ワイヤソー…………………………116
ワイヤ放電…………………………122
輪ゴム…………………………………36
和紙……………………………………47
ワックス………………………………24
藁………………………………………46
割出し盤……………………………118

英　語

A_3 変態点……………………………174
A 1070…………………………………63
A 2017…………………………………62
A 2024…………………………………63
A 5052…………………………………63
A 5086………………………………104
A 6063…………………………………63
A 7075…………………………………63
ATC…………………………………117
Axiomatic Design……………………4
C 3604………………………………64
CAM…………………………………33
cBN…………………………………132
CIP……………………………………79
CMP…………………………………28
CVD…………………………………147
FC 250………………………………60
FCD 450……………………………61
GDP…………………………………208
H 形鋼…………………………………87
HIP……………………………79,104
HRC…………………………………60
IT………………………………………34
MIM…………………………80,160
NC……………………………………117
NC データ……………………………25
NMOS………………………………181
O リング……………………………106
PDM…………………………………35
PET………………………………24,38

PL 訴訟 …………………… 228
PSG ……………………… 181
R＆D ……………………… 194
S 20 C ……………………… 57
S 45 C ……………………… 60
SC 450 ……………………… 58
SCM 435 …………………… 61
SC 材 ………………… 57,60,77
SD ………………………… 57
SECI ……………………… 13
SK 5 ……………………… 60
SKD ……………………… 60
SKH ……………………… 60
SM ………………………… 58
SNC 631 …………………… 61
SNCM 625 ………………… 61
SPC ……………………… 57
SS 400 …………………… 57
SS 材 …………………… 57,76

SUH 661 …………………… 62
SUS 304 …………………… 61
SUS 316 …………………… 62
SUS 403 …………………… 62
SUS 440 C ………………… 62
TAC ……………………… 82
TRIZ ……………………… 4
TTT 線図 ………………… 175
UO プレス ………………… 90
UO 曲げ ……………… 22,37,160
U パッキン …………… 68,106
V 受け …………………… 125
V 平 ……………………… 128
VV ……………………… 128
3 D-CAD ……… 12,28,33,144,225
3 次元 CAD ……………… 144
3 枚合わせの平面創成 ……… 120
5 軸加工機 …………… 30,119

あとがき

　大学に転職してからも，それまでの企業生活で訓練された癖で，出張するたびに報告書のようなメモを書いていた．本書を執筆するときにも内容が役に立ったが，その数を数えると，1992年4月からちょうど10年間で，企業の工場見学が276件，大学見学や学会参加が138件もあった．共同研究のために同じ工場を複数回見たこともあったが，それでも2週間に1回は工場見学したことになる．こうなると一種の趣味であるが，たぶんこの回数は日本の生産関係の教官でもトップの方ではないだろうか．ひとえに企業の方のご好意のおかげである．㊙も見せていただき，見学後は好奇心がゆったりと満たされ，このときだけは大学教官のポジションをありがたく思ったものである．

　工場見学先は，第2章で述べたような製品工場，つまり自動車，タービン，軸受，工作機械，ロボットなどの機械加工の工場だけでなく，半導体，コンピュータ実装，液晶ディスプレイ，食品，薬品，楽器，プラモデル，製鉄，ガラス，製紙，織物などの各種の工場，さらに原子力発電所，核燃料再処理場，ダム発電所，トンネル工事現場，ドーム建設現場，病院手術室，顕微受精室，入れ歯技工室，補聴器技工室，石灰岩鉱山，酒醸造所，造船所進水式，ロケット発射場，すばる，カミオカンデ，重力波検出装置，スプリング8，刀鍛冶，たたら，金箔職人など多岐にわたる．その結果が本書であるから，当然，気が狂ったように内容が飛ぶのも致し方ない．

　先日は，中国の金型工場を見学するために，華南，上海，青島と回ってきた．第6章で指摘したように，日本の生きる道探しが目的だったが，どうも道がない．青島の家電工場では，日本でデザインしたものを日本と同じCAD，CAM，工作機械，工具で加工していた．結局，日本と異なるのはエンジニアやワーカーの給料だけである．前者は月に3万円から15万円，後者は月に1万円である．中国のエリートは，生来の上昇志向と金儲けの人生目的が強いためだろうか，職場の定着率が悪い．2年で半分程度に減り，10年では3％しか残らない．だから，生産の知識が蓄積されないのが日本と異なる点である．と思いきや，華南の工場では50歳と62歳の元気な日本人に会った．日本では生産

技術部長だった方が中国の技術顧問に転職して，活き活きと生産の知識を伝授していた．知識はカネで買えるのである．必ず中国に流出する．

　これまた先日，研究室で金の常温拡散接合に成功した．高速原子線で表面をエッチングしながら押すと，バルク並みの強度で接合できる．いや金が薄膜なので丸棒の引張強度以上のはく離強度になる．図 3.11（d）で説明したように，薄膜を引っ張ってはがそうとしても，塑性変形するのは外側だけで，中心部は摩擦と同じように界面力が働いて変形せず，はく離しにくくなる．また拡散接合自体は極小面積では簡単だが，10 cm 角というような広い面積で強固に接合させるには，真実接触面積を増加させる工夫が必要になる．このとき，めっきやスパッタの薄膜だけでなく，直径 10 nm の金のナノ粒子も接合に使える．表面の活性化エネルギが高いから，融点よりずっと低い 200 ℃ 程度で融着する．

　確かに特許が通じない中国には，いつかは知識が流出するかも知れない．しかし，それでも恐れずに 1 歩前進して，このように，コストが 1/10 になるような画期的な生産技術に挑戦し続けるしか日本の生きる道はない．

　手帳を見ると本書の執筆に 450 時間程度を費やした．集中して 3 カ月半，養賢堂の三浦信幸氏と約束した締切り日より 1 カ月遅れで，ようやくワールドカップ決勝戦までに脱稿できそうである．これまで肩こりを経験したことはなかったのに，生まれて初めてジンジンと肩が痺れるような痛みを感じている．同様に肩こりに苦しみながら，膨大な枚数の図を秘書の柳沢麗子さんと遠山 歩さんにデジタル化してもらった．深謝する．執筆前と執筆後で，脳の中の知識が体系的に絡まり，体に染み込んでいった気がする．研究者として失職しても，教師として生きていける自信がついた．

　私事ながら，執筆期間に躁状態になって，一戸建ての中古住宅を購入してしまった．それまでは書斎は食堂テーブルであり，その周りに参考文献を平積みして，妻の厚子には多大の迷惑をかけた．毎日 4 時起きして執筆する癖をつけたが，新居の書斎の窓から見た日の出が美しかった．でも MIT やスタンフォード大の教授宅に比べると 1/7 と小さい．思考のスケールもそれに比例するのかも知れない．確かに，本書には日本の製造業の戦略はあるが，世界の製造業の戦略は書かれていない．

　新商品を開発し，新生産技術を発明してくれるだろう若き工学部学生は，国

の宝，金の卵を生む鶏である．勉強しないことに文句を言う気はない．それよりは勉学に興味を持たせることができない教師の方が悪い．しかし，このようなシンセシスの講義には，それと並行の体験演習が不可欠である．何か作ってみないことには机上の空論に過ぎない．最近は，ねじとか歯車とか言っても学生には実感が伴わない．なぜならば，プラモデルを作って，時計を壊して，自転車を直して，はんだ付けをして，木で棚を作るというような作業を小学校からまったく体験していないからである．座学中心，研究中心，分析中心の明治以来のカリキュラムを改訂して，設計のできる教官を大学で雇い，体験中心，演習中心，総合中心の方へも舵を切るべきである．

　みんな変えちゃえが，この頃の口癖である．首相が悪い，役所が悪い，社長が悪いと文句を言って沈滞を続けるより，21世紀になったついでに身の周りから変えた方が元気が出るし，脳が活性化するし，仕事が充実する．

2002年6月25日
中尾 政之

―著者紹介―

中尾 政之（なかお まさゆき）　博士（工学）（1991年取得）
- 1958年　生まれ
- 1983年　東京大学 大学院工学系研究科 修士課程修了，日立金属（株）に入社，磁性材料研究所に勤務．
- 1989年　H. M. T. Technology Corp.（米国カルフォルニア州）に出向，磁気ディスク生産設備の立ち上げに従事．
- 1992年　東京大学 工学部 助教授．
- 2001年　東京大学 大学院工学系研究科 教授，現在に至る．

現在は，ナノ・マイクロ加工，加工の知能化，科学器械の微細化などの研究に従事すると同時に，実物を作り，それを動かす実体験を通して，技術の本質をつかむよう，学生を指導している．

畑村 洋太郎（はたむら ようたろう）　工学博士（1973年取得）
- 1941年　生まれ
- 1966年　東京大学 大学院修士課程修了．（株）日立製作所に入社，足立工場に配属，ブルドーザの開発設計に従事．
- 1968年　東京大学 工学部 助手，金属成形加工および建設機械の研究に従事．
- 1983年　東京大学 工学部 教授．
- 2001年　東京大学 工学部 名誉教授

工学院大学 国際基礎工学科 教授，生産加工・機械設計の研究および教育に従事，現在に至る．

現在は，失敗学を新たに構築することを目指し，技術者に失敗を生かして創造させる教育を実践している．「失敗学のすすめ」（講談社），「実際の設計」シリーズ（日刊工業新聞社），「機械創造学」（丸善）など，著書多数．

| JCOPY | ＜出版者著作権管理機構 委託出版物＞ |

2020

2002年10月15日　第1版第1刷発行
2020年 6月30日　第1版第5刷発行

生産の技術

著者との申
し合せによ
り検印省略

著　作　者　　中　尾　政　之
　　　　　　　なか　お　まさ　ゆき
　　　　　　　畑　村　洋太郎
　　　　　　　はた　むら　よう　た　ろう

Ⓒ著作権所有

発　行　者　　株式会社　養　賢　堂
　　　　　　　代 表 者　及　川　雅　司

定価（本体3200円＋税）

印　刷　所　　株式会社　三　秀　舎
　　　　　　　責 任 者　山　本　静　男

発　行　所　　〒113-0033　東京都文京区本郷5丁目30番15号
　　　　　　　株式 養賢堂　TEL 東京(03)3814-0911　振替00120
　　　　　　　会社　　　　　FAX 東京(03)3812-2615　7-25700
　　　　　　　URL http://www.yokendo.com/

ISBN978-4-8425-0333-2　C3053

PRINTED IN JAPAN　　　　　製本所　株式会社三秀舎

本書の無断複製は著作権法上での例外を除き禁じられています。
複製される場合は、そのつど事前に、出版者著作権管理機構の許諾
を得てください。
（電話 03-5244-5088、FAX 03-5244-5089、e-mail:info@jcopy.or.jp）